육군장교
ROTC
학군사관후보생
실전모의고사

preface

ROTC는 대학에 재학중인 우수한 학생들을 선발하여 2년여 간의 군사훈련을 통하여 대학의 전공학문 및 소정의 군사지식과 함께 실무능력을 갖춘 엘리트 초급장교 양성을 목적으로 1961년부터 시행하고 있는 제도이며, 창설 이래 15만 명 이상의 예비역들이 사회 각계 · 계층에서 끈끈한 유대감을 형성하면서 중추적인 역할을 하고 있다.

재학시 및 장교로서의 근무 중에서도 장학금 및 다양한 복지혜택이 주어지며 사회전반에서 선호하는 추세로 취업시에도 이점이 되고 있어 많은 학생들이 관심을 가지고 있다. 특히 여학생들에게도 문호가 개방되어 사회적으로 관심이 높아지고 있다.

이에 따라 (주)서원각에서는 다양한 교재개발에 따른 노하우와 탁월한 적중률을 바탕으로 ROTC를 희망하는 학생들에게 단기간 내에 합격의 길로 안내할 수 있도록 본 교재를 출간하게 되었다.

본서는 최신 출제기준을 완벽하게 반영하여 출제예상문제를 모의고사의 형태로 구성하고 상세한 해설을 통하여 문제를 풀어가면서 내용을 빠르게 이해할 수 있도록 구성하였다.

본서를 통하여 합격의 기쁨을 엘리트장교로서의 꿈을 펼치기를 기원한다.

Structure

1 직무성격검사

공간능력, 언어논리, 자료해석, 지각속도, 국사로 구성된 필기고사에 대한 모의고사 3회를 실제 문항수와 최근 유형에 맞게 수록하였습니다.

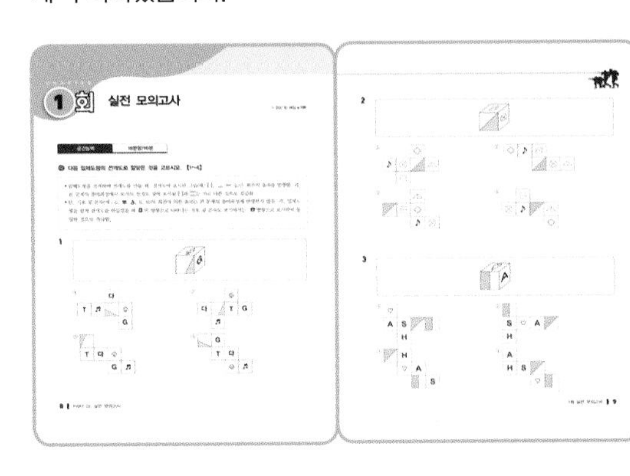

2 정답 및 해설

각 과목별 모의고사에 대한 상세하고 꼼꼼한 해설을 수록하여 매 문제마다 내용 정리 및 개인학습이 가능하도록 구성하였습니다.

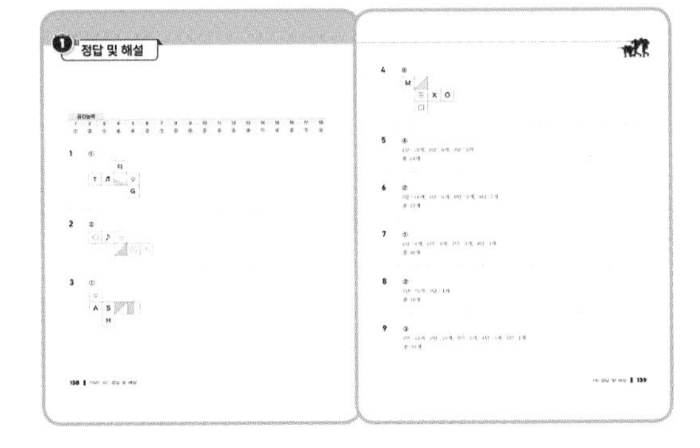

3 상황판단검사 및 직무성격검사

간부선발도구에 포함되는 상황판단검사 및 직무성격검사도 실전처럼 풀어볼 수 있도록 하였습니다.

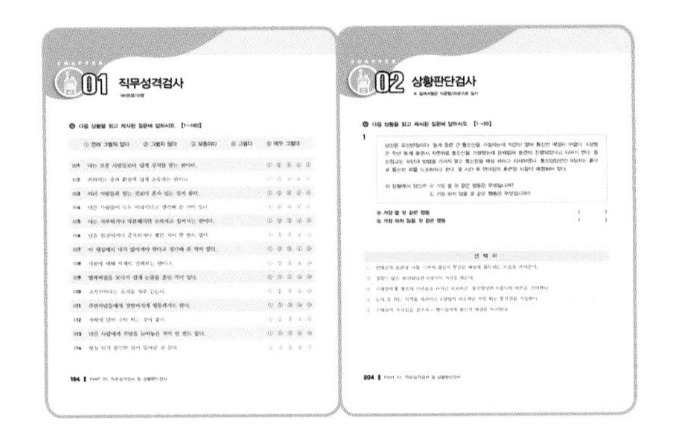

4 인성검사

최근 간부선발 과정에서 시행되고 있는 복무적합도검사에 대한 개요 및 복무적합도검사 TEST를 수록하여 필기평가 준비를 위한 최종 마무리가 될 수 있도록 구성하였습니다.

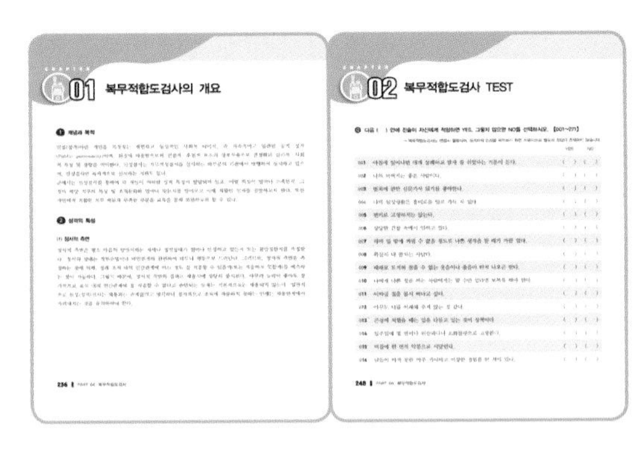

Contents

PART

01

실전 모의고사

CHAPTER

1회 실전 모의고사

≫ 정답 및 해설 p.138

공간능력	18문항/10분

Q 다음 입체도형의 전개도로 알맞은 것을 고르시오. 【1~4】

- 입체도형을 전개하여 전개도를 만들 때, 전개도에 표시된 그림(예 : ▮, ◢, ▬ 등)은 회전의 효과를 반영함. 즉, 본 문제의 풀이과정에서 보기의 전개도 상에 표시된 ▮과 ▬는 서로 다른 것으로 취급함.
- 단, 기호 및 문자(예 : ♤, ☎, ♨, K, H)의 회전에 의한 효과는 본 문제의 풀이과정에 반영하지 않음. 즉, 입체도형을 펼쳐 전개도를 만들었을 때 ☏의 방향으로 나타나는 기호 및 문자도 보기에서는 ☎방향으로 표시하며 동일한 것으로 취급함.

1

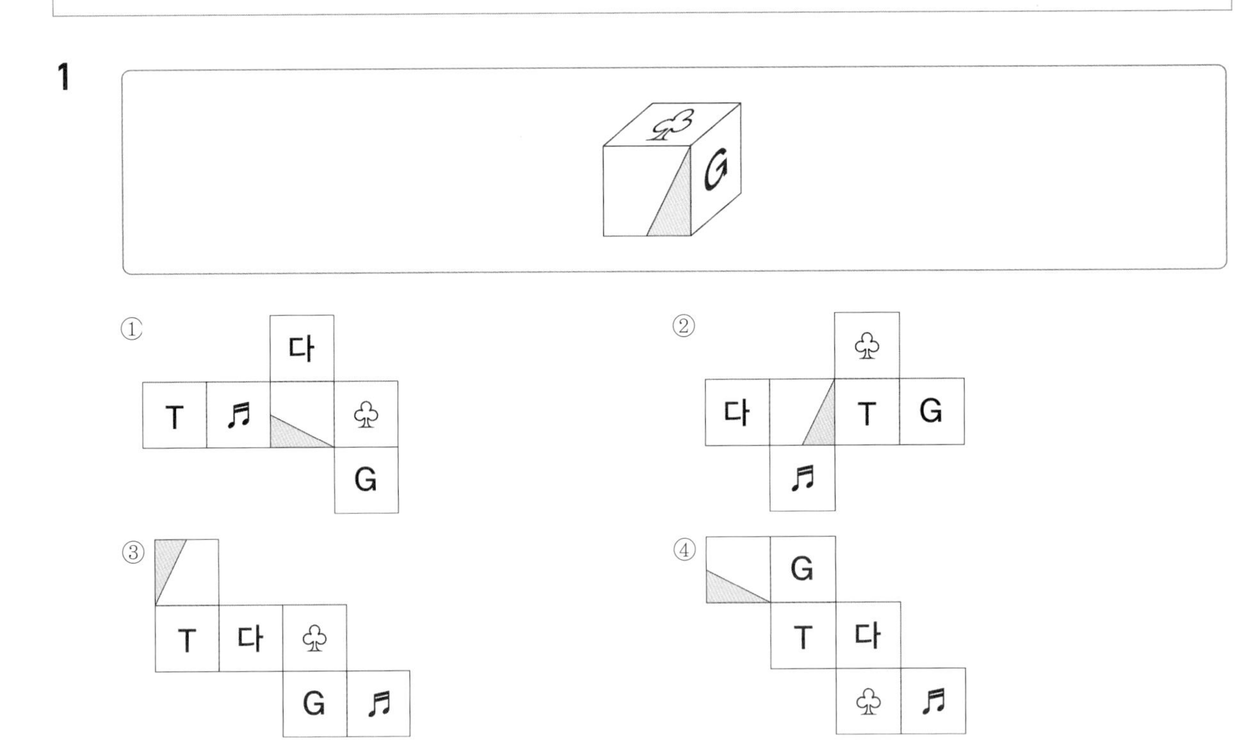

2

①

②

③

④

3

①

♡

A S

H

②

S ♡ A

H

③

H

♡ A

S

④

A

H S

♡

4

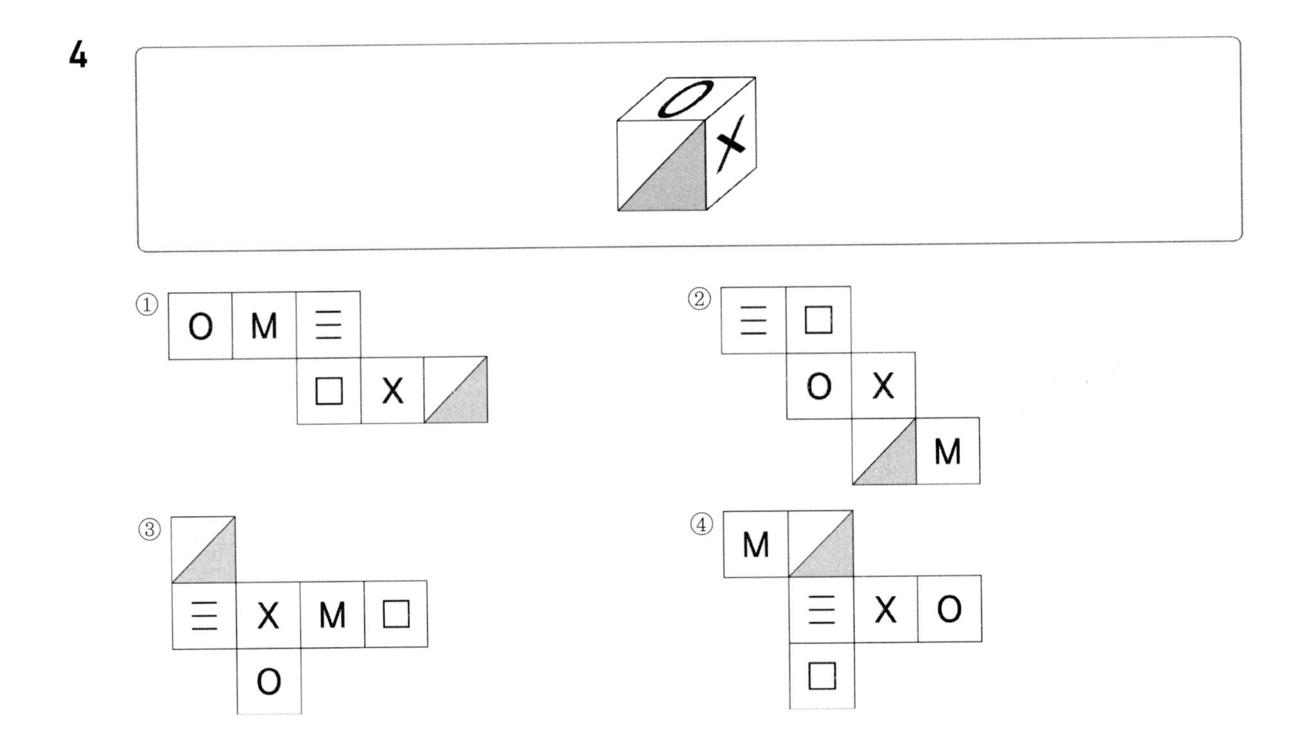

Q 다음 제시된 그림과 같이 쌓기 위해 필요한 블록의 수를 고르시오. 【5~9】
(단, 블록은 모양과 크기는 모두 동일한 정육면체이다.)

5

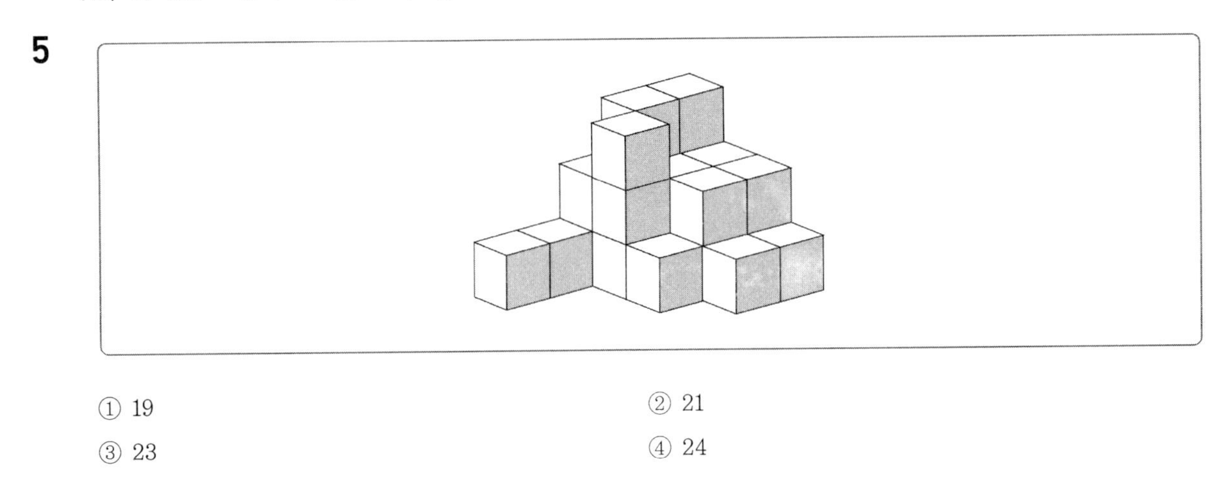

① 19
② 21
③ 23
④ 24

6

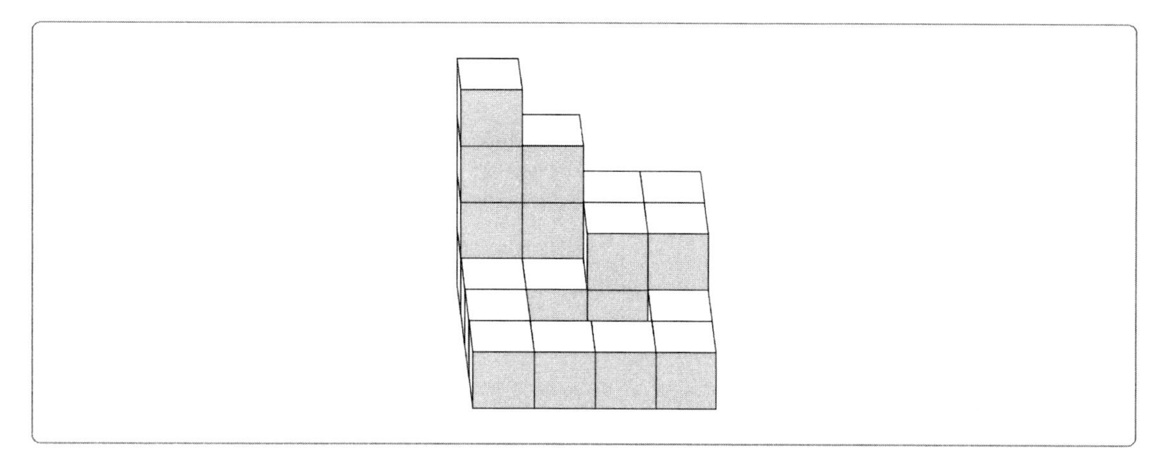

① 21　② 23
③ 25　④ 27

7

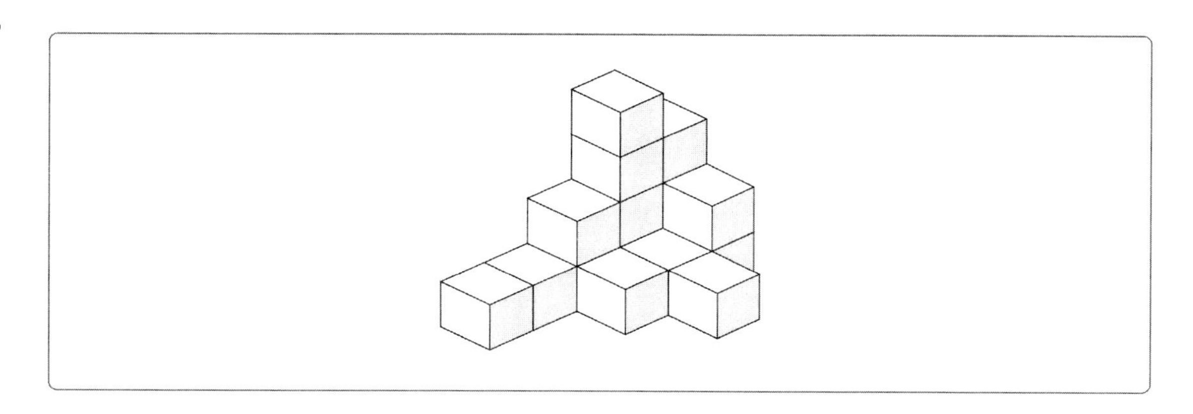

① 16　② 18
③ 20　④ 22

8

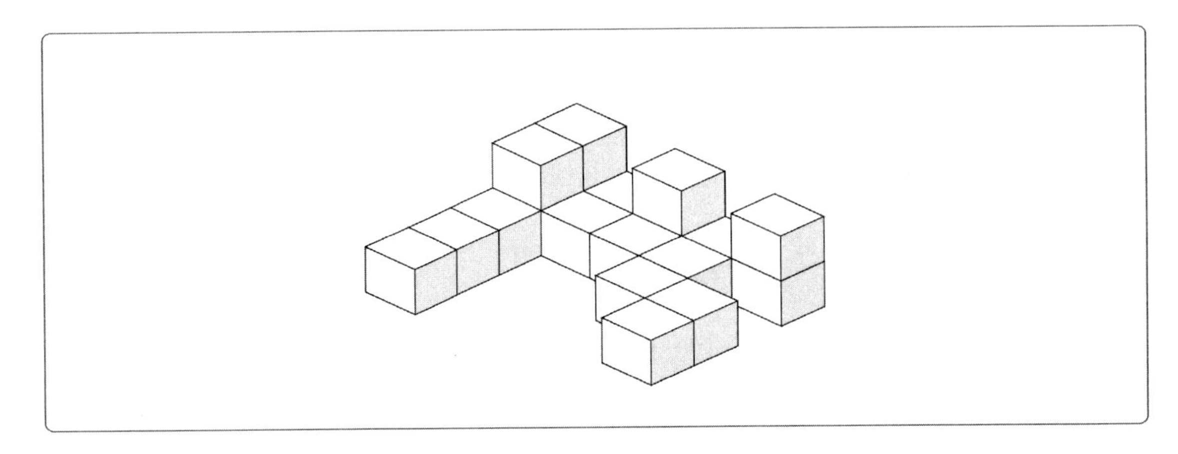

① 17 ② 19
③ 21 ④ 23

9

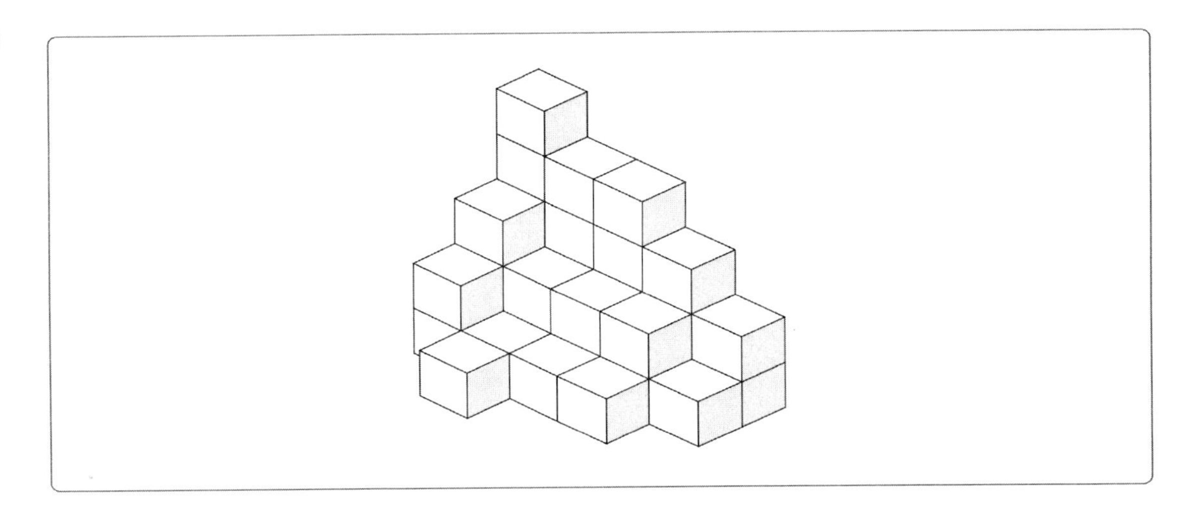

① 28 ② 31
③ 34 ④ 37

Q 다음 전개도로 만든 입체도형에 해당하는 것을 고르시오. 【10~14】

- 전개도를 접을 때 전개도 상의 그림, 기호, 문자가 입체도형의 겉면에 표시되는 방향으로 접음.
- 전개도를 접어 입체도형을 만들 때, 전개도에 표시된 그림(예 : ▮▮, ◢, ▮ 등)은 회전의 효과를 반영함. 즉, 본 문제의 풀이과정에서 보기의 전개도 상에 표시된 ▮▮과 ▬는 서로 다른 것으로 취급함.
- 단, 기호 및 문자(예 : ♤, ☎, ♨, K, H)의 회전에 의한 효과는 본 문제의 풀이과정에 반영하지 않음. 즉, 전개도를 접어 입체도형을 만들었을 때 ☎의 방향으로 나타나는 기호 및 문자도 보기에서는 ☎방향으로 표시하며 동일한 것으로 취급함.

10

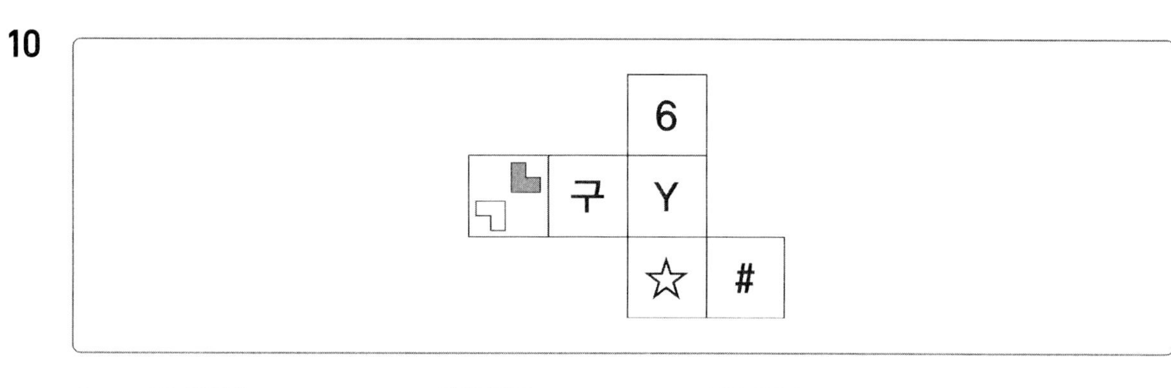

① 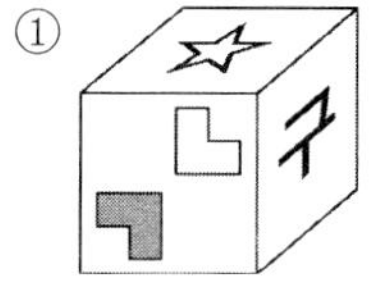
② 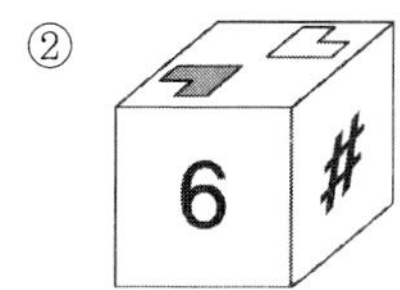
③ 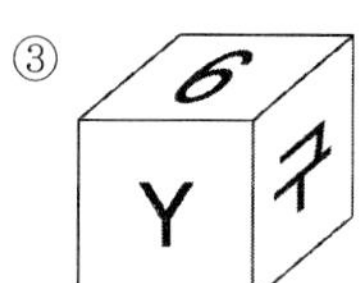
④ 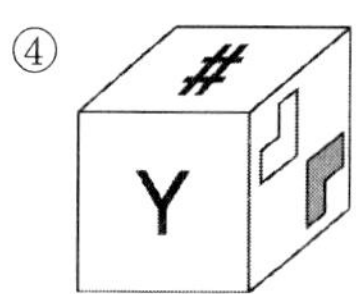

11

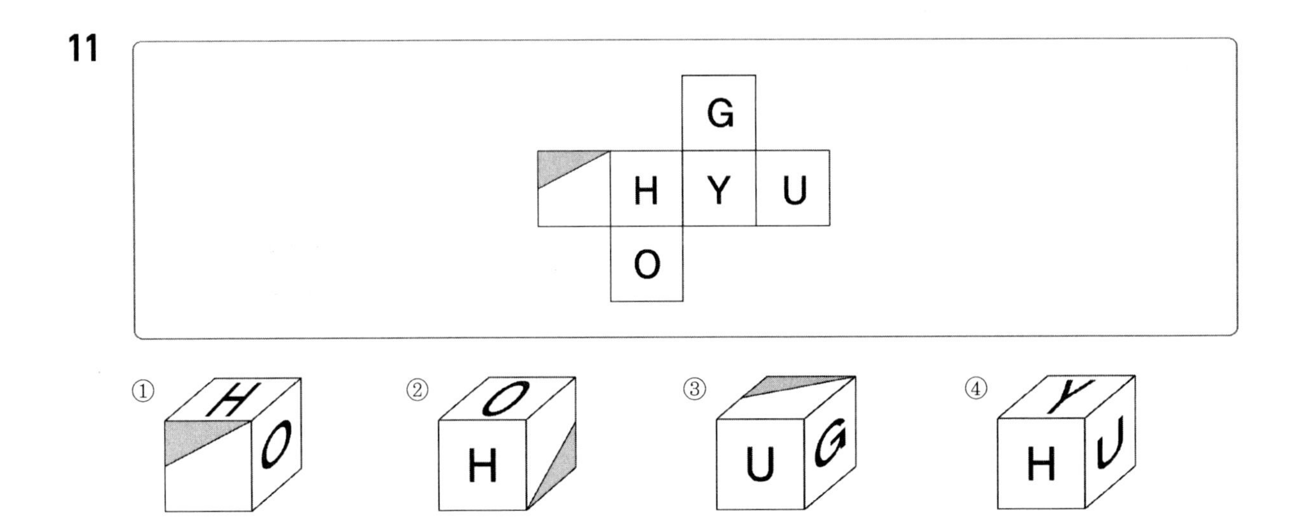

12

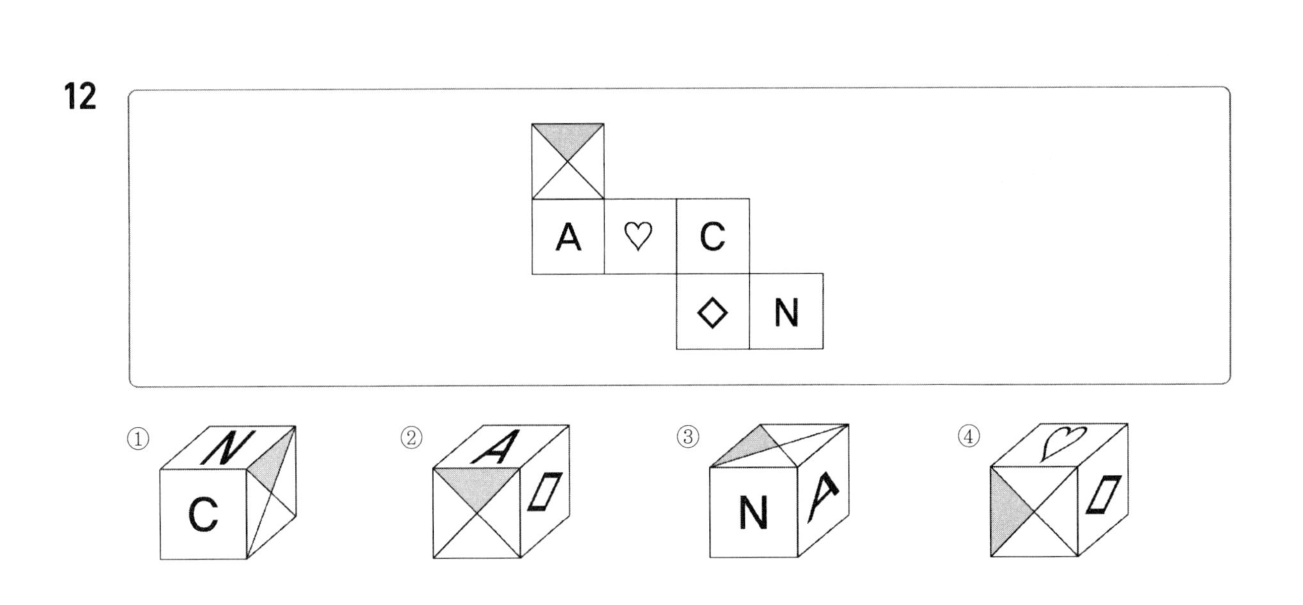

13

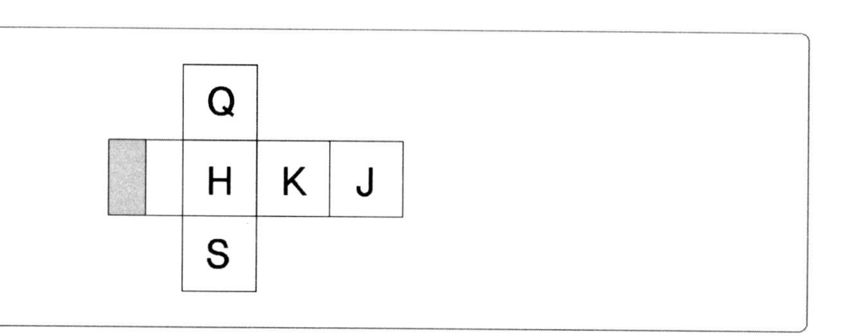

① ② 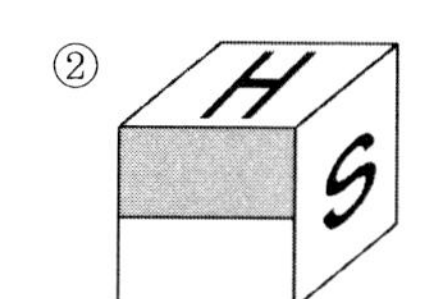

③ ④ 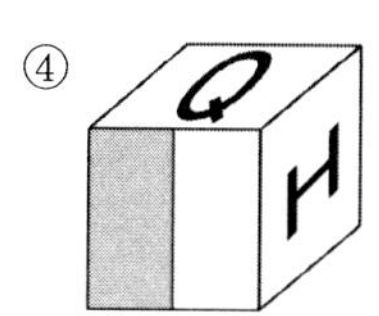

14

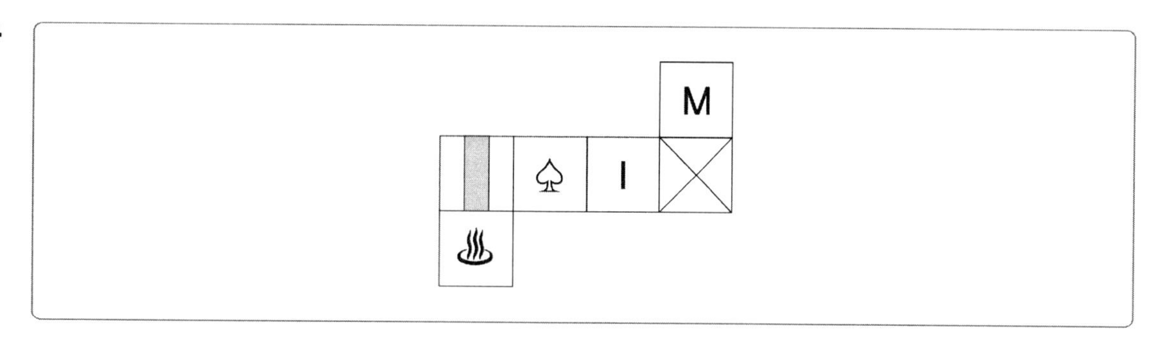

① 
② 
③ 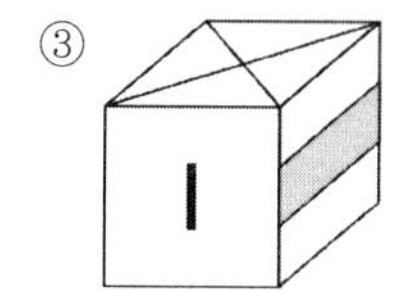

④ 

Q 아래에 제시된 블록들을 화살표 표시한 방향에서 바라봤을 때의 모양으로 알맞은 것을 고르시오. (단, 블록은 모양과 크기가 모두 동일한 정육면체이고, 바라보는 시선의 방향은 블록의 면과 수직을 이루며 원근에 의해 블록이 작게 보이는 현상은 고려하지 않는다) 【15~18】

15

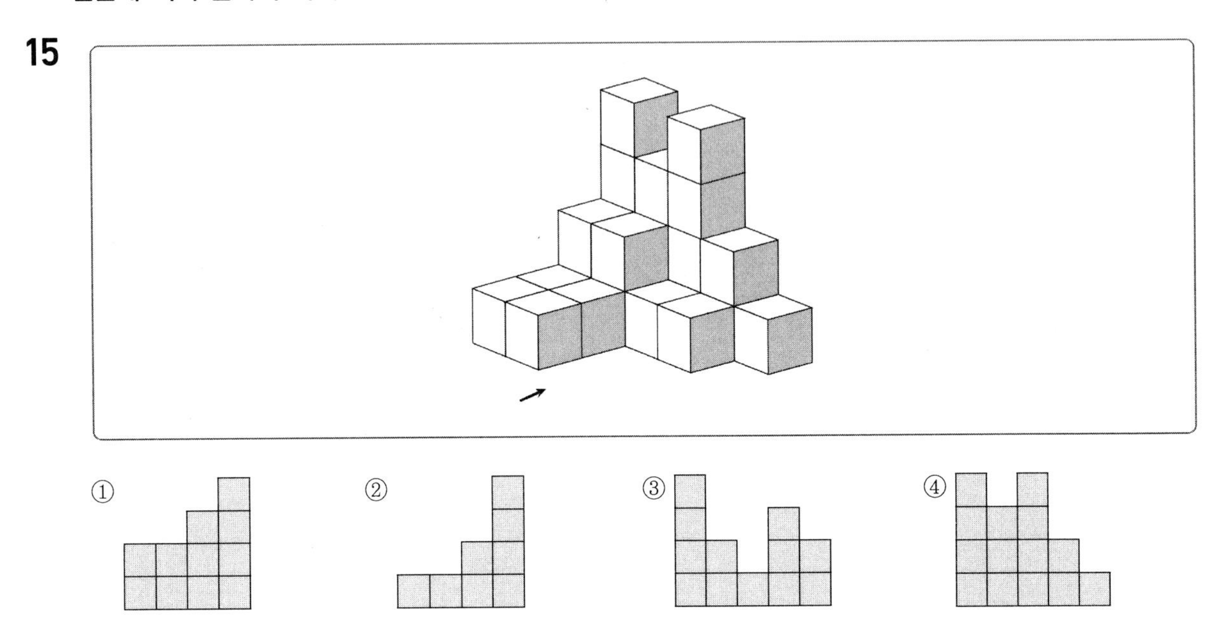

①　②　③　④

16

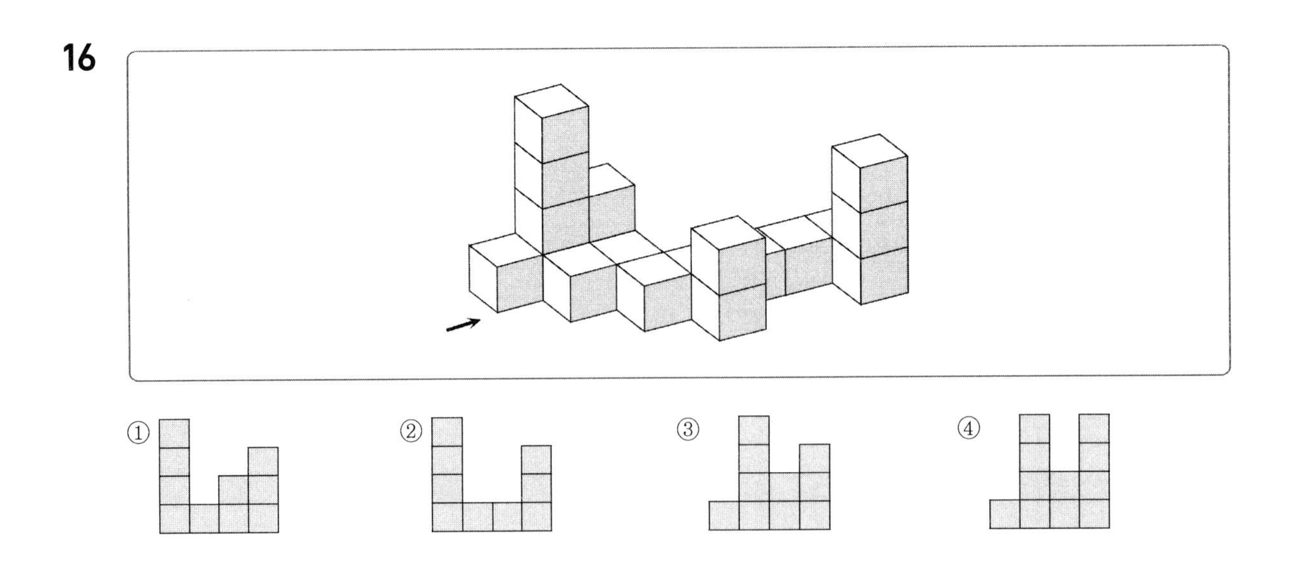

①　②　③　④

17

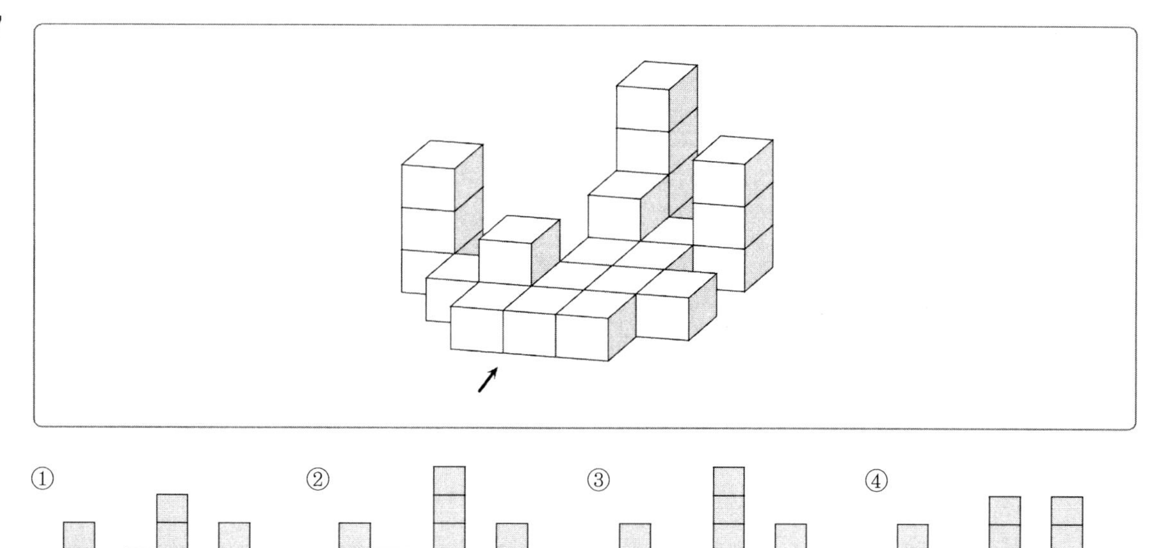

18

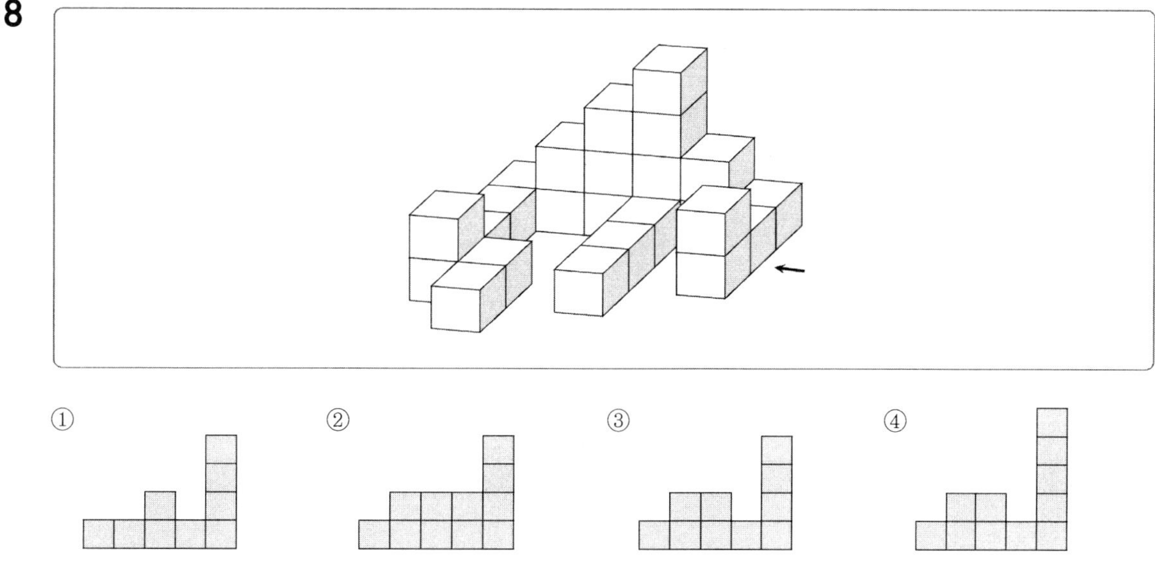

언어논리	25문항/20분

Q 다음 문장의 문맥상 (   ) 안에 들어갈 단어로 가장 적절한 것을 고르시오. 【1~4】

1

미국인들의 정치적 결사는 결사의 자유에 대한 완벽한 보장을 기반으로 실현된다. 일단 하나의 결사로 뭉친 개인들은 언론의 자유를 보장받으면서 자신들의 집약된 견해를 널리 알린다. 이러한 견해에 호응하는 지지자들의 수가 점차 늘어날수록 이들은 더욱 열성적으로 결사를 확대해간다. 그런 다음에는 집회를 개최하여 자신들의 힘을 (   )한다.

① 제거
② 방심
③ 표출
④ 간과
⑤ 여과

2

'도박사의 오류'라고 불리는 것은 특정 사건과 관련 없는 사건을 관련 있는 것으로 (   )했을 때 발생하는 오류이다.

① 만연
② 변상
③ 상충
④ 간주
⑤ 박탈

3

미국 코넬 대학교 심리학과 연구팀은 본교 32명의 여대생을 대상으로 미국의 식품산업 전반에 대한 의견 조사를 (   )하였다.

① 실시
② 점유
③ 박멸
④ 침범
⑤ 추종

4

> 도덕적이고 문명화된 사회를 가능하게 하는 기본적인 사회 원리를 (　)할 경우에만 인간은 생산적인 사회에서 평화롭게 살 수 있다.

① 경시
② 배척
③ 의심
④ 수정
⑤ 수용

Q 다음 밑줄 친 부분과 같은 의미로 사용된 것을 고르시오

5

> 요즘 방영되고 있는 TV 프로그램 중 도시를 벗어나 산속에 <u>들어가</u> 살고 있는 자연인의 모습을 보여주는 프로그램이 인기를 얻고 있다.

① 그림이 많이 <u>들어간</u> 책은 보기 편하다.
② 이 마을에는 전기가 <u>들어갈</u> 예정이다.
③ 내일부터 봄방학에 <u>들어간다.</u>
④ 영희는 물속에 <u>들어가</u> 수영을 하였다.
⑤ 이달에 휴대폰 비용으로 <u>들어간</u> 돈만 십만 원이 넘는다.

6

> 우리 헌법 제1조 제2항은 "대한민국의 주권은 국민에게 있고, 모든 권력은 국민으로부터 나온다."라고 규정하고 있다. 이 규정은 국가의 모든 권력의 행사가 주권자인 국민의 뜻에 따라 이루어져야 한다는 의미로 해석할 수 있다. 따라서 국회의원은 지역구 주민의 뜻에 따라 입법해야 한다고 생각하는 사람이 있다면, 그는 이 조항에서 근거를 <u>찾으면</u> 될 것이다.

① 은행에서 저금했던 돈을 <u>찾았다</u>.
② 우리나라를 <u>찾은</u> 관광객에게 친절하게 대합시다.
③ 시장은 다시 생기를 <u>찾고</u> 눈알이 핑핑 도는 삶의 터전으로 돌아가기 시작했다.
④ 잃어버린 명예를 다시 <u>찾기란</u> 쉽지 않다.
⑤ 누나가 문제해결의 실마리를 <u>찾았습니다</u>.

7 다음 글을 읽고 추론할 수 없는 내용은?

흑체복사(blackbody radiation)는 모든 전자기파를 반사 없이 흡수하는 성질을 갖는 이상적인 물체인 흑체에서 방출하는 전자기파 복사를 말한다. 20℃의 상온에서 흑체가 검게 보이는 이유는 가시영역을 포함한 모든 전자기파를 반사 없이 흡수하고 또한 가시영역의 전자기파를 방출하지 않기 때문이다. 하지만 흑체가 가열되면 방출하는 전자기파의 특성이 변한다. 가열된 흑체가 방출하는 다양한 파장의 전자기파에는 가시영역의 전자기파도 있기 때문에 흑체는 온도에 따라 다양한 색을 띨 수 있다.

흑체를 관찰하기 위해 물리학자들은 일정한 온도가 유지 되고 완벽하게 밀봉된 공동(空洞)에 작은 구멍을 뚫어 흑체를 실현했다. 공동이 상온일 경우 공동의 내벽은 전자기파를 방출하는데, 이 전자기파는 공동의 내벽에 부딪혀 일부는 반사되고 일부는 흡수된다. 공동의 내벽에서는 이렇게 전자기파의 방출, 반사, 흡수가 끊임없이 일어나고 그 일부는 공동 구멍으로 방출되지만 가시영역의 전자기파가 없기 때문에 공동 구멍은 검게 보인다. 또 공동이 상온일 경우 이 공동 구멍으로 들어가는 전자기파는 공동 안에서 이리저리 반사되다 결국 흡수되어 다시 구멍으로 나오지 않는다. 즉 공동 구멍의 특성은 모든 전자기파를 흡수하는 흑체의 특성과 같다.

한편 공동이 충분히 가열되면 공동 구멍으로부터 가시영역의 전자기파도 방출되어 공동 구멍은 색을 띨 수 있다. 이렇게 공동 구멍에서 방출되는 전자기파의 특성은 같은 온도에서 이상적인 흑체가 방출하는 전자기파의 특성과 일치한다. 물리학자들은 어떤 주어진 온도에서 공동 구멍으로부터 방출되는 공동 복사의 전자기파 파장별 복사에너지를 정밀하게 측정하여, 전자기파의 파장이 커짐에 따라 복사에너지 방출량이 커지다가 다시 줄어드는 경향을 보인다는 것을 발견하였다.

① 흑체의 온도를 높이면 흑체가 검지 않게 보일 수도 있다.

② 공동의 온도가 올라감에 따라 복사에너지 방출량은 커지다가 줄어든다.

③ 공동을 가열하면 공동 구멍에서 다양한 파장의 전자기파가 방출된다.

④ 흑체가 전자기파를 방출할 때 파장에 따라 복사에너지 방출량이 달라진다.

⑤ 상온으로 유지되는 공동 구멍이 검게 보인다고 공동 내벽에서 방출되는 전자기파가 없는 것은 아니다.

8 **다음 밑줄 친 단어들의 의미 관계가 다른 하나는?**

① 이 상태로 나가다가는 현상 유지도 어려울 것 같다.
그 어른은 이곳에서 가장 영향력이 큰 유지이다.

② 그의 팔에는 강아지가 물었던 자국이 남아 있다.
모기가 옷을 뚫고 팔을 마구 물어 대었다.

③ 그 퀴즈 대회에서는 한 가지 상품만 고를 수 있다.
울퉁불퉁한 곳을 흙으로 메워 판판하게 골라 놓았다.

④ 고려도 그 말년에 원군을 불러들여 삼별초 수만과 그들이 근거한 여러 도서의 수십만 양민을 도륙하게 하였다.
많은 도서 가운데 양서를 골라내는 것은 그리 쉬운 일이 아니다.

⑤ 우리는 발해 유적 조사를 위해 중국 만주와 러시아 연해주 지역에 걸쳐 광범위한 답사를 펼쳤다.
재학생 대표의 송사에 이어 졸업생 대표의 답사가 있겠습니다.

9 **다음 글에 대한 내용으로 옳지 않은 것은?**

풀은 줄기가 나무질이 아닌 초질(草質)로 이루어진 식물을 일컫는다. 풀의 땅 윗부분은 1년 또는 2년 안에 죽고, 줄기의 관다발에 있는 형성층이 1년이면 그 기능이 정지되며, 처음에 생긴 물관부 밖에는 비대성장하지 않는다. 땅 윗부분뿐만 아니라 땅 아랫부분도 1년 만에 죽는 것을 한해살이풀(나팔꽃, 옥수수)이라고 한다. 이는 일생에 한 번만 꽃을 피우고 열매를 맺는다. 종자에서 발아한 풀이 겨울을 보내고 이듬해 봄에서 가을에 꽃과 열매를 맺는 것을 두해살이풀(시금치)이라고 한다. 이 중 해를 넘겨도 12개월 내에 시드는 식물을 한해살이풀이라고 하는 경우도 있는데, 이때에는 그 해 중에 시드는 것을 '하생(夏生) 년생 초본'이라 하여 해를 넘기는 식물과 구별한다. 이에 비해 땅 아랫부분이 여러 해에 걸쳐 생존하면서 한살이 동안 몇 차례 이상 꽃과 열매를 맺는 것을 여러해살이풀(은방울꽃, 자리공) 또는 숙근초(宿根草)라고 하며, 땅 윗부분과 아랫부분이 모두 살아 있는 상태로 겨울을 나는 여러해살이풀을 상록 초본이라고 한다. 한해살이풀과 두해살이풀은 뿌리가 수염 모양으로 난 것이 많으나 여러해살이풀은 땅 아랫부분에 뿌리, 줄기, 잎이 변형된 덩이뿌리, 덩이줄기, 뿌리줄기, 비늘줄기가 있으며 양분을 저장하는 것이 많다. 야자나무과나 대나무 등은 본질적으로 풀에 속하는데 지상부가 몇 년 이상 살기 때문에 나무처럼 보이지만, 비대 성장하지 않기 때문에 나무가 아니라 특수한 풀이라고 할 수 있다. 분류학적으로 초본과 목본이 같은 분류군에 속한 경우도 있다(국화과, 콩과).

① 풀과 나무는 줄기가 초질인지 나무질인지로 구분한다.
② 시금치는 상록 초본으로 볼 수 없다.
③ 상록 초본은 한살이 동안 여러 차례 꽃과 열매를 맺는다.
④ 덩이뿌리, 뿌리줄기, 비늘줄기를 가지는 한해살이풀도 있다.
⑤ 대나무는 나무처럼 보이지만 본질적으로 풀에 속한다.

10 **다음에 제시된 문장의 밑줄 친 부분의 의미가 나머지와 가장 다른 것은?**

① 신태성은 쓴 것을 접어서 봉투를 훅 <u>불어</u> 그 속에 넣는다.
② 뜨거운 차를 <u>불어</u> 식히다.
③ 촛불을 입으로 <u>불어서</u> 끄다.
④ 유리창에 입김을 <u>불다</u>.
⑤ 사무실에 영어 회화 바람이 <u>불다</u>.

11 다음 글의 내용과 가장 부합하는 진술은?

> 여행을 뜻하는 서구어의 옛 뜻에 고역이란 뜻이 들어 있다는 사실이 시사하듯이 여행은 금리생활자들의 관광처럼 속 편한 것만은 아니다. 그럼에도 불구하고 고생스러운 여행이 보편적인 심성에 호소하는 것은 일상의 권태로부터의 탈출과 해방의 이미지를 대동하고 있기 때문일 것이다. 술 익는 강마을의 저녁노을은 '고약한 생존의 치욕에 대한 변명'이기도 하지만 한편으로는 그 치욕으로부터의 자발적 잠정적 탈출의 계기가 되기도 한다. 그리고 그것은 결코 가볍고 소소한 일이 아니다. 직업적 나그네와는 달리 보통 사람들은 일상생활에 참여하고 잔류하면서 해방의 순간을 간접 경험하는 것이다. 인간 삶의 난경은, 술 익는 강마을의 저녁노을을 생존의 치욕을 견디게 할 수 있는 매혹으로 만들어 주기도 하는 것이다.

① 여행은 고생으로부터의 해방이다.
② 금리생활자들이 여행을 하는 것은 고약한 생존의 치욕에 대한 변명을 위해서이다.
③ 윗글에서 '보편적인 심성'이라는 말은 문맥으로 보아 여행은 고생스럽다는 생각을 가리키는 것이다.
④ 사람들은 여행에서 일시적인 해방을 맛본다.
⑤ 여행은 금리생활자들의 관광처럼 편안하고 고된 일상으로부터의 탈출과 해방을 안겨준다.

Q 다음 글을 읽고 순서에 맞게 논리적으로 배열한 것을 고르시오. [12~13]

12

> ㉠ 하지만 향리들에 의한 사당 건립은 향촌사회에서 향리들의 위세를 짐작할 수 있는 좋은 지표이다. 향리들이 건립한 사당은 그 지역 향리 집단의 공동노력으로 건립한 경우도 있지만, 대부분은 향리 일족 내의 특정한 가계(家系)가 중심이 되어 독자적으로 건립한 것이었다.
> ㉡ 17, 18세기에 걸쳐 각 지역 양반들에 의해 서원이나 사당 건립이 활발하게 진행되었다. 서원이나 사당 대부분은 일정 지역의 유력 가문이 주도하여 자신들의 지위를 유지하고 지역 사회에서 영향력을 행사하는 구심점으로 건립·운영되었다.
> ㉢ 이러한 사당은 건립과 운영에 있어서 향리 일족 내의 특정 가계의 이해를 반영하고 있는데, 대표적인 것으로 경상도 거창에 건립된 창충사(彰忠祠)를 들 수 있다.
> ㉣ 이러한 경향은 향리층에게도 파급되어 18세기 후반에 들어서면 안동, 충주, 원주 등에서 향리들이 사당을 신설하거나 중창 또는 확장하였다. 향리들이 건립한 사당은 양반들이 건립한 것에 비하면 얼마 되지 않는다.

① ㉠㉢㉡㉣
② ㉡㉠㉣㉢
③ ㉡㉣㉠㉢
④ ㉠㉡㉢㉣
⑤ ㉣㉠㉢㉡

13

ⓒ 사이버공간은 관계의 네트워크이다. 사이버공간은 광섬유와 통신위성 등에 의해 서로 연결된 컴퓨터들의 물리적인 네트워크로 구성되어 있다. 그러나 사이버공간이 물리적인 연결만으로 이루어지는 것은 아니다. 사이버공간을 구성하는 많은 관계들은 오직 소프트웨어를 통해서만 실현되는 순전히 논리적인 연결이기 때문이다. 양쪽 차원 모두에서 사이버공간의 본질은 관계적이다.

ⓑ 인간 공동체 역시 관계의 네트워크에 의해 결정된다. 가족끼리의 혈연적인 네트워크, 친구들 간의 사교적인 네트워크, 직장 동료들 간의 직업적인 네트워크 등과 같이 인간 공동체는 여러 관계들에 의해 중첩적으로 연결되어 있다.

ⓓ 사이버공간과 마찬가지로 인간의 네트워크도 물리적인 요소와 소프트웨어적 요소를 모두 가지고 있다. 예컨대 건강관리 네트워크는 병원 건물들의 물리적인 집합으로 구성되어 있지만, 동시에 환자를 추천해주는 전문가와 의사들 간의 비물질적인 네트워크에 크게 의존한다.

ⓐ 사이버공간을 유지하려면 네트워크 간의 믿을 만한 연결을 유지하는 것이 결정적으로 중요하다. 다시 말해, 사이버공간 전체의 힘은 다양한 접속점들 간의 연결을 얼마나 잘 유지하느냐에 달려 있다.

ⓔ 이것은 인간 공동체의 힘 역시 접속점 즉 개인과 개인, 다양한 집단과 집단 간의 견고한 관계 유지에 달려 있다는 점을 보여준다. 사이버공간과 마찬가지로 인간의 사회 공간도 공동체를 구성하는 네트워크의 힘과 신뢰도에 결정적으로 의존한다.

① ⓑⓐⓒⓓⓔ
② ⓒⓑⓓⓐⓔ
③ ⓒⓓⓔⓐⓑ
④ ⓑⓒⓐⓔⓓ
⑤ ⓐⓑⓔⓓⓒ

14 다음 글을 보고 알 수 있는 내용이 아닌 것은?

> 현재의 특허법을 보면 생명체나 생명체의 일부분이라도 그것이 인위적으로 분리 · 확인된 것이라면 발명으로 간주하고 있다. 따라서 유전자도 자연으로부터 분리, 정제되어 이용 가능한 상태가 된다면 화학 물질이나 미생물과 마찬가지로 특허의 대상이 인정된다. 그러나 유전자 특허 반대론자들은 생명체 진화 과정에서 형성된 유전자를 분리하고 그 기능을 확인했다는 이유만으로 독점적 소유권을 인정하는 일은 마치 한 마을에서 수십 년 동안 함께 사용해 온 우물물의 독특한 성분을 확인했다는 이유로 특정한 개인에게 독점권을 준 자는 논리만큼 부당하다고 주장한다.

① 현재의 특허법은 자연 자체에 대해서도 소유권을 인정한다.
② 유전자 특허 반대론자는 비유를 이용하여 주장을 펼치고 있다.
③ 유전자 특허 반대론자의 말에 따르면 유전자는 특허의 대상이 아니다.
④ 현재의 특허법은 대상보다는 특허권 신청자의 인위적 행위의 결과에 중점을 둔다.
⑤ 현재의 특허법은 생명체라도 인위적으로 분리 · 확인된 것이라면 발명이라고 간주한다.

15 '틈새 공략을 통한 중소기업의 불황 극복'이라는 주제로 강연을 하려고 할 때, 다음 중 통일성을 해치는 것은?

> ㉠ 전문기관의 발표에 의하면 경기침체로 중소기업 연체율이 계속 상승할 것이라고 한다. ㉡ 국제 유가 상승이 악재로 작용하면서 기업의 원가 상승을 불러일으키고 있다. 불황의 골이 깊어지면서 틈새를 공략, 기업 경쟁력을 강화하기 위해 몸부림치는 업체들이 많아졌다. ㉢ 기술집약형 중소기업인 A는 고급화 · 전문화를 지향하기 위해 지난 9월부터 세계 최초로 DVD 프론트 로딩 메커니즘 개발사업에 박차를 가하면서 기업의 면모를 쇄신하고 있다. ㉣ 또 향토 기업인 B는 웰빙 문화의 시대적 흐름을 재빨리 파악, 기발한 아이템과 초저가 전략으로 맞서고 있다. ㉤ 이들을 통해 볼 때 막대한 투자가 필요한 예고된 기술발전 대신 숨겨져 있던 1인치의 틈새를 공략해 시장을 선도하고 있는 작지만 강한 기업이 불황을 이기는 지름길임을 보여준다.

① ㉠　　② ㉡
③ ㉢　　④ ㉣
⑤ ㉤

16 다음 글에 대한 설명으로 가장 적절한 것은?

무엇인가를 알아내는 사고 방법에는 여러 가지가 있는데 그 중 하나가 유추이다. 유추란 어떤 사물이나 현상의 성질을 그와 비슷한 다른 사물이나 현상에 기초하여 미루어 짐작하는 것을 말한다. 이는 학문 또는 예술 활동에서뿐만 아니라 일상생활에서도 흔히 행하고 있는 사고법이다.

유추는 '알고자 하는 특성의 확정 – 알고 있는 대상과의 비교 – 결론 내리기'의 과정을 통해 이루어진다. 동물원에 가서 '백조'를 처음 본 어린아이가 그것이 날 수 있는가의 여부를 판단하는 과정을 생각해 보자. 이 경우 '알고자 하는 대상'과 그 '알고자 하는 특성'을 확정하면 '백조가 날 수 있는가?'가 된다. 그런데 그 아이가 자신이 이미 알고 있는 '비둘기'를 떠올리고는 백조와 비둘기 사이에 '깃털이 있다', '다리가 둘이다', '날개가 있다' 등의 공통점을 발견하였다. 이렇게 공통점을 발견하는 것이 바로 비교이다. 그 다음에 '비둘기는 난다'는 특성을 다시 확인한 후 '백조가 날 것이다'고 결론을 내리면 유추가 끝난다.

많은 논리학자들은 유추가 판단을 그르치게 한다고 폄하한다. 유추를 통해 알아낸 것이 옳다는 보장이 없기 때문이다. 위의 경우 '백조가 난다'는 것은 옳다. 그런데 똑같은 방법으로 '타조'에 대해 '타조가 난다'라는 결론을 내렸다면, 이는 사실에 어긋난다. 이는 공통점이 가장 많은 대상을 비교 대상으로 선택하지 못했기 때문이다. 이렇게 유추를 통해 알아낸 것은 옳을 가능성이 있다고는 할 수 있어도 틀림없다고는 할 수 없다.

결국 유추를 통해 옳은 결론을 내릴 가능성을 높이는 것이 중요한데, '범위 좁히기'의 과정을 통해 비교할 대상을 선정함으로써 그 가능성을 높일 수 있다. 만약 어린아이가 수많은 새 중에서 비둘기 말고, 타조와 더 많은 공통점을 갖고 있는 것, 예를 들면 '몸통에 비해 날개 크기가 작다'는 공통점을 하나 더 갖고 있는 '닭'을 가지고 유추를 했다면 '타조는 날지 못할 것이다'는 결론을 내렸을 것이다.

옳지 않은 결론을 내릴 가능성을 항상 안고 있음에도 불구하고 유추는 필요하다. 우리 인간은 모든 것을 알고 태어나지 않을 뿐만 아니라 어느 한 순간에 모든 것을 알아내지는 못한다. 그런데도 인간이 많은 지식을 갖게 된 것은 유추와 같은 사고법을 가지고 있기 때문이다.

① 유추의 활용 사례들을 분석하면서 그 유형을 소개하고 있다.
② 유추의 방법과 효용을 알려주면서 그 유용성을 강조하고 있다.
③ 유추에 대한 학문적 논의의 과정을 시간 순서대로 소개하고 있다.
④ 유추의 문제점을 지적하면서 새로운 사고 방법의 필요성을 역설하고 있다.
⑤ 유추와 여타 사고 방법들과의 차이점을 부각하면서 그 본질을 이해시키고 있다.

17 다음의 내용에 착안하여 '동아리 활동'에 대한 글을 쓰려고 할 때 연상되는 내용으로 적절하지 않은 것은?

> 오늘은 떡볶이 만드는 법을 소개하겠습니다. 이를 위해 떡볶이를 만드는 과정을 사진으로 찍어 누리집에 올리려고 합니다. 떡볶이는 고추장 떡볶이, 간장 떡볶이, 짜장 떡볶이 등이 있는데, 개인의 기호에 따라 주된 양념장을 골라 준비합니다. 그런 다음 떡볶이에 필요한 떡, 각종 야채, 어묵 등을 손질합니다. 이 재료와 양념장의 조화에 따라 맛이 결정됩니다. 그리고 끓는 물에 양념장과 재료를 넣고 센 불에서 끓입니다. 떡이 어느 정도 익고 양념이 떡에 잘 배면 떡볶이가 완성됩니다. 완성된 떡볶이의 사진도 찍어 누리집의 '뽐내기 게시판'에 올려 솜씨를 자랑합니다.

① 어려움이 생기면 지도 교사에게 조언을 구한다.
② 자신의 흥미나 관심에 따라 동아리를 선택한다.
③ 동아리 활동 목적에 따라 활동 계획을 수립한다.
④ 동아리 발표회에 참가하여 활동 결과를 발표한다.
⑤ 구성원의 화합과 협동이 동아리의 성공을 좌우한다.

18 다음에 나타난 사회 방언의 특징으로 적절한 것은?

> 갑자기 쓰러져서 병원에 실려 온 환자를 진찰한 후
>
> 의사 1 : 이 환자의 상태는 어떻지?
> 의사 2 : 아직 확진할 순 없지만, 스트레스로 인하여 심계항진에 문제가 보이고, 안구진탕과 연하곤란까지 왔어. 육안 검사로는 힘드니까 자세한 이학적 검사를 해봐야 알 것 같아.
> 의사 1 : CT 촬영만으로는 판단이 어렵겠는걸. MRI 촬영 검사를 추가하여 검사해 봐야겠군.
> 의사 2 : 그렇게 하지.

① 성별의 영향을 많이 받는다.
② 세대에 따라 의미를 다르게 이해한다.
③ 업무를 효과적으로 수행하는 데 도움을 준다.
④ 듣기 거북한 말에 대해 우회적으로 발화한다.
⑤ 일시적으로 유행하는 말을 많이 만들어 쓴다.

19 다음 의사소통 상황에 대한 설명으로 가장 적절한 것은?

> 반장 : 오늘은 봄 체험 학습을 어떻게 할지 결정하려고 합니다. 의견이 있으신 분은 말씀해 주십시오.
> 민서 : 저는 한국미술관을 추천합니다. 이번에 〈조선 시대 회화 특별전〉을 한대요. 교과서에서 보았던 겸재 정선이나 단원 김홍도의 그림을 직접 볼 수 있어요.
> 반장 : 다른 의견은 없습니까?
> 현수 : 미술관이 뭐예요? 새 학년이 되어서 서로 서먹한데 우리 공이라도 한번 차러 가죠. 몸으로 부대끼면서 서로 친해질 수 있잖아요. 다들 내 의견에 동의하시죠?
> 부반장 : 다른 사람 말도 들어 봐야죠.
> 지수 : 그러지 말고, 민서의 의견을 받아들여서 오전엔 미술관가고, 그 옆에 체육공원이 있으니까 오후엔 현수 말대로 체육공원에 가서 축구를 하면 좋을 것 같아요.

① 반장은 의사소통 과정을 일방적으로 이끌어 가고 있다.
② 민서는 의사소통 과정에 소극적으로 참여하고 있다.
③ 현수는 다른 의견에 수용적인 태도를 보이고 있다.
④ 부반장은 안건에 대한 의견을 적극적으로 제시하고 있다.
⑤ 지수는 합리적인 사고로 대안 도출에 기여하고 있다.

20 다음의 설명을 읽고 '피동 표현'의 예를 가장 적절하게 표현한 것은?

> 피동 표현은 주체가 남에 의해 어떤 동작을 당하는 것을 나타낸 표현이다. 예를 들어 '토끼가 호랑이에게 잡혔다.'라는 문장은 주체가 스스로 한 행동이 아니라 남에 의해 '잡는' 동작을 당하는 것을 표현하고 있으므로 피동 표현이다.

① 밧줄을 세게 당기다.
② 동생의 머리를 감기다.
③ 아이에게 밥을 먹이다.
④ 후배가 선배를 놀리다.
⑤ 태풍에 건물이 흔들리다.

21 다음은 라디오 프로그램의 일부이다. 이 방송을 들은 후 '나무 개구리'에 대해 보인 반응으로 가장 적절한 반응은?

> 청소년 여러분, 개구리는 물이 없거나 추운 곳에서는 살기 어렵다는 것은 알고 계시죠? 그리고 사막은 매우 건조할 뿐 아니라 밤과 낮의 일교차가 매우 심해서 생물들이 살기에 매우 어려운 환경이라는 것도 다 알고 계실 겁니다. 그런데 이런 사막에 서식하는 개구리가 있다는 것을 알고 계십니까? 바로 호주 북부에 있는 사막에 살고 있는 '나무 개구리'를 말하는 것인데요. 이 나무 개구리는 밤이 되면 일부러 쌀쌀하고 추운 밖으로 나와 나무에 앉았다가 몸이 싸늘하게 식으면 그나마 따뜻한 나무 구멍 속으로 다시 들어간다고 합니다. 그러면 마치 추운 데 있다 따뜻한 곳으로 갔을 때 안경에 습기가 서리듯, 개구리의 피부에 물방울이 맺히게 됩니다. 바로 그 수분으로 나무 개구리는 사막에서 살아갈 수 있는 것입니다.
> 메마른 사막에서 추위를 이용하여 물방울을 얻어 살아가고 있는 나무 개구리가 생각할수록 대견하고 놀랍지 않습니까?

① 척박한 환경에서도 생존의 방법을 찾아내고 있군.
② 천적의 위협에 미리 대비하는 방법으로 생존하고 있군.
③ 동료들과의 협력을 통해서 어려운 환경을 극복하고 있군.
④ 주어진 환경을 자신에 맞게 변화시켜 생존을 이어가고 있군.
⑤ 다른 존재와의 경쟁에서 이겨내는 강한 생존 본능을 지니고 있군.

22 다음의 주장을 비판하기 위한 근거로 적절하지 않은 것은?

> 영어는 이미 실질적인 인류의 표준 언어가 되었다. 따라서 세계화를 외치는 우리가 지구촌의 한 구성원이 되기 위해서는 영어를 자유자재로 구사할 수 있어야 한다. 더구나 경제 분야의 경우 국가 간의 경쟁이 치열해지고 있는 현재의 상황에서 영어를 모르면 그만큼 국가가 입는 손해도 막대하다. 현재 우리나라가 영어 교육을 강조하는 것은 모두 이러한 이유 때문이다. 따라서 우리가 세계 시민의 일원으로 그 역할을 다하고 우리의 국가 경쟁력을 높여가기 위해서는 영어를 국어와 함께 우리 민족의 공용어로 삼는 것이 바람직하다.

① 한 나라의 국어에는 그 민족의 생활 감정과 민족정신이 담겨 있다.
② 외국식 영어 교육보다 우리 실정에 맞는 영어 교육 제도를 창안해야 한다.
③ 민족 구성원의 통합과 단합을 위해서는 단일한 언어를 사용하는 것이 바람직하다.
④ 세계화는 각 민족의 문화적 전통을 존중하는 문화 상대주의적 입장을 바탕으로 해야 한다.
⑤ 경제인 및 각 분야의 전문가들만 영어를 능통하게 구사해도 국가 간의 경쟁에서 앞서 갈 수 있다.

23 다음 중 어법에 맞는 문장은?

① 정부에서는 청년 실업 문제를 해결하기 위한 대책을 마련 하는 중이다.
② 만약 인류가 불을 사용하지 않아서 문명 생활을 지속할 수 없었다.
③ 나는 원고지에 연필로 십 년 이상 글을 써 왔는데, 이제 바뀌게 하려니 쉽지 않다.
④ 풍년 농사를 위한 저수지가 관리 소홀과 무관심으로 올 농사를 망쳐 버렸습니다.
⑤ 내가 말하고 싶은 것은 체력 훈련을 열심히 해야 우수한 성적을 올릴 수 있을 것이다.

Q 다음 글을 읽고 물음에 답하시오. 【24 ~ 25】

대개 사람들은 동정심을 인간이 가지고 있는 일반적인 감정이라 생각하고, 동정심이 많은 사람을 도덕적으로 선한 사람이라고 여긴다. 맹자는 남의 어려운 처지를 동정하여 불쌍하게 여기는 마음을 측은지심(惻隱之心)이라고 하였다. 그리고 이를 인간의 본성으로 간주(看做)하여 도덕적 가치를 판단하는 근거(根據)로 삼았다. 데이비드 흄도 인간은 본성적으로 동정심을 가지고 있으며 이것이 도덕성의 근거가 된다고 하였다.
그러나 칸트는 이러한 일반적인 견해(見解)와는 다른 입장을 보였다. 그에 따르면 도덕적 가치를 판단하는 기준은 동정심이 아닌 이성에 바탕을 둔 '의무 동기'이어야 한다. 의무 동기에 따라 행동한다는 것은 도덕적 의무감과 자신의 의지에 따라서 올바르게 행동하는 것이다.
칸트는 인간에게는 마땅히 따라야 할 의무가 있으며 순수한 이성을 가지고 그 의무를 실천하려는 의지가 있다고 보았다. 그리고 그것이 도덕적으로 가장 중요하다고 생각했다. 아무리 그 결과가 좋다 하더라도 의무 동기에서 벗어난 어떠한 의도나 목적은 그 행위에 개입되어서는 안 된다는 것이다. 따라서 칸트가 보기에 동정과 연민, 만족감 같은 감정이나 자기 이익, 욕구, 기호(嗜好) 등에 따라 행동한다면 그것은 도덕적 가치가 부족한 것이 된다.
예를 들어 보자. '갑(甲)'이라는 사람이 빚진 돈을 갚기 위해 채권자를 찾아가는 길에 곤경에 처한 이웃을 만났다. 이웃의 고통을 본 '갑'은 연민과 동정의 감정이 생겨나 자기가 가지고 있던 돈을 그 이웃을 돕는 데 사용하였다. 칸트는 이러한 '갑'의 행위는 의무 동기에 따른 것이 아니기 때문에 도덕적으로 정당한 행위로 평가받을 수 없다고 하였다. '갑'의 자선은 연민의 감정에 빠져서, 마땅히 채권자에게 돈을 되갚아야 한다는 규범(規範)과 의무를 따르지 않았기 때문이다.
이러한 칸트의 견해에 대해 일부에서는 '갑'의 행위는 타인을 돕겠다는 순수한 목적에서 나온 것이며 결과적으로 선한 행동이기 때문에, '갑'에 대한 칸트의 평가는 지나치게 가혹하다고 비판하기도 한다. 또 도덕적 의무감에 따른 행위만이 가치가 있다는 칸트의 주장을 인간의 자연적 감정을 지나치게 배제(排除)한 것이라고 비판하기도 한다. 그러나 이러한 비판에도 불구하고 도덕적 가치에 대한 칸트의 견해는 사람으로서 마땅히 가져야 하는 의무와 그에 대한 실천 의지를 다시 생각해 보게 했다는 점에서 그 의의를 찾을 수 있을 것이다.

24 윗글의 내용과 일치하지 않는 것은?

① 자신의 의지에 감정, 욕구, 이익 등을 더한 것이 의무 동기이다.
② 칸트는 도덕적 의무를 지나치게 강조한다는 비판을 받기도 한다.
③ 칸트는 행위의 동기를 도덕적 가치 판단의 중요한 요소로 생각한다.
④ 사람들은 일반적으로 동정심이 많은 사람을 선한 사람이라고 평가한다.
⑤ 데이비드 흄은 인간 본성에 바탕을 둔 동정심을 도덕성의 근거로 여겼다.

25 윗글의 논지 전개 방식으로 가장 적절한 것은?

① 상반된 입장의 두 이론을 절충하면서 논지를 강화하고 있다.
② 각 이론에 제기된 문제점을 반박하면서 대안을 제시하고 있다.
③ 사례를 바탕으로 특정 이론에 대한 새로운 문제를 제기하고 있다.
④ 시간 순서에 따라 특정한 개념이 형성되어 가는 과정을 밝히고 있다.
⑤ 일반적 견해와 대비되는 특정 견해를 설명하면서 그 의의를 밝히고 있다.

자료해석 | 20문항/25분

1 다음은 A시의 쓰레기 종량제봉투 가격 인상을 나타낸 표이다. 비닐봉투 50리터의 인상 후 가격과 마대 20리터의 인상 전 가격을 더한 값은?

구분		인상 전	인상 후	증가액
비닐봉투	2리터	50원	80원	30원
	5리터	100원	160원	60원
	10리터	190원	310원	120원
	20리터	370원	600원	230원
	30리터	540원	880원	340원
	50리터	890원	( )원	560원
	75리터	1,330원	2,170원	840원
마대	20리터	( )원	1,300원	500원
	100리터	4,000원	6,500원	2,500원
	150리터(낙엽마대)	2,000원	3,000원	1,000원
	40리터	1,600원	3,500원	1,900원

① 1,930원
② 1,950원
③ 2,100원
④ 2,250원

2 다음은 2020년 10월까지 신고된 수돗물 유충 민원 분석 표이다. 이에 대한 설명으로 옳은 것은?

(단위 : 건)

구분	신고 · 접수	조사완료			현장확인 · 조사중
		수돗물 유입 유충	외부 유입 유충	유충 미발견	
K지역	1,452	256	44	1,080	72
	(62.6%)	(100.0%)	(12.4%)	(67.6%)	(66.7%)
K지역 외 지역	866	0	312	518	36
	(37.4%)	(0.0%)	(87.6%)	(32.4%)	(33.3%)
소계	2,318	256	356	1,598	108
	(100.0%)	(100.0%)	(100.0%)	(100.0%)	(100.0%)

① 현장확인 · 조사중인 수돗물 유충 민원은 K지역 외 지역이 K지역보다 많다.
② 외부 유입 유충으로 조사완료된 건은 K지역이 K지역 외 지역보다 많다.
③ K지역에서 신고 · 접수된 수돗물 유충 민원이 전체 수돗물 유충 민원의 60%를 넘게 차지한다.
④ 전체 수돗물 유충 민원 중에서 유충 미발견으로 조사완료된 건수는 1,400건을 넘지 않는다.

3 **다음은 근로자 평균 임금 수준의 직종별 격차 추이를 나타낸 것이다. 이에 대한 설명으로 옳은 것을 모두 고른 것은?**

연도	평균 임금 수준 (단위 : %)			
	전문직 종사자	사무 종사자	농림어업 종사자	단순 노무 종사자
2016	141.8	100.0	91.1	57.9
2017	131.3	100.0	86.4	54.3
2018	130.5	100.0	88.6	53.1

㉠ 단순 노무 종사자의 평균 임금액은 감소하고 있다.
㉡ 전문직 종사자와 사무 종사자 간 평균 임금 수준의 격차는 줄어들고 있다.
㉢ 사무 종사자와 단순 노무 종사자 간 평균 임금 수준의 격차는 커지고 있다.
㉣ 전문직 종사자와 농림어업 종사자 간 평균 임금 수준의 격차는 2016년보다 2018년이 더 크다.

① ㉠㉡
② ㉠㉣
③ ㉡㉢
④ ㉢㉣

4 **다음과 같은 규칙으로 자연수를 1부터 차례로 나열할 때, 15가 몇 번째에 처음 나오는가?**

1, 3, 3, 5, 5, 5, 7, 7, 7, 7, ⋯

① 26
② 27
③ 28
④ 29

Ⓠ 다음은 1996 ~ 2015년 생명공학기술의 기술분야별 특허건수와 점유율에 관한 자료이다. 자료를 읽고 물음에 답하시오. 【5~6】

기술분야 \ 구분	전세계 특허건수	미국 점유율	한국 특허건수	한국 점유율
생물공정기술	75,823	36.8	4,701	6.2
A	27,252	47.6	1,880	(㉠)
생물자원탐색기술	39,215	26.1	6,274	16.0
B	170,855	45.6	7,518	(㉡)
생물농약개발기술	8,122	42.8	560	6.9
C	20,849	8.1	4,295	(㉢)
단백질체기술	68,342	35.1	3,622	5.3
D	26,495	16.8	7,127	(㉣)

※ 해당국의 점유율(%)$=\frac{\text{해당국의 특허건수}}{\text{전세계 특허건수}}\times 100$

※ 단, 계산 값은 소수점 둘째 자리에서 반올림한다.

5 다음 자료의 ㉠ ~ ㉣에 들어갈 값으로 옳지 않은 것은?

① ㉠ - 6.9
② ㉡ - 4.4
③ ㉢ - 20.6
④ ㉣ - 25.9

6 위의 자료와 다음 조건에 근거하여 A ~ D에 해당하는 기술분야를 바르게 나열한 것은?

〈조건〉

- '발효식품개발기술'과 '환경생물공학기술'은 미국보다 한국의 점유율이 높다.
- '동식물세포배양기술'에 대한 미국 점유율은 '생물농약개발기술'에 대한 미국 점유율보다 높다.
- '유전체기술'에 대한 한국 점유율과 미국 점유율의 차이는 41%p 이상이다.
- '환경생물공학기술'에 대한 한국의 점유율은 25% 이상이다.

	A	B	C	D
①	동식물세포배양기술	유전체기술	발효식품개발기술	환경생물공학기술
②	동식물세포배양기술	유전체기술	환경생물공학기술	발효식품개발기술
③	유전체기술	동식물세포배양기술	발효식품개발기술	환경생물공학기술
④	유전체기술	환경생물공학기술	동식물세포배양기술	발효식품개발기술

7 다음과 같은 규칙으로 수가 배열될 때, 빈칸에 들어갈 수는?

7 8 16 19 76 ( )

① 98
② 81
③ 380
④ 250

8 사무실의 적정 습도를 맞추는데, A가습기는 16분, B가습기는 20분 걸린다. A가습기를 10분 동안만 틀고, B가습기로 적정 습도를 맞춘다면 B가습기 작동시간은?

① 6분 30초
② 7분
③ 7분 15초
④ 7분 30초

9 시험관에 미생물의 수가 4시간 마다 3배씩 증가한다고 한다. 지금부터 4시간 후의 미생물 수가 270,000이라고 할 때, 지금부터 8시간 전의 미생물 수는 얼마인가?

① 10,000　　② 30,000
③ 60,000　　④ 90,000

10 페인트 한 통과 벽지 5묶음으로 51㎡의 넓이를 도배할 수 있고, 페인트 한 통과 벽지 3묶음으로는 39㎡를 도배할 수 있다고 한다. 이때, 페인트 2통과 벽지 2묶음으로 도배할 수 있는 넓이는?

① 45㎡　　② 48㎡
③ 51㎡　　④ 54㎡

11 다음은 ○○여행사의 관광 상품 광고이다. A와 B가 주중에 3일 동안 여행을 할 경우, 여행비용이 가장 저렴한 관광 상품은 무엇인가?

관광지	일정	1인당 가격	비고
제주도	5일	599,000원	−
중국	6일	799,000원	주중 20% 할인
호주	10일	1,999,000원	동반자 50% 할인
일본	8일	899,000원	주중 10% 할인

① 제주도　　② 중국
③ 호주　　④ 일본

12 다음은 민수가 운영하는 맞춤 양복점에서 발생한 매출액과 비용을 정리한 표이다. 이에 대한 설명으로 옳은 것은?

(단위 : 만 원)

매출액		비용	
양복 판매	600	재료 구입	200
		직원 월급	160
양복 수선	100	대출 이자	40
합계	700	합계	400

※ 민수는 직접 양복을 제작하고 수선하며, 판매를 전담하는 직원을 한 명 고용하고 있음

㉠ 생산 활동으로 창출된 가치는 300만 원이다.
㉡ 생산재 구입으로 지출한 비용은 총 200만 원이다.
㉢ 서비스 제공으로 발생한 매출액은 700만 원이다.
㉣ 비용 400만 원에는 노동에 대한 대가도 포함되어 있다.

① ㉠㉡　　② ㉠㉢
③ ㉡㉢　　④ ㉡㉣

13 다음은 주어진 자원을 사용하여 생산할 수 있는 자동차와 탱크의 생산량 조합을 나타낸 생산 가능 곡선이다. 이에 대한 설명으로 옳은 것은?

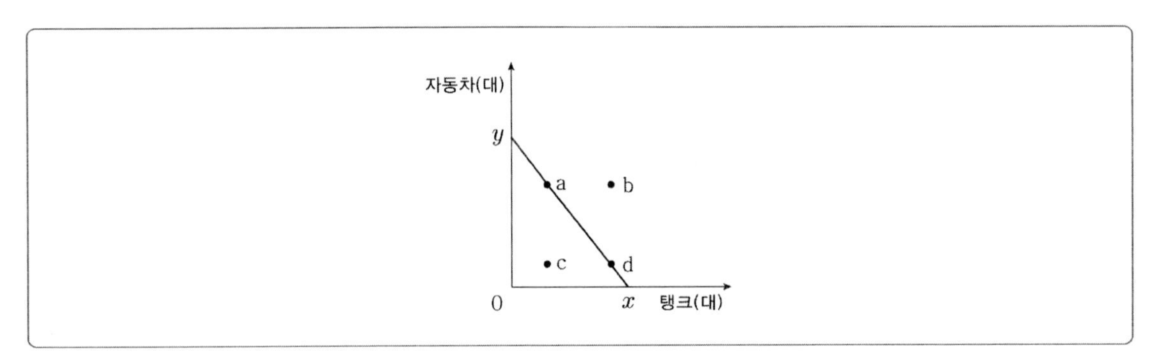

㉠ 생산이 가능한 조합은 a, c, d이다.
㉡ 탱크 1단위 생산의 기회비용은 자동차 y/x 단위이다.
㉢ 자동차나 탱크의 판매 가격이 하락하면 b에서 생산이 가능하다.
㉣ 어느 한 재화의 생산을 늘리기 위해서 반드시 다른 재화의 생산을 줄여야 하는 조합은 c이다.

① ㉠㉡
② ㉠㉢
③ ㉡㉢
④ ㉡㉣

14 다음은 모바일 잡지에 발표된 스마트폰에 대한 소비자의 평가 자료이다. 세 사람의 의견을 토대로 스마트폰을 구입하려 할 때 옳은 설명만으로 바르게 짝지어진 것은?

병근 : 각 제품에 대한 평가 점수의 합계가 가장 높은 제품을 구입한다.
진수 : 성능이 보통 이상인 제품 중 평가 점수 합계가 가장 높은 제품을 구입한다.
현진 : 가격에 가중치를 부여(가격 평가 점수를 2배로 계산)한 후 평가 점수의 합계가 가장 높은 제품을 구입한다.

제품	가격		성능		A/S	
	소비자 평가	평가 점수	소비자 평가	평가 점수	소비자 평가	평가 점수
A	불만	1	우수	5	불만	2
B	보통	3	미흡	2	만족	5
C	만족	5	미흡	1	불만	1
D	보통	3	보통	3	보통	3

※ 가격과 A/S에 대한 소비자 평가는 만족, 보통, 불만으로, 성능에 대한 소비자 평가는 우수, 보통, 미흡으로 이루어진다.

㉠ 병근은 B 제품을 구입할 것이다.
㉡ 진수은 A 제품을 구입할 것이다.
㉢ 병근과 현진은 동일한 제품을 구입할 것이다.
㉣ 가격이 높을수록 성능은 대체적으로 낮아진다.

① ㉠㉡　② ㉠㉢
③ ㉡㉢　④ ㉡㉣

15 다음에 나타난 커피 시장의 변화 원인으로 가장 적절한 설명은 무엇인가?

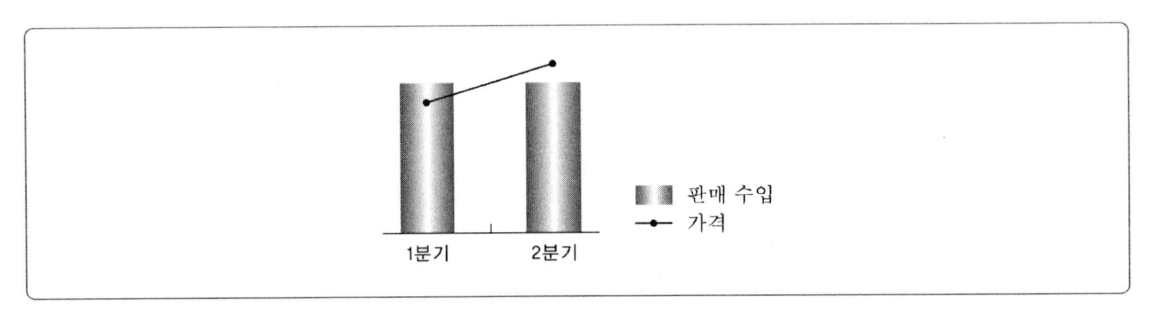

① 커피 판매점이 증가하였다.
② 커피 원두 가격이 상승하였다.
③ 커피에 부과되는 세금이 인하되었다.
④ 커피의 대체제인 녹차의 가격이 상승하였다.

16 다음은 수입품에 대한 관세 구조를 나타낸 표이다. 이에 대한 설명으로 옳은 것은?

(단위 : %)

품목 \ 가공 단계	원자재	중간재	최종재
목재, 종이	0.0	0.7	0.8
직물, 의류	2.8	9.1	11.1
가죽, 신발	0.1	2.3	11.7
광물 제품	0.2	1.3	3.6

① 국내 소비자와 생산자의 잉여를 모두 감소시킨다.
② 가공 단계에 상관없이 모든 품목에는 관세가 부과된다.
③ 가공 단계와 관세율 간에는 정의 관계가 나타나고 있다.
④ 국내 소재 및 부품 기업보다 가공 조립 기업이 불리하다.

17 다음 표는 국제적으로 품질이 동일한 핸드폰케이스의 월별 미국 내 가격과 상대 가격을 나타낸 것이다. 이에 대한 설명으로 옳은 것은? (단, 9~11월 중 원/달러 환율은 1,000원이다)

구분	미국 내 가격	상대 가격
9월	5달러	1,100
10월	5달러	1,000
11월	4달러	900

※ 상대가격= $\frac{\text{한국 내 가격}}{\text{미국 내 가격}}$

> ㉠ 9월 한국을 방문한 미국인은 핸드폰케이스 가격이 미국에서보다 싸다고 느꼈을 것이다.
> ㉡ 10월은 9월에 비해 핸드폰케이스의 한국 내 가격이 하락했을 것이다.
> ㉢ 11월 미국을 방문한 한국인은 핸드폰케이스 가격이 한국에서보다 싸다고 느꼈을 것이다.
> ㉣ 11월 핸드폰케이스 상대 가격이 환율에 반영될 경우 달러화 대비 원화 가치는 상승할 것이다.

① ㉠㉡
② ㉠㉢
③ ㉡㉢
④ ㉡㉣

18 다음은 선거 후보자 선택에 필요한 정보를 주로 얻는 매체를 한 가지만 선택하라는 설문조사의 결과이다. 이 자료에 대한 설명으로 옳은 것을 모두 고른 것은?

(단위 : %)

연령 \ 매체	인터넷	텔레비전	신문	선거홍보물	기타
19~29세	56	17	4	14	9
30대	39	21	6	24	10
40대	29	16	17	26	12
50대	20	41	17	15	7
60세 이상	8	39	32	12	9

㉠ 신문을 선택한 40대 응답자와 50대 응답자의 수는 같다.
㉡ 응답자의 모든 연령대에서 신문을 선택한 비율이 가장 낮다.
㉢ 인터넷을 선택한 비율은 응답자의 연령대가 높아질수록 낮아진다.
㉣ 40대의 경우 인터넷이나 선거홍보물을 통해 정보를 얻는 응답자가 과반수이다.

① ㉠㉡
② ㉠㉢
③ ㉡㉢
④ ㉢㉣

19 다음은 한국인이 외국인 배우자와 결혼한 국제결혼 가정에 대한 표이다. 이 표에 대한 옳은 설명은?

(단위 : 명)

연도 \ 구분	국제 결혼 가정 학생 수				모(母)가 외국인인 학생 수			
	합계	초	중	고	합계	초	중	고
2010	7,998	6,795	924	279	6,695	5,854	682	159
2011	13,445	11,444	1,588	413	11,825	10,387	1,182	256
2012	18,778	15,804	2,213	761	16,937	14,452	1,885	600
2013	24,745	20,632	2,987	1,126	22,264	18,845	2,519	900
2014	30,040	23,602	4,814	1,624	27,001	21,410	4,204	1,387

① 국제 결혼 가정의 평균 자녀 수는 증가하고 있다.
② 외국인 자녀에 대한 사회적 편견이 약해지고 있다.
③ 부(父)가 외국인인 학생 수는 지속적으로 증가하고 있다.
④ 국내 여성보다 국내 남성의 국제결혼 비중이 더 낮다.

20 다음은 우리나라 여성과 남성의 연령대별 경제 활동 참가율에 대한 그래프이다. 이에 대한 설명으로 옳은 것은?

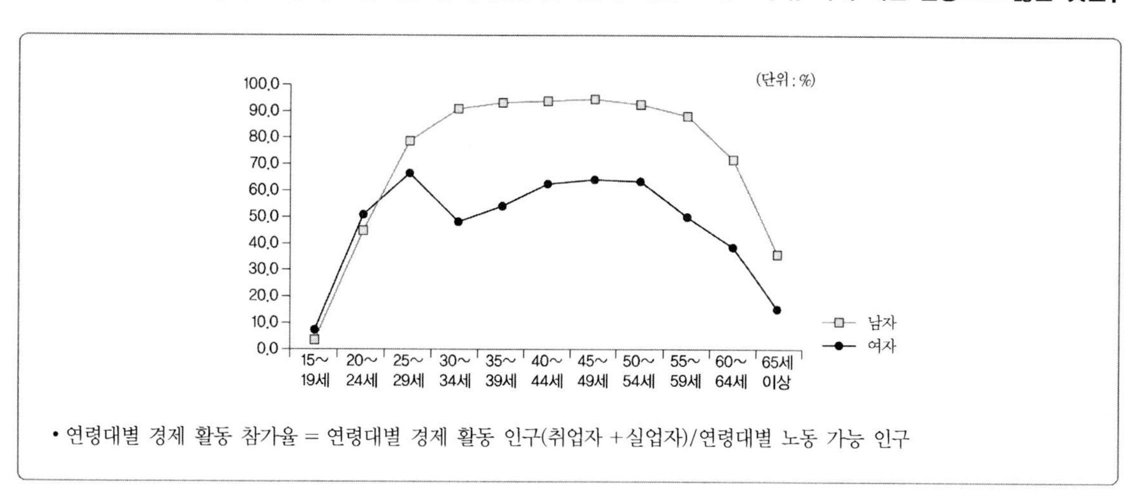

• 연령대별 경제 활동 참가율 = 연령대별 경제 활동 인구(취업자 + 실업자)/연령대별 노동 가능 인구

① 15~24세 남성보다 여성의 경제 활동 참여 의지가 높을 것이다.
② 59세 이후 여성의 경제 활동 참가율의 감소폭이 남성보다 크다.
③ 35세 이후 50세 이전까지 모든 연령대에서 남성보다 여성의 경제 활동 인구의 증가가 많다.
④ 25세 이후 여성의 그래프와 남성의 그래프가 다르게 나타나는 것의 원인으로 출산과 육아를 들 수 있다.

지각속도	30문항/3분

Q 다음 왼쪽과 오른쪽 기호, 문자, 숫자의 대응을 참고하여 각 문제의 대응이 같으면 '① 맞음'을, 틀리면 '② 틀림'을 선택하시오. 【1~3】

♠ = ㉠	◁ = ㉢	★ = ㉤	◆ = ㉦	♬ = ㉨
♡ = ㉡	☎ = ㉣	※ = ㉥	♨ = ㉧	◇ = ㉩

1 ㉢ ㉥ ㉦ ㉠ ㉧ − ◁ ※ ◆ ♠ ♨ ① 맞음 ② 틀림

2 ㉤ ㉩ ㉨ ㉠ ㉡ − ★ ♨ ♬ ◁ ♡ ① 맞음 ② 틀림

3 ㉥ ㉦ ㉣ ㉤ ㉠ − ※ ◆ ☎ ★ ♠ ① 맞음 ② 틀림

Q 다음 왼쪽과 오른쪽 기호, 문자, 숫자의 대응을 참고하여 각 문제의 대응이 같으면 '① 맞음'을, 틀리면 '② 틀림'을 선택하시오. 【4~6】

℃ = ④	Å = ①	£ = ⑦	¥ = ⑧	⚨ = ⑤
♀ = ⑥	℉ = ②	**1** = ③	Φ = ⑨	θ = ⑩

4 ② ⑧ ⑤ ④ ① − ℉ ¥ ⚨ ℃ Å ① 맞음 ② 틀림

5 ⑦ ⑩ ⑥ ③ ⑨ − £ θ ♀ **1** Φ ① 맞음 ② 틀림

6 ⑧ ① ② ⑦ ④ − ¥ ℃ ℉ £ θ ① 맞음 ② 틀림

Q 다음 짝지은 문자나 기호 중에서 같은 것을 고르시오. 【7~8】

7
① ◈◑◑■▥▦▨ – ◈◑◑■▥▦▨
② ¶♩♪♪∩∧∧ – ¶♩♪♪∧∧∩
③ ∈∋∈∈⊂⊃∪ – ∈∋∈∈∈⊃∪
④ ♣◉▣≒∨∧▦ – ♣◉▣∨∧≒▦

8
① ㄱㅅㅈㅇㅅㅅㅈㅂㅍㅋ – ㄱㅅㅈㅇㅅㅅㅈㅁㅍㅋ
② ㅂㅋㅌㅅㄴㅇㅁㄹㅅㅈ – ㅂㅋㅌㄴㅅㅇㅁㄹㅅㅈ
③ ㅊㅈㅋㅍㅂㅅㅇㅁㄹ – ㅊㅈㅋㅍㅂㅅㅇㄹㅁ
④ ㅇㅅㄱㅋㄷㅌㅂㅎㅁㅋ – ㅇㅅㄱㅋㄷㅌㅂㅎㅁㅋ

Q 다음 제시된 단어와 같은 단어의 개수를 고르시오. 【9~10】

9

자모

자각	자폭	자갈	자의	자격	자립	자유
자아	자극	자기소개	자녀	자주	자성	자라
자비	자아	자료	자리공	자고	자만	자취
자모	자멸	작성	작곡	자본	자비	자재
자질	자색	자수	자동	자신	자연	자오선
자원	자괴	자음	자개	자작	자세	자제
자존	자력	자주	자진	자상	자매	자태
자판	자간	작곡	자박	작문	자비	작살
자문	작업	작위	작품	작황	잘난척	잔해

① 1개
② 2개
③ 3개
④ 4개

10

모래

보리	보라	보도	보물	보람	보라	보물	모래	보다	모다
소리	소라	소란	보리	보도	모다	모래	보도	모래	보람
모래	보리	보도	보도	보리	모래	보물	보다	모다	보리

① 3개　② 4개
③ 5개　④ 6개

Q 다음 중 제시된 것과 다른 것을 고르시오. 【11~12】

11

甲男乙女(갑남을녀)

① 甲男乙女(갑남을녀)　② 甲男乙女(갑남을녀)
③ 甲男乙女(갑남을녀)　④ 甲乙男女(갑남을녀)

12

龍虎相搏(용호상박)

① 龍虎相搏(용호상박)　② 龍虎相搏(용호상박)
③ 龍虎相搏(용호삼박)　④ 龍虎相搏(용호상박)

Q 다음 주어진 표를 참고하여 문제의 숫자는 문자로, 문자는 숫자로 바르게 변환한 것을 고르시오. 【13~15】

0	1	2	3	4	5	6	7	8	9
A	B	C	D	E	F	G	H	I	J

13

HDHD

① 7373 ② 7272
③ 7878 ④ 7676

14

GEE

① 644 ② 655
③ 244 ④ 255

15

JABA

① 9010 ② 9101
③ 9020 ④ 3010

Q 다음에서 각 문제의 왼쪽에 표시된 굵은 글씨체의 기호, 문자, 숫자의 개수를 모두 세어 보시오. 【16~30】

16 Ⓕ

GHIJFKLKKIGEDCBCFADGH

① 1개 ② 2개 ③ 3개 ④ 4개

17 九

六五九九五三四七九九八八十十一二三四五二六七九十

① 3개 ② 4개 ③ 5개 ④ 6개

18 ◁

▽◁◁△◆◆◇○◁◁□□●□○◇●▽▷▷△●▽◇○□□■◁◁●◆◁◁

① 5개 ② 6개 ③ 7개 ④ 8개

19 0

98789562408901967035048907809102305801O3048

① 7개 ② 9개 ③ 11개 ④ 13개

20 ㅁ

우리 오빠 말 타고 서울 가시며 비단 구두 사가지고 오신다더니

① 1개 ② 2개 ③ 3개 ④ 4개

21 a

I never dreamt that I'd actually get the job

① 1개 ② 2개 ③ 3개 ④ 4개

22 7

97889620004259232051786021459731

① 3개 ② 4개 ③ 5개 ④ 6개

23 ㅊ

아무도 찾지 않는 바람 부는 언덕에 이름 모를 잡초

① 1개 ② 2개 ③ 3개 ④ 4개

24 β

β δ ζ θ κ μ α γ β δ ε ζ η β γ δ α β γ δ β ζ θ ι λ ν β γ α β ε ζ

① 5개 ② 6개 ③ 7개 ④ 8개

25 1　14110615071565923567814201124452

① 2개　② 4개
③ 6개　④ 8개

26 y　That jacket was a really good buy

① 1개　② 2개
③ 3개　④ 4개

27 ㄹ　오늘 하루 기운차게 달려갈 수 있도록 노력하자

① 3개　② 5개
③ 7개　④ 9개

28 Ⅳ　Ⅰ Ⅱ Ⅲ Ⅳ Ⅴ Ⅵ Ⅶ Ⅷ Ⅸ Ⅹ Ⅸ Ⅷ Ⅶ Ⅵ Ⅴ Ⅳ Ⅲ Ⅱ Ⅰ Ⅲ Ⅴ Ⅶ Ⅸ

① 1개　② 2개
③ 3개　④ 4개

29 2　14235629225481395571351325312195753

① 6개　② 7개
③ 8개　④ 9개

30 r　There was an air of confidence in the England camp

① 1개　② 2개
③ 3개　④ 4개

CHAPTER

2회 실전 모의고사

≫ 정답 및 해설 p.156

공간능력	18문항/10분

Q 다음 입체도형의 전개도로 알맞은 것을 고르시오. 【1~4】

- 입체도형을 전개하여 전개도를 만들 때, 전개도에 표시된 그림(예 : ▮, ◢, ▬ 등)은 회전의 효과를 반영함. 즉, 본 문제의 풀이과정에서 보기의 전개도 상에 표시된 ▮과 ▬는 서로 다른 것으로 취급함.
- 단, 기호 및 문자(예 : ♤, ☎, ♨, K, H)의 회전에 의한 효과는 본 문제의 풀이과정에 반영하지 않음. 즉, 입체도형을 펼쳐 전개도를 만들었을 때 [☎]의 방향으로 나타나는 기호 및 문자도 보기에서는 [☎]방향으로 표시하며 동일한 것으로 취급함.

1

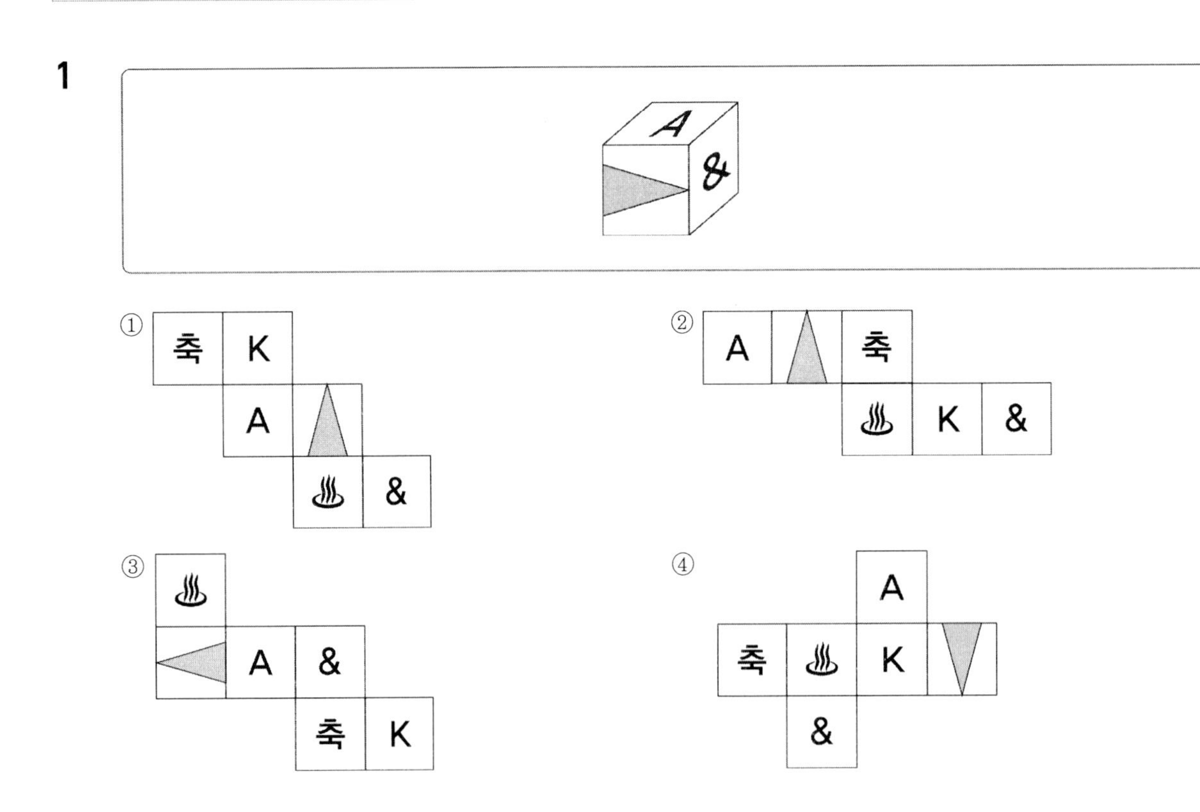

2

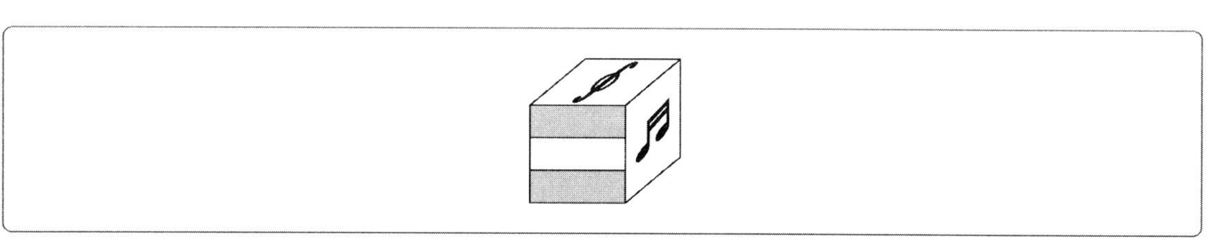

①

②

③

④

3

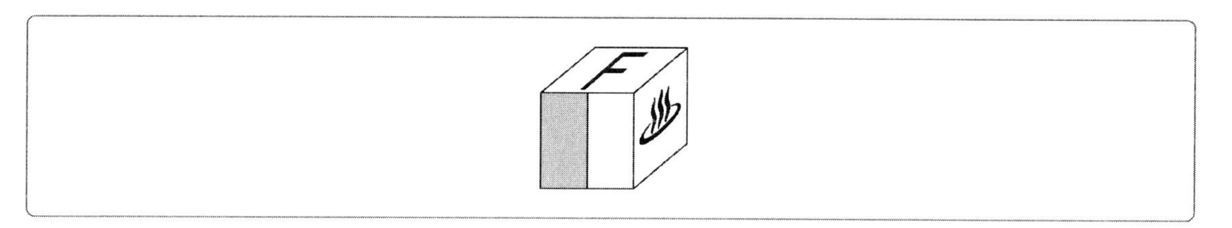

①

②

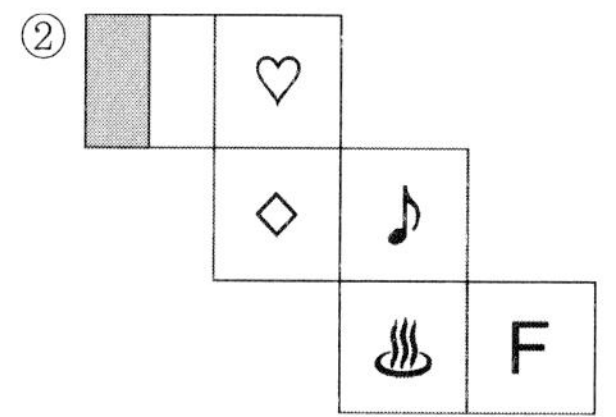

③

④

4

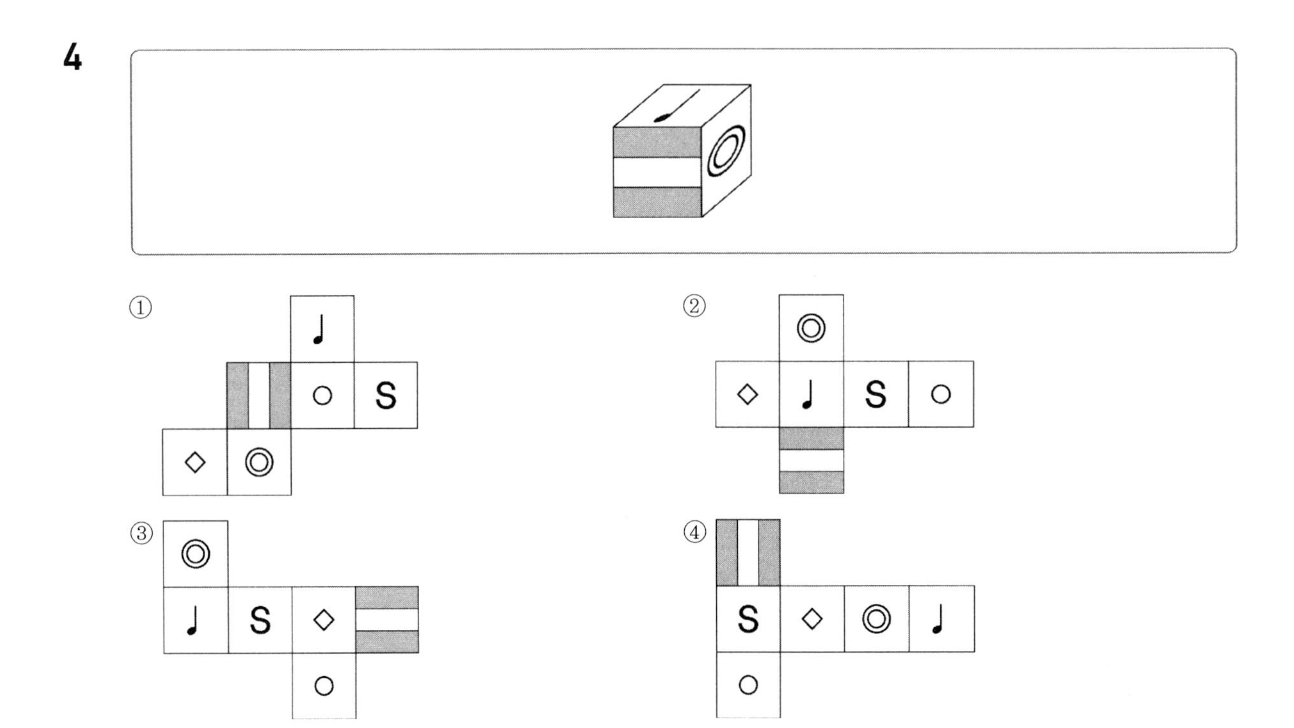

다음 제시된 그림과 같이 쌓기 위해 필요한 블록의 수를 고르시오. 【5~9】
(단, 블록은 모양과 크기는 모두 동일한 정육면체이다.)

5

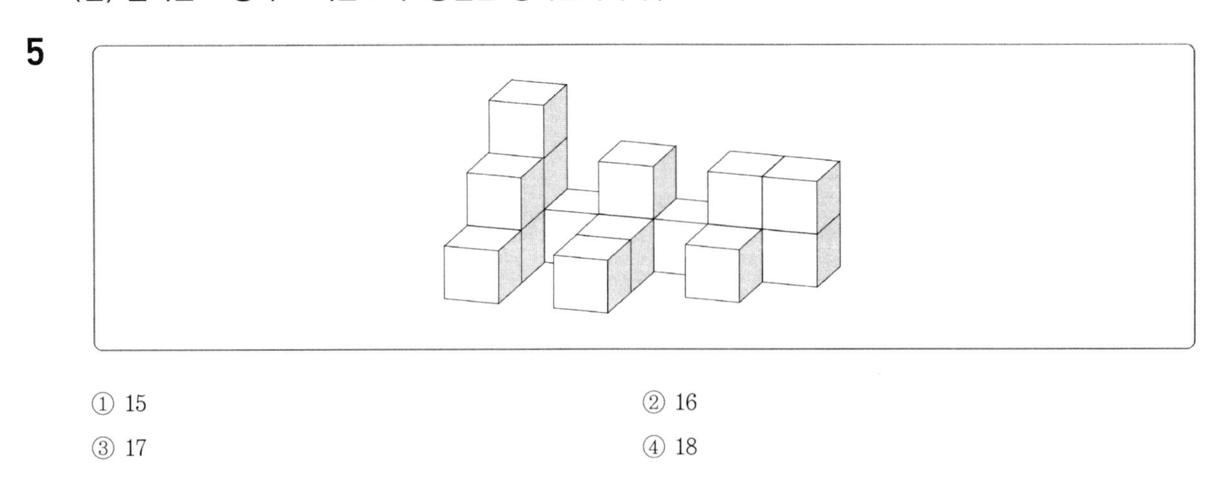

① 15
② 16
③ 17
④ 18

6

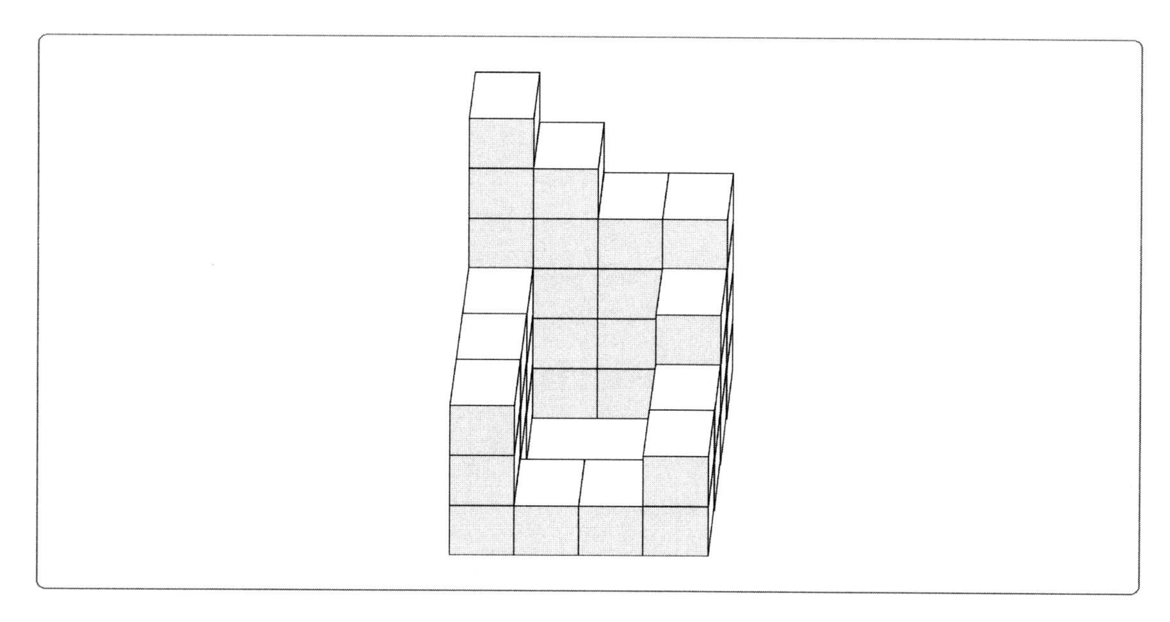

① 37
② 38
③ 39
④ 40

7

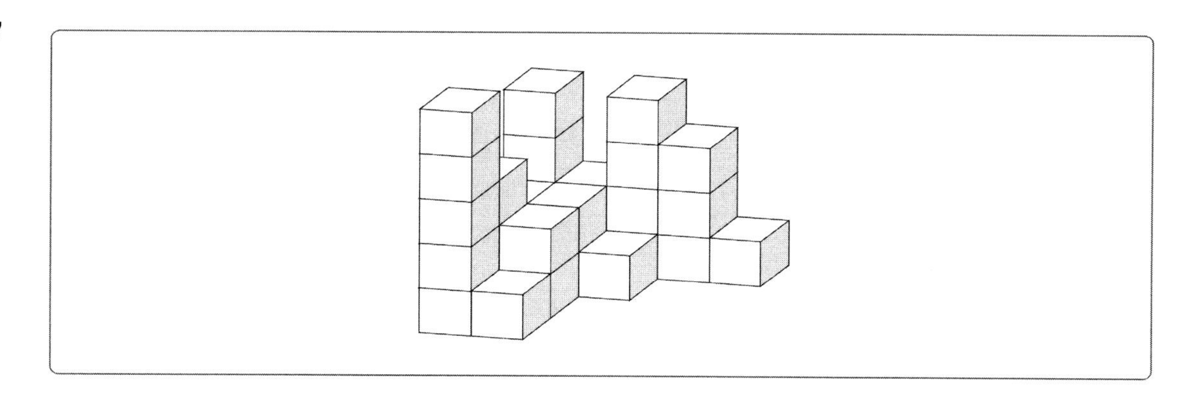

① 26
② 28
③ 30
④ 32

8

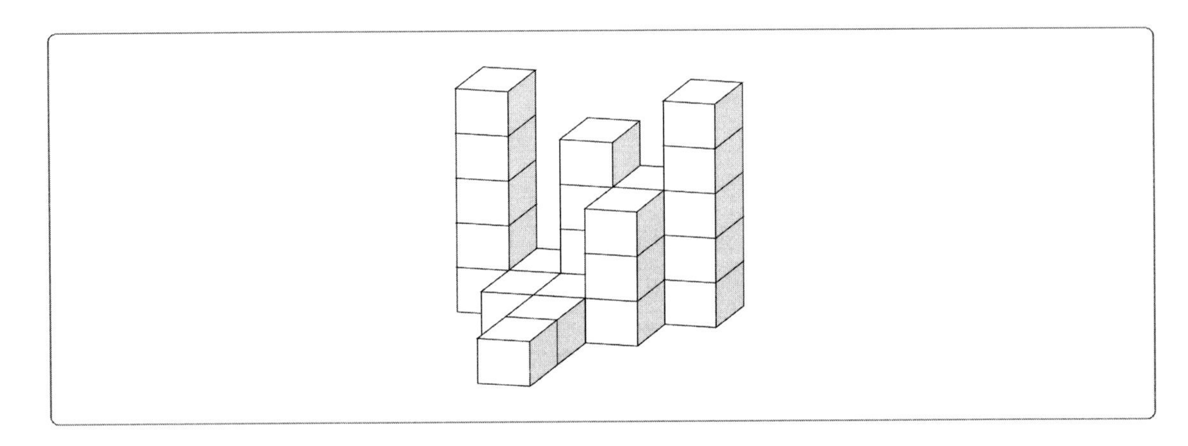

① 19
② 21
③ 23
④ 25

9

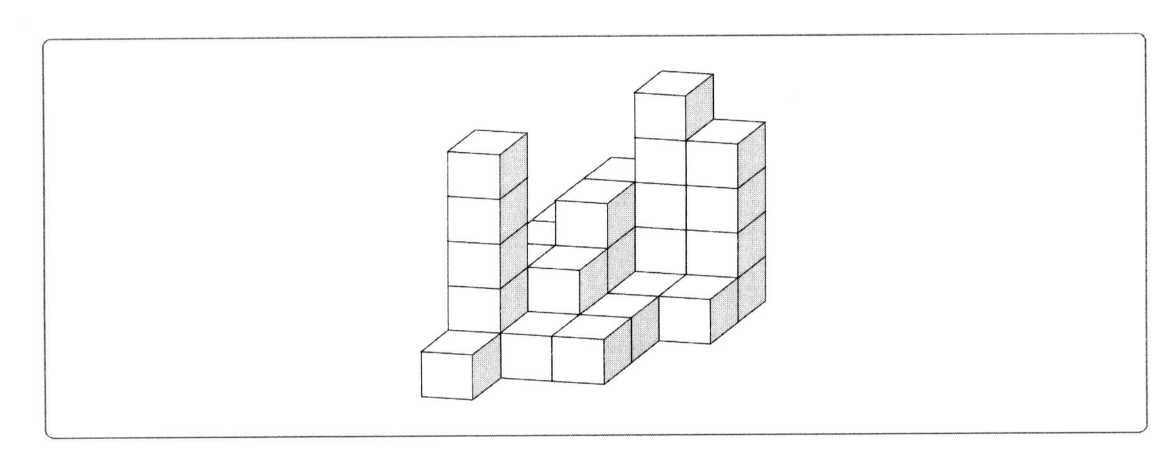

① 30
② 34
③ 38
④ 42

Q 다음 전개도로 만든 입체도형에 해당하는 것을 고르시오. 【10~14】

- 전개도를 접을 때 전개도 상의 그림, 기호, 문자가 입체도형의 겉면에 표시되는 방향으로 접음.
- 전개도를 접어 입체도형을 만들 때, 전개도에 표시된 그림(예 : [icon], [icon], [icon] 등)은 회전의 효과를 반영함. 즉, 본 문제의 풀이과정에서 보기의 전개도 상에 표시된 [icon]과 [icon]는 서로 다른 것으로 취급함.
- 단, 기호 및 문자(예 : ♤, ☎, ♨, K, H)의 회전에 의한 효과는 본 문제의 풀이과정에 반영하지 않음. 즉, 전개도를 접어 입체도형을 만들었을 때 [icon]의 방향으로 나타나는 기호 및 문자도 보기에서는 [☎]방향으로 표시하며 동일한 것으로 취급함.

10

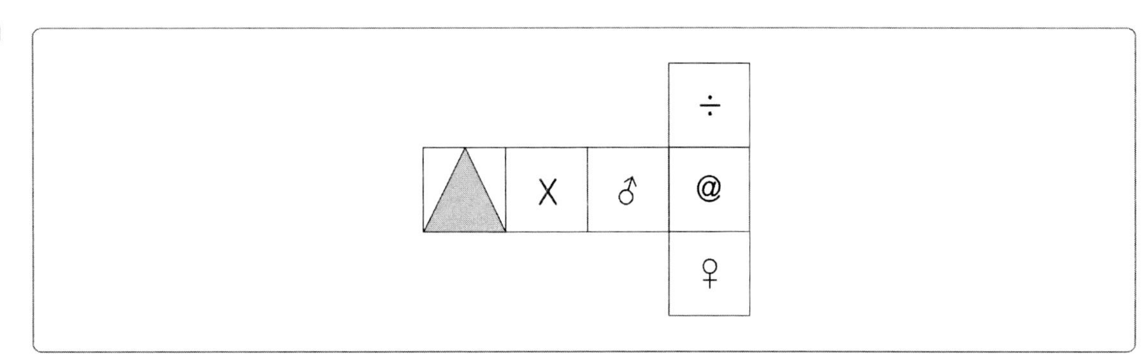

① 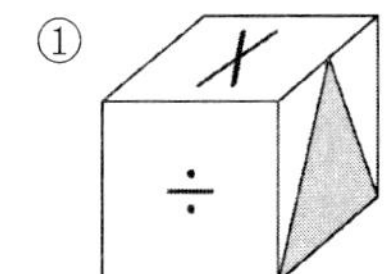

② 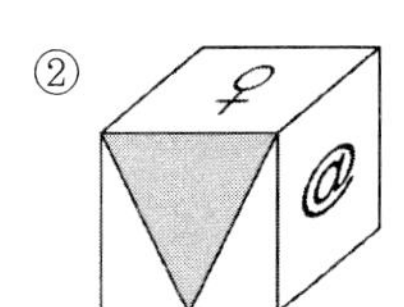

③ 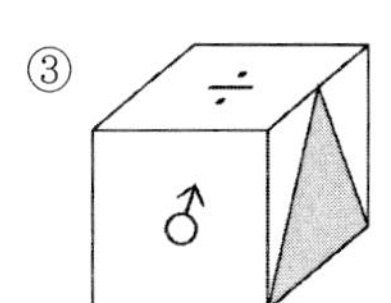

④ 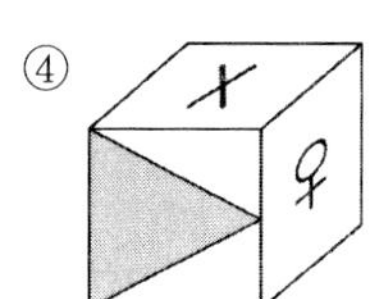

11

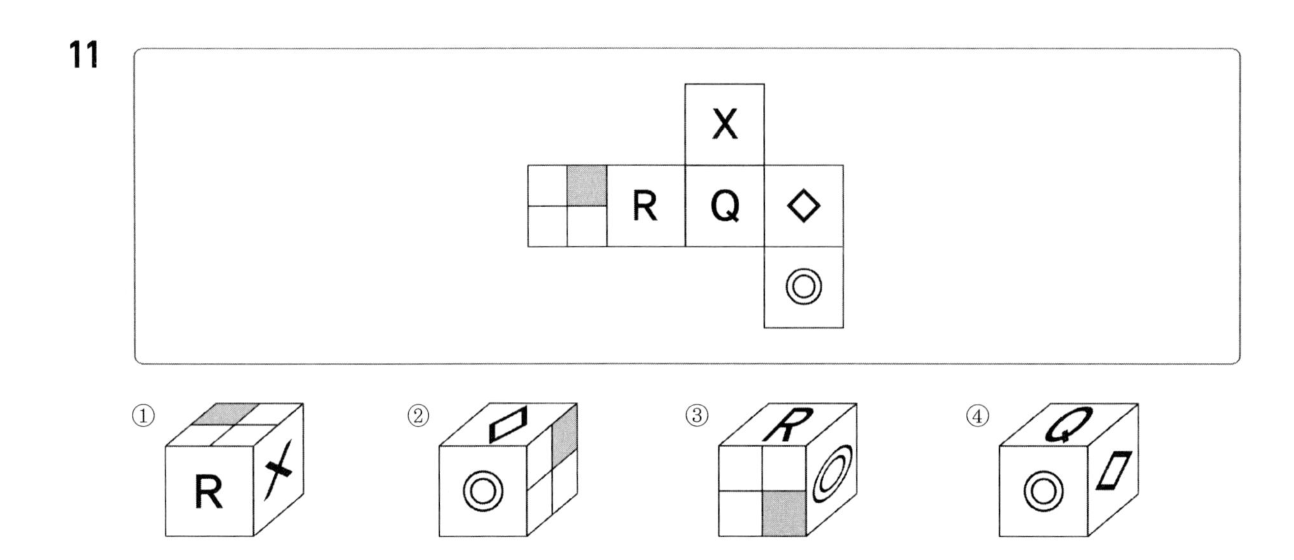

12

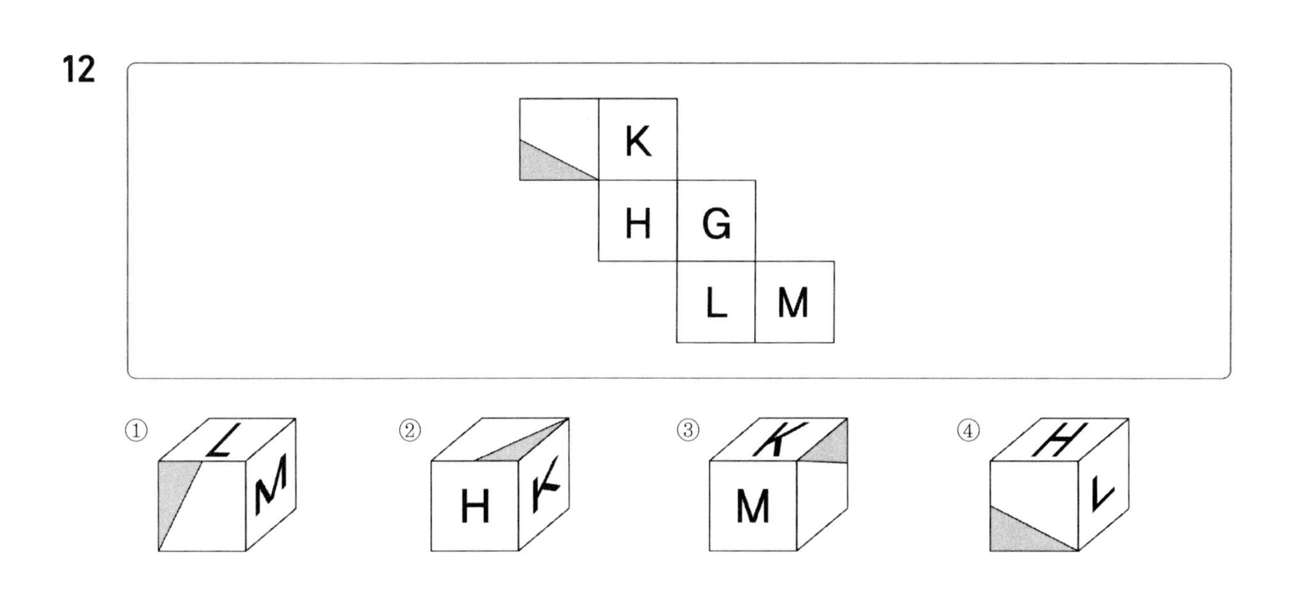

13

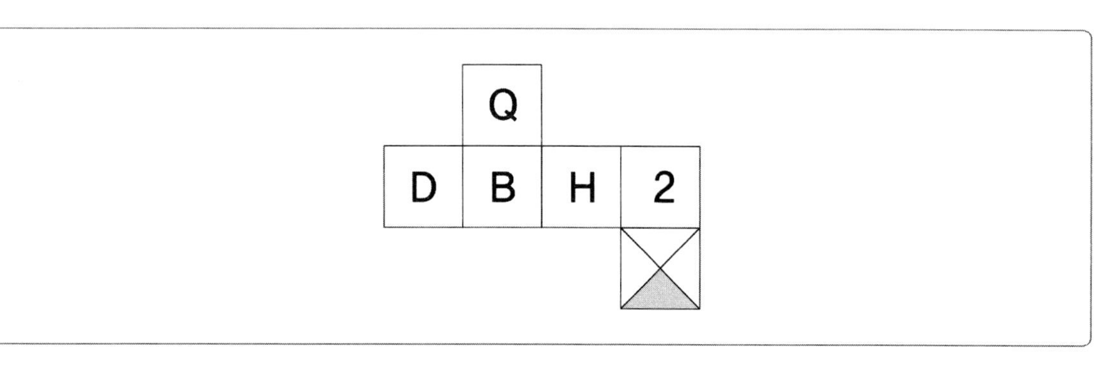

① 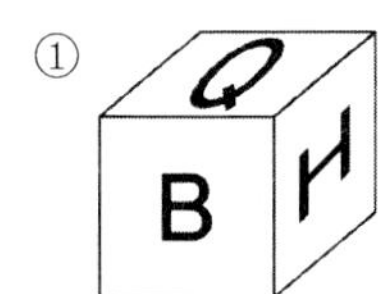

② 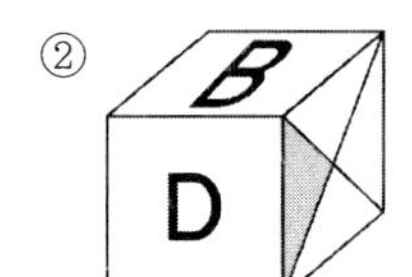

③ 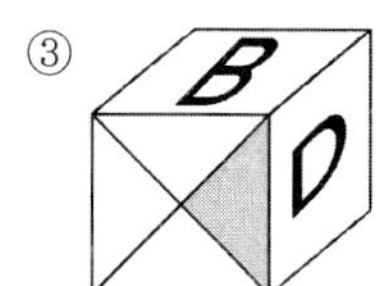

④ 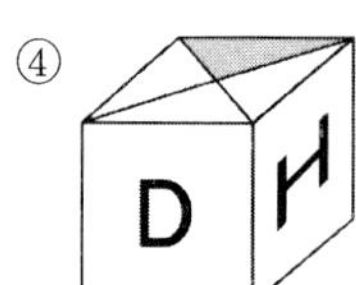

14

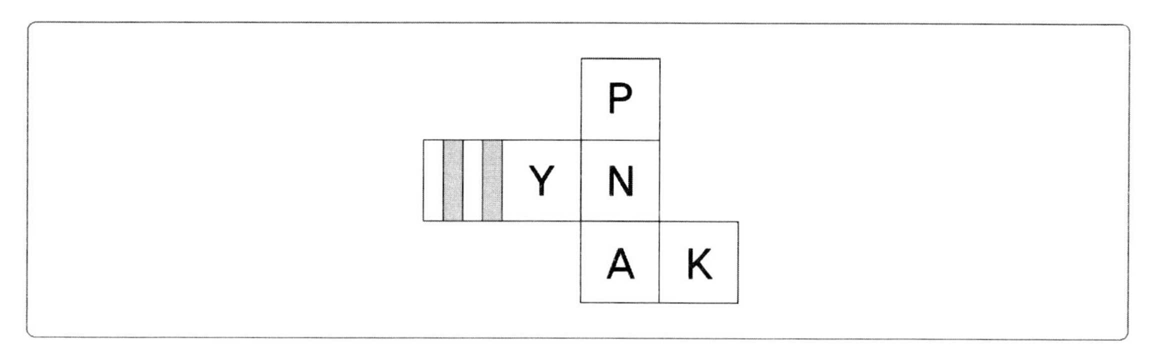

① 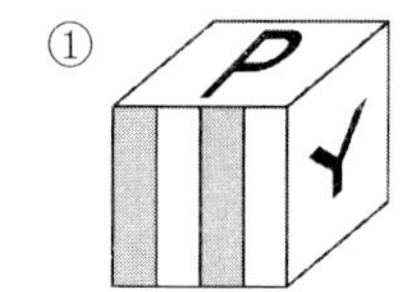

② 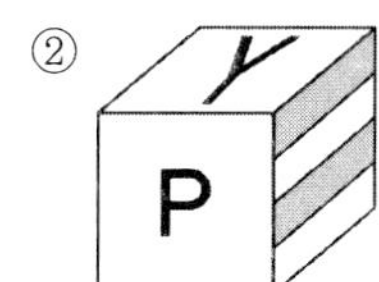

③ 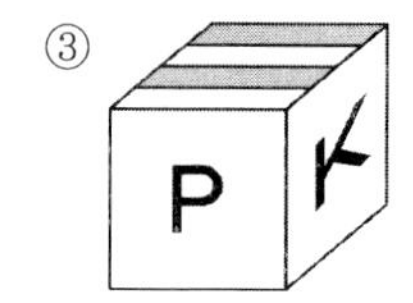

④ 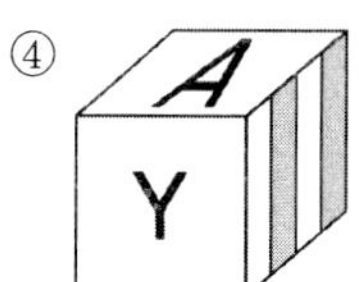

Q 아래에 제시된 블록들을 화살표 표시한 방향에서 바라봤을 때의 모양으로 알맞은 것을 고르시오. (단, 블록은 모양과 크기가 모두 동일한 정육면체이고, 바라보는 시선의 방향은 블록의 면과 수직을 이루며 원근에 의해 블록이 작게 보이는 현상은 고려하지 않는다) 【15~18】

15

① ② ③ ④

16

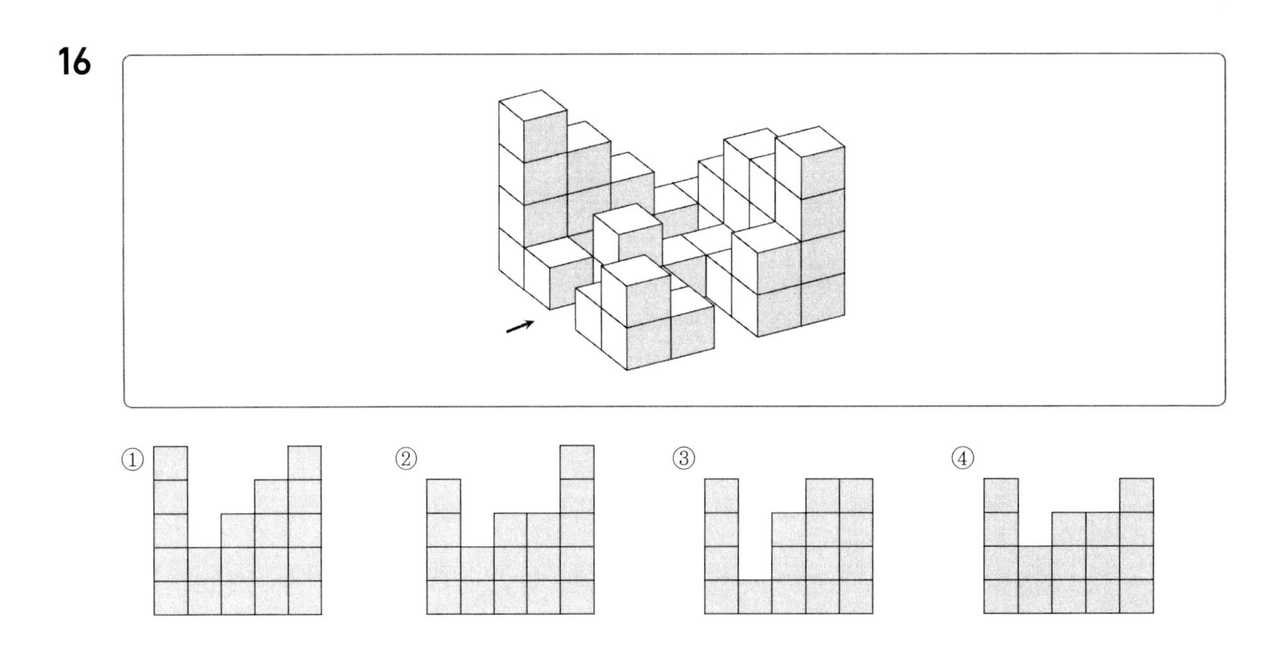

17

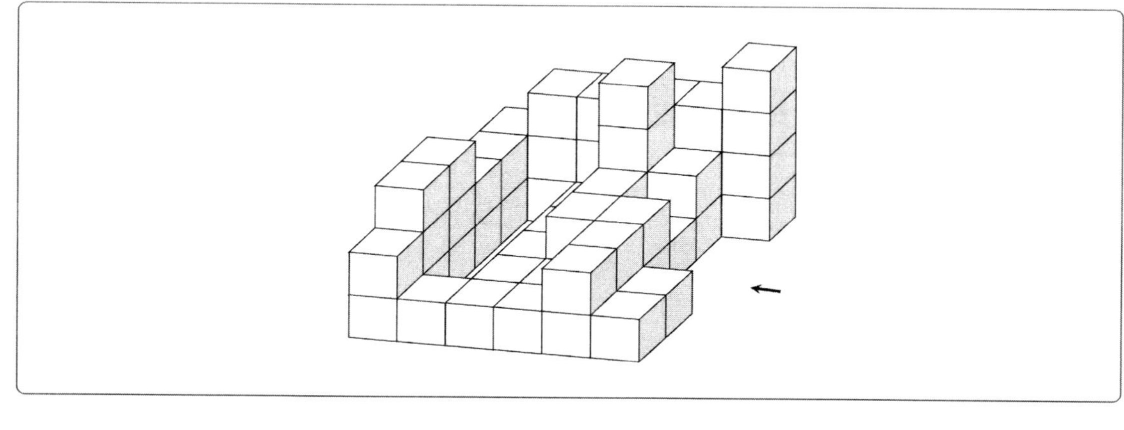

①

②
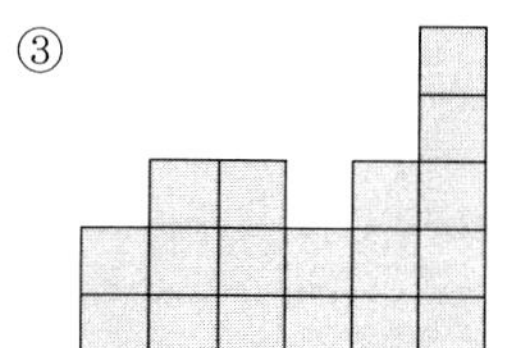
③
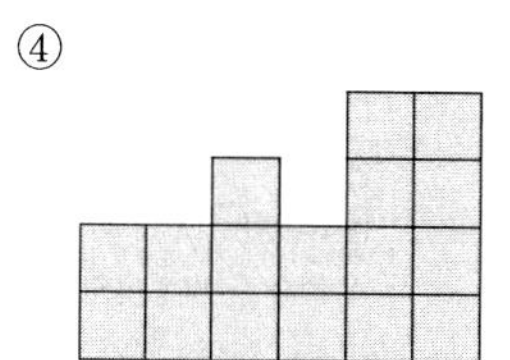
④

18

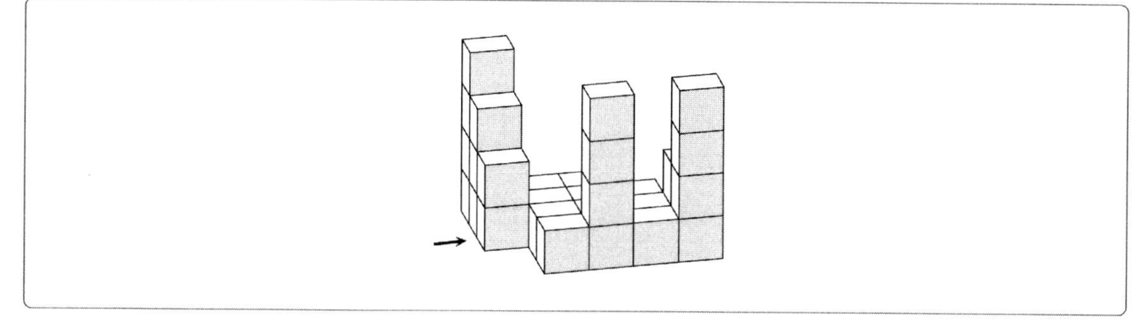

①
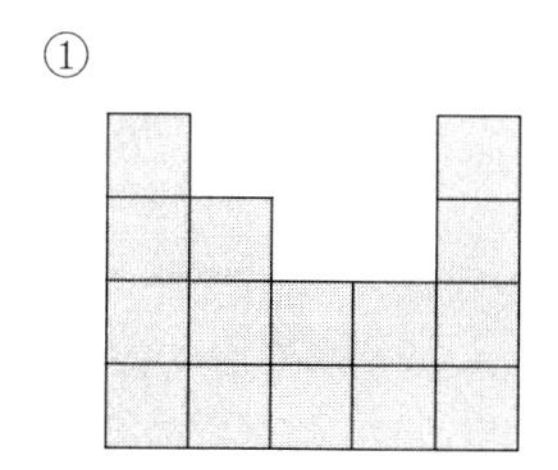
②
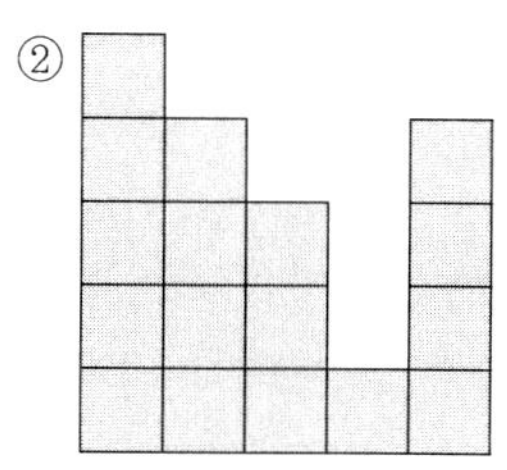
③
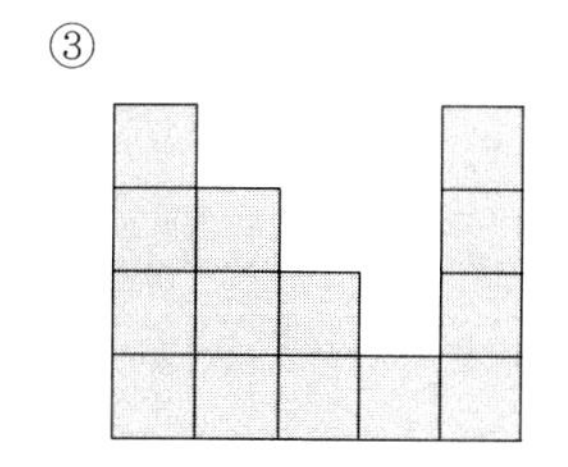
④
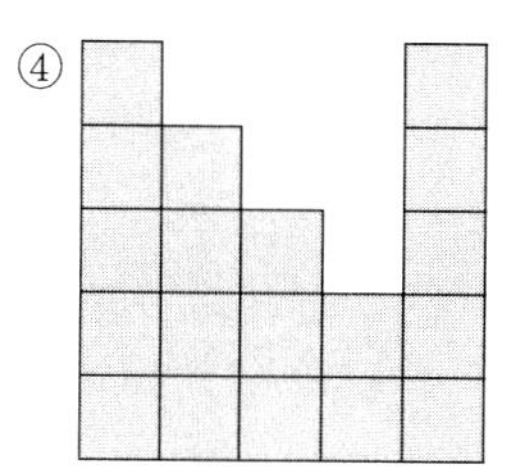

언어논리	25문항/20분

Ⓠ 다음 빈칸에 들어갈 알맞은 단어를 고르시오. 【1~5】

1

A시 교육청은 한 초등학교 앞에서 교통안전 캠페인을 실시했다. 교육청 관계자는 학생들이 안전하게 통학할 수 있는 환경을 ( )하고, 보행자 중심의 교통문화가 정착이 될 수 있도록 계속해서 노력해 나가겠다고 말했다.

① 조리
② 무시
③ 조성
④ 봉합
⑤ 말살

2

풋 귤이란 덜 익어서 껍질이 초록색인 감귤을 가리킨다. 감귤의 적정 생산량을 조절하기 위해 수확 시기보다 이르게 감귤나무에서 미숙한 상태로 솎아내는 과일이다. 감귤연구소 연구진은 사람의 각질세포에 풋 귤에서 ( )한 물질을 1% 정도만 처리해도 '히알루론산(hyaluronic acid)'이 40%나 증가한다는 사실을 확인했다.

① 상실
② 탈출
③ 낭비
④ 추출
⑤ 방치

3

여객터미널 내 화장실마다 최소 1실의 장애인 전용화장실이 있습니다. 장애인분들의 이용 편의를 위하여 넓은 출입구와 내부공간, 버튼식자동문, 비상벨, 센서작동 물내림 시설을 (   )하였으며 항상 깨끗하게 관리하여 편안한 공간이 될 수 있도록 하고 있습니다.

① 결정
② 설치
③ 설득
④ 정리
⑤ 숙성

4

과거에 중앙은행들은 자신이 가진 정보와 향후의 정책방향을 외부에 알리지 않는 이른바 비밀주의를 오랜 기간 지켜왔다. 통화정책 커뮤니케이션이 활발하지 않았던 이유는 여러 가지가 있었지만 무엇보다도 통화정책 결정의 영향이 파급되는 경로가 비교적 단순하고 분명하여 커뮤니케이션의 필요성이 크지 않았기 때문이었다. 게다가 중앙은행에게는 권한의 행사와 그로 인해 나타난 결과에 대해 국민에게 설명할 어떠한 의무도 (   )되지 않았다.

① 격리
② 치부
③ 상쇄
④ 부정
⑤ 부과

5

국제협력은 국가 간 및 국가와 국제기관 간의 모든 유·무상 자본협력, 교역협력, 기술·인력협력, 사회문화협력 등 국제사회에서 발생하는 다양한 형태의 교류를 총체적으로 (   )하는 개념이다.

① 지칭
② 동요
③ 시정
④ 정찰
⑤ 성찰

Q 다음 밑줄 친 부분과 같은 의미로 사용된 것을 고르시오. 【6~7】

6

마(魔)의 삼팔선에서 항상 되풀이하는 충돌의 한 토막인지, 또는 강 군이 전하는 바와 같이 대규모의 침공인지 알 수 없으나, 시내의 효상(爻象)을 보고 온 강 군의 허둥지둥하는 양으로 보아 사태는 비상한 것이 아닌가 싶다. 더욱이 이북이 조국 통일 민주주의 전선에서 이른바 호소문을 보내어 온 직후이고, 그 글월을 가져오던 세 사람이 삼팔선을 넘어서자 군 당국에 잡히어 문제를 일으킨 것을 상기하면 저쪽에서 계획적으로 꾸민 일련의 연극일는지도 모를 일이다.

① 어릴 적에는 선생님이 되고 싶었다.
② 누가 볼까 싶어 고개를 푹 숙였다.
③ 방이 더 밝았으면 싶다.
④ 집에 있겠다 싶어 전화를 했다.
⑤ 머리도 아픈데 그냥 집에 갈까 싶었다.

7

그날 밤 노인은 옛날과 똑같이 저녁을 지어 내왔고, 거기서 하룻밤을 함께 지냈다. 그리고 이튿날 새벽 일찍 K시로 나를 다시 되돌려 보냈다. 나중에야 안 일이었지만 노인은 거기서 마지막으로 내게 저녁밥 한 끼를 지어 먹이고 당신과 하룻밤을 재워 보내고 싶어, 새 주인의 양해를 얻어 그렇게 혼자서 나를 기다리고 있었다는 것이었다. 언젠가 내가 다녀갈 때까지는 내게 하룻밤만이라도 옛집의 모습과 옛날의 분위기 속에 자고 가게 해주고 싶어서였는지 모른다. 하지만 문간을 들어설 때부터 집안 분위기는 이사를 나간 빈집이 분명했었다.

① 그가 언제 도착했는지를 잘 모른다.
② 김 교수는 술을 마실 줄 모른다.
③ 내 남편은 일밖에 모르는 사람이다.
④ 친구가 화났을지도 모른다.
⑤ 그 이야기를 듣는 순간 나는 나도 모르는 사이에 얼굴이 붉어졌다.

8 **다음 제시된 문장의 밑줄 친 부분의 의미가 나머지와 가장 다른 것은?**

① 영희는 아침 일찍 산에 갔다.
② 저 건물 근처로는 가지마. 벽에 금이 가서 위험해.
③ 나 오늘 제주도에 사는 친구에게 가려고 해.
④ 아버지는 아침 일찍 서울로 가셨다.
⑤ 민수는 새벽에 친구 집을 가 본 적이 없다.

9 **다음 글을 설명하는 말로 적절한 것은?**

> 교육부 산하 공공기관과 공직 유관단체 24곳 가운데 20곳에서 총 30건의 채용 비리 사실이 적발됐다. 교육부는 10일 이같은 내용이 담긴 '20XX년 공공기관 및 공직 유관단체에 대한 채용실태 조사 결과'를 발표했다. 교육부 장관은 "공공부문 채용 비리에 대해서는 무관용 원칙으로 엄정하게 대응할 것"이라며 "피해자는 신속히 구제해 채용 비위를 근절할 수 있도록 지속해서 노력하겠다"고 밝혔다.
> 이처럼 처음에는 올바르지 못한 것이 이기는 듯 보여도 마지막엔 올바른 것이 이긴다는 의미를 가지고 있다. 정의가 반드시 이긴다는 '사불범정'과 나쁜 일을 하면 벌을 받고 착한 일을 하면 보답을 받는다는 '인과응보'도 비슷하게 쓰일 수 있다.

① 마고파양(麻姑爬痒)
② 가가대소(呵呵大笑)
③ 사필귀정(事必歸正)
④ 구곡간장(九曲肝腸)
⑤ 낙화유수(落花流水)

10 다음 글을 통해 알 수 있는 것은?

조선시대 우리의 전통적인 전술은 흔히 장병(長兵)이라고 불리는 것이었다. 장병은 기병(騎兵)과 보병(步兵)이 모두 궁시(弓矢)나 화기(火器) 같은 장거리 무기를 주 무기로 삼아 원격전(遠隔戰)에서 적을 제압하는 것이 특징이었다. 이에 반해 일본의 전술은 창과 검을 주 무기로 삼아 근접전(近接戰)에 치중하였기 때문에 단병(短兵)이라 일컬어졌다. 이러한 전술상의 차이로 인해 임진왜란 이전에는 조선의 전력(戰力)이 일본의 전력을 압도하는 형세였다. 조선의 화기 기술은 고려 말 왜구를 효과적으로 격퇴하는 방도로 수용된 이래 발전을 거듭했지만, 단병에 주력하였던 일본은 화기 기술을 습득하지 못하고 있었다.

그러나 이러한 전력상의 우열관계는 임진왜란 직전 일본이 네덜란드 상인들로부터 조총을 구입함으로써 역전되고 말았다. 일본의 새로운 장병 무기가 된 조총은 조선의 궁시나 화기보다도 사거리나 정확도 등에서 훨씬 우세하였다. 조총은 단지 조선의 장병 무기류를 압도하는데 그치지 않고 일본이 본래 가지고 있던 단병 전술의 장점을 십분 발휘하게 하였다. 조선이 임진왜란 때 육전(陸戰)에서 참패를 거듭한 것은 정치 · 사회 전반의 문제가 일차적 원인이겠지만, 이러한 전술상의 문제에도 전혀 까닭이 없지 않았던 것이다. 그러나 일본은 근접전이 불리한 해전(海戰)에서 조총의 화력을 압도하는 대형 화기의 위력에 눌려 끝까지 열세를 만회하지 못했다. 일본은 화약무기 사용의 전통이 길지 않았기 때문에 해전에서도 조총만을 사용하였다. 반면 화기 사용의 전통이 오래된 조선의 경우 비록 육전에서는 소형화기가 조총의 성능을 당해내지 못했지만, 해전에서는 함선에 탑재한 대형 화포의 화력이 조총의 성능을 압도하였다. 해전에서 조선 수군이 거둔 승리는 이순신의 탁월한 지휘력에도 힘입은 바 컸지만, 이러한 장병 전술의 우위가 승리의 기본적인 토대가 되었던 것이다.

① 조선의 장병 전술은 고려 말 화기의 수용으로부터 시작되었다.
② 원격전에 능한 조선 장병 전술의 장점이 해전에서 잘 발휘되었다.
③ 장병 무기인 조총은 일본의 근접 전투기술을 약화시켰다.
④ 임진왜란 당시 조선은 육전에서 전력상 우위를 점하고 있었다.
⑤ 조총은 조선의 궁시나 화기보다 사거리나 정확도 등에서 열세하였다.

Q 다음 글을 읽고 순서에 맞게 논리적으로 배열한 것을 고르시오. 【11~12】

11

㉠ 소설 속의 인물들 역시 소설가의 욕망에 따라 혹은 그 욕망에 반대하여 자신의 욕망을 드러내고, 자신의 욕망에 따라 세계를 변형하려 한다. 주인공, 아니 인물들의 욕망은 서로 부딪쳐 다채로운 모습을 드러낸다. 마지막의 욕망은 소설을 읽는 독자의 욕망이다.

㉡ 소설 속의 인물들은 무엇 때문에 괴로워하는가, 그 괴로움은 나도 느낄 수 있는 것인가, 아니면 소설 속의 인물들은 왜 즐거워하는가, 그 즐거움에 나도 참여할 수 있는가, 그것들을 따지는 것이 독자가 자기의 욕망을 드러내는 양식이다.

㉢ 소설 속에는 세 개의 욕망이 들끓고 있다. 하나는 소설가의 욕망이다. 소설가의 욕망은 세계를 변형시키려는 욕망이다. 소설가는 자기 욕망의 소리에 따라 세계를 자기 식으로 변모시키려고 애를 쓴다. 둘째 번의 욕망은 소설 속의 주인공들의 욕망이다.

㉣ 소설을 읽으면서 독자들은 소설 속의 인물들은 무슨 욕망에 시달리고 있는가를 무의식적으로 느끼고, 나아가 소설가의 욕망까지를 느낀다. 독자의 무의식적인 욕망은 그 욕망들과 부딪쳐 때로 소설 속의 인물들을 부인하기도 하고, 나아가 소설까지를 부인하기도 하며, 때로는 소설 속의 인물들에 빠져 그들을 모방하려 하기도 하고, 나아가 소설까지를 모방하려 한다. 그 과정에서 읽는 사람의 무의식 속에 숨어 있던 욕망은 그 욕망을 서서히 드러내, 자기가 세계를 어떻게 변형시키려 하는가를 깨닫게 한다.

① ㉢㉠㉣㉡
② ㉢㉡㉠㉣
③ ㉡㉠㉣㉢
④ ㉡㉠㉢㉣
⑤ ㉣㉢㉡㉠

12

> ㉠ 그러므로 요즘과 같은 정보화 사회에서는 부모와 자녀가 유연하게 정보 소통을 한다면 여러 가지 문제들을 쉽게 해결하고 그 관계가 더 좋아질 것이다.
> ㉡ 전통 사회에서는 대체로 어른이 먼저 정보를 접하고, 이 정보를 교육이나 지시를 통해 아랫사람들에게 전달하는 경로를 거쳤다.
> ㉢ 그러나 산업화 과정에서 전통적인 가부장적 사상이 약화되고 자녀 교육이 사회로 이전되면서 부모의 권위는 점차 약화되었다. 이러한 현상은 정보화 사회에 들어와서 더욱 심화되고 있다.
> ㉣ 예컨대 할아버지가 명령을 하면 그것을 아버지가 받아서 어머니에게 전달하고, 어머니는 그 정보를 다시 자녀들에게 전달하였다.
> ㉤ 정보가 공동 분배되고 있는 오늘날은, 특히 정보에 관한, 조부모나 부모가 예전과 같은 권위를 행사할 수가 없게 되었다. 새로운 첨단 정보에 관하여는 부모보다 자녀가 더 우위에 있게 됨으로써 가족 구성원 간에 정보가 한 방향으로만 흐르지 않게 된 것이다.

① ㉡㉢㉣㉠㉤
② ㉡㉣㉢㉤㉠
③ ㉡㉣㉤㉠㉢
④ ㉡㉤㉣㉢㉠
⑤ ㉠㉢㉤㉣㉡

13 **다음 글에서 주장하는 내용으로 가장 알맞은 것은?**

> 조력발전이란 조석간만의 차이가 큰 해안지역에 물막이 댐을 건설하고, 그곳에 수차발전기를 설치해 밀물이나 썰물의 흐름을 이용해 전기를 생산하는 발전 방식이다. 따라서 조력발전에는 댐 건설이 필수 요소다. 반면 댐을 건설하지 않고 자연적인 조류의 흐름을 이용해 발전하는 방식은 '조류발전'이라 불러 따로 구분한다.
> 조력발전이 환경에 미치는 부담 가운데 가장 큰 것이 물막이 댐의 건설이다. 물론 그동안 산업을 지탱해 온 화석연료의 고갈과 공해 문제를 생각할 때 이를 대체할 에너지원의 개발은 매우 절실하고 시급한 문제다. 그렇다 하더라도 자연환경에 엄청난 부담을 초래하는 조력발전을 친환경적이라 포장하고, 심지어 댐 건설을 부추기는 현재의 정책은 결코 용인될 수 없다.

① 댐을 건설하는 데 많은 비용이 들어가는 조력발전은 폐기되어야 한다.
② 친환경적인 조류발전을 적극 도입하여 재생에너지 비율을 높여야 한다.
③ 친환경적인 에너지 정책을 수립하기 위해 조류발전에 대해 더 잘 알아야 한다.
④ 조력발전이 환경에 미치는 영향을 분석하여 구체적인 해결방안을 모색해야 한다.
⑤ 조력발전이 친환경적이라는 시각에 바탕을 둔 현재의 에너지 정책은 재고되어야 한다.

14 다음 글의 내용을 읽고 유추할 수 있는 것은?

어떤 식물이나 동물, 미생물이 한 종류씩만 있다고 할 경우, 즉 종이 다양하지 않을 때는 곧 바로 문제가 발생한다. 생산하는 생물, 소비하는 생물, 판매하는 생물이 한 가지씩만 있다고 생각해보자. 혹시 사고라도 생겨 생산하는 생물이 멸종한다면 그것을 소비하는 생물이 먹을 것이 없어지게 된다. 즉, 생태계 내에서 일어나는 역할 분담에 문제가 생기는 것이다. 박테리아는 여러 종류가 있기 때문에 어느 한 종류가 없어져도 다른 종류가 곧 그 역할을 대체한다. 그래서 분해 작용은 계속되는 것이다. 즉, 여러 종류가 있으면 어느 한 종이 없어지더라도 전체 계에서는 이 종이 맡았던 역할이 없어지지 않도록 균형을 이루게 된다.

① 생물 종의 다양성이 유지되어야 생태계가 안정된다.
② 생태계는 생물과 환경으로 이루어진 인위적 단위이다.
③ 생태계의 규모가 커질수록 희귀종의 중요성도 커진다.
④ 생산하는 생물과 분해하는 생물은 서로를 대체할 수 있다.
⑤ 생산하는 생물과 소비하는 생물은 서로를 대체할 수 있다.

15 다음 글의 내용과 일치하지 않는 것은?

아침에 땀을 빼는 운동을 하면 식욕을 줄여준다는 연구결과가 나왔다. 미국 A대학 연구팀이 35명의 여성을 대상으로 이틀간 아침 운동에 따른 식욕의 변화를 측정한 결과다. 연구팀은 첫 번째 날은 45분간 운동을 시키고, 다음날은 운동을 하지 않게 하고는 음식 사진을 보여줬다. 이때 두뇌 부위에 전극장치를 부착해 신경활동을 측정했다. 그 결과 운동을 한 날은 운동을 하지 않은 날에 비해 음식에 대한 주목도가 떨어졌다. 음식을 먹고 싶다는 생각이 그만큼 덜 든다는 얘기다. 뿐만 아니라 운동을 한 날은 하루 총 신체활동량이 증가했다. 운동으로 소비한 열량을 보충하기 위해 음식을 더 먹지도 않았다. 운동을 하지 않은 날 소모한 열량과 비슷한 열량을 섭취했을 뿐이다. 실험 참가자의 절반가량은 체질량지수(BMI)를 기준으로 할 때 비만이었는데, 이와 같은 현상은 비만 여부와 상관없이 나타났다.

① 운동을 한 날은 운동을 하지 않은 날에 비해 음식에 대한 주목도가 떨어졌다.
② 과한 운동은 신경활동과 신체활동량에 영향을 미친다.
③ 비만여부와 상관없이 아침운동은 식욕을 감소시킨다.
④ 운동을 한 날은 신체활동량이 증가한다.
⑤ 체질량지수와 실제 비만 여부와의 관계는 상관성이 떨어진다.

16 다음 글을 바탕으로 '독서'에 관한 글을 쓰려고 할 때, 추론할 수 있는 내용으로 적절하지 않은 것은?

> 김장을 할 때 제일 중요한 것은 좋은 재료를 선별하는 일입니다. 속이 무른 배추를 쓰거나 질 낮은 소금을 쓰면 김치의 맛이 제대로 나지 않기 때문입니다. 김장에 자신이 없는 경우에는 반드시 경험이 많고 조예가 깊은 어른들의 도움을 받을 필요가 있습니다.
> 한 종류의 김치만 담그는 것보다는 다양한 종류의 김치를 담가 두는 것이 긴 겨울 동안 식탁을 풍성하게 만드는 지혜라는 점도 잊지 말아야 합니다. 더불어 꼭 강조하고 싶은 것은, 어떤 종류의 김치를 얼마나 담글 것인지, 김장을 언제 할 것인지 등에 대한 계획을 미리 세워 두는 것이 매우 중요하다는 점입니다.

① 좋은 책을 골라서 읽기 위해 노력한다.
② 독서한 결과를 정리해 두는 습관을 기른다.
③ 적절한 독서 계획을 세워서 이를 실천한다.
④ 독서를 많이 한 선배나 선생님께 조언을 받는다.
⑤ 특정 분야에 치우치지 말고 다양한 분야의 책을 읽는다.

17 다음 글을 읽고 추론할 수 없는 내용은?

> 어떤 농부가 세상을 떠나며 형에게는 기름진 밭을, 동생에게는 메마른 자갈밭을 물려주었습니다. 형은 별로 신경을 쓰지 않아도 곡식이 잘 자라자 날이 덥거나 궂은 날에는 밭에 나가지 않았습니다. 반면 동생은 메마른 자갈밭을 고르고, 퇴비를 나르며 땀 흘려 일했습니다. 이런 모습을 볼 때마다 형은 "그런 땅에서 농사를 지어 봤자 뭘 얻을 수 있겠어!"하고 비웃었습니다. 하지만 동생은 형의 비웃음에도 아랑곳하지 않고 자신의 밭을 정성껏 가꾸었습니다. 그로부터 3년의 세월이 지났습니다. 신경을 쓰지 않았던 형의 기름진 밭은 황폐해졌고, 동생의 자갈밭은 옥토로 바뀌었습니다.

① 협력을 통해 공동의 목표를 성취하도록 해야 한다.
② 끊임없이 노력하는 사람은 자신의 미래를 바꿀 수 있다.
③ 환경이 좋다고 해도 노력 없이 이룰 수 있는 것은 없다.
④ 자신의 처지에 안주하면 좋지 않은 결과가 나올 수 있다.
⑤ 열악한 처지를 극복하려면 더 많은 노력을 기울여야 한다.

18 다음 글을 읽고 추론할 수 없는 내용은?

> 도예를 하고자 하는 사람은 도자기 제작 첫 단계로, 자신이 만들 도자기의 모양과 제작 과정을 먼저 구상해야 합니다. 그 다음에 흙을 준비하여 도자기 모양을 만듭니다.
> 오늘은 물레를 이용하여 자신이 원하는 도자기 모양을 만드는 방법에 대해 알아보겠습니다. 물레를 이용해서 작업할 때는 정신을 집중하고 자신의 생각을 도자기에 담기 위해 노력해야 할 것입니다. 또한 물레를 돌릴 때는 손과 발을 잘 이용해야 합니다. 손으로는 점토에 가하는 힘을 조절하고 발로는 물레의 회전 속도를 조절합니다. 물레 회전에 의한 원심력과 구심력을 잘 이용할 수 있을 때 자신이 원하는 도자기를 만들 수 있습니다. 처음에는 물레의 속도를 조절하지 못하거나 힘 조절이 안 되어서 도자기의 모양이 일그러질 수 있습니다. 그렇지만 어렵더라도 꾸준히 노력한다면 자신이 원하는 도자기 모양을 만들 수 있을 것입니다.
> 이렇게 해서 도자기를 빚은 다음에는 그늘에서 천천히 건조시켜야 합니다. 햇볕에서 급히 말리게 되면 갈라지거나 깨질 수 있기 때문입니다.

① 다른 사람의 충고를 받아들여 시행착오를 줄이도록 한다.
② 자신의 관심과 열정을 추구하는 목표에 집중하는 것이 필요하다.
③ 급하게 서두르다가는 일을 그르칠 수 있으므로 여유를 가져야 한다.
④ 중간에 실패하더라도 포기하지 말고 목표를 향해 꾸준하게 노력해야 한다.
⑤ 앞으로 이루려는 일의 내용이나 실현 방법 등에 대하여 미리 생각해야 한다.

19 **다음 글의 빈칸에 들어갈 말로 옳은 것은?**

고대 그리스 사람들이 지혜를 사랑한다라고 말했을 때 그 뜻하는 바는 세계에 대한 인식을 탐구한다는 것이었습니다. 즉 철학을 한다 하면 세계에 대한 인식을 탐구한다는 뜻이었습니다. 그 이후 지금에 이르기까지 철학 하면 세계에 대한 근본 인식과 근본 태도를 가리키는 말이었습니다. 이때의 '세계'란 세계 지도라고 말할 때의 그것과는 달리 '존재하는 모든 것'을 뜻합니다. 따라서 철학이란 존재하는 모든 것에 대한 근본 인식과 근본 태도를 가리키는 것입니다. '존재하는 모든 것' 속에는 자연도 포함되고 사회도 포함되고 인간도 포함됩니다. 그러므로 철학이란 자연과 사회 그리고 인간에 대한 근본 인식과 근본 태도라고 말할 수 있습니다.
( ) 세계에 대한 근본 인식과 근본 태도를 다른 말로 표현하여 세계관이라고 합니다. 즉 철학은 '세계관'입니다. 세계관은 우리가 세계를 어떻게 보는가, 어떻게 생각하는가를 가리키는 말입니다.

① 그리고
② 그러나
③ 그래서
④ 그러므로
⑤ 그런데

Q 다음 글을 읽고 물음에 답하시오. 【20~21】

인간 사회의 주요한 자원 분배 체계로 '시장(市場)', '재분배(再分配)', '호혜(互惠)'를 들 수 있다. 시장에서 이루어지는 교환은 물질적 이익을 증진시키기 위해 재화나 용역을 거래하는 행위이며, 재분배는 국가와 같은 지배 기구가 잉여 물자나 노동력 등을 집중시키거나 분배하는 것을 말한다. 실업 대책, 노인 복지 등과 같은 것이 재분배의 대표적인 예이다. 그리고 호혜는 공동체 내에서 혈연 및 동료 간의 의무로서 행해지는 증여 관계이다. 명절 때의 선물 교환 같은 것이 이에 속한다.

이 세 분배 체계는 각각 인류사의 한 부분을 담당해 왔다. 고대 부족 국가에서는 호혜를 중심으로, 전근대 국가 체제에서는 재분배를 중심으로 분배 체계가 형성되었다. 근대에 와서는 시장이라는 효율적인 자원 분배 체계가 활발하게 그 기능을 수행하고 있다. 그러나 이 세 분배 체계는 인류사 대부분의 시기에 공존했다고 말할 수 있다. 고대 사회에서도 시장은 미미하게나마 존재했었고, 오늘날에도 호혜와 재분배는 시장의 결함을 보완하는 경제적 기능을 수행하고 있기 때문이다.

효율성의 측면에서 보았을 때, 인류는 아직 시장만한 자원 분배 체계를 발견하지 못하고 있다. 그러나 시장은 소득 분배의 형평(衡平)을 보장하지 못할 뿐만 아니라, 자원의 효율적 분배에도 실패하는 경우가 종종 있다. 그래서 때로는 국가가 직접 개입한 재분배 활동으로 소득 불평등을 개선하고 시장의 실패를 시정하기도 한다. 우리나라의 경우 IMF 경제 위기 상황에서 실업자를 구제하기 위한 정부 정책들이 그 예라 할 수 있다. 그러나 호혜는 시장뿐 아니라 국가가 대신하기 어려운 소중한 기능을 담당하고 있다. 부모가 자식을 보살피는 관행이나, 친척들이나 친구들이 서로 길·흉사(吉凶事)가 생겼을 때 도움을 주는 행위, 아무런 연고가 없는 불우 이웃에 대한 기부와 봉사 등은 시장이나 국가가 대신하기 어려운 부분이다.

호혜는 다른 분배 체계와는 달리 물질적으로는 이득을 볼 수 없을 뿐만 아니라 때로는 손해까지도 감수해야 하는 행위이다. 그러면서도 호혜가 이루어지는 이유는 무엇인가? 이는 그 행위의 목적이 인간적 유대 관계를 유지하고 증진시키는 데 있기 때문이다. 인간은 사회적 존재이므로 사회적으로 고립된 개인은 결코 행복할 수 없다. 따라서 인간적 유대 관계는 물질적 풍요 못지 않게 중요한 행복의 기본 조건이다. 그렇기에 사람들은 소득 증진을 위해 투입해야 할 시간과 재화를 인간적 유대를 위해 기꺼이 할당하게 되는 것이다.

우리는 물질적으로 풍요로울 뿐 아니라, 정신적으로도 풍족한 사회에서 행복하게 살기를 바란다. 그러나 우리가 지향하는 이러한 사회는 효율적인 시장과 공정한 국가만으로는 이루어질 수 없다. 건강한 가정·친척·동료가 서로 지원하면서 조화를 이룰 때, 그 꿈은 실현될 수 있을 것이다. 이처럼 호혜는 건전한 시민 사회를 이루기 위해서 반드시 필요한 것이라고 할 수 있다. 그래서 사회를 따뜻하게 만드는 시민들의 기부와 봉사의 관행이 정착되기를 기대하는 것이다.

20 윗글의 내용과 일치하지 않는 것은?

① 재분배는 국가의 개입에 의해 이루어진다.
② 시장에서는 물질적 이익을 위해 상품이 교환된다.
③ 호혜가 중심적 분배 체계였던 고대에도 시장은 있었다.
④ 시장은 현대에 와서 완벽한 자원 분배 체계로 자리 잡았다.
⑤ 사람들은 인간적 유대를 위해 물질적 손해를 감수하기도 한다.

21 윗글의 논리 전개 방식으로 알맞은 것은?

① 구체적 현상을 분석하여 일반적 원리를 추출하고 있다.
② 시간적 순서에 따라 개념이 형성되어 가는 과정을 밝히고 있다.
③ 대상에 대한 여러 가지 견해를 소개하고 이를 비교 평가하고 있다.
④ 다른 대상과의 비교를 통해 대상이 지닌 특성과 가치를 설명하고 있다.
⑤ 기존의 통념을 비판한 후 이를 바탕으로 새로운 견해를 제시하고 있다.

Q 다음 글을 읽고 물음에 답하시오. 【22~23】

오랫동안 인류는 동물들의 희생이 수반된 육식을 당연하게 여겨왔으며 이는 지금도 진행 중이다. 그런데 이에 대해 윤리적 문제를 제기하며 채식을 선택하는 경향이 생겨났다. 이러한 경향을 취향이나 종교, 건강 등의 이유로 채식하는 입장과 구별하여 '윤리적 채식주의'라고 한다. 그렇다면 윤리적 채식주의의 관점에서 볼 때, 육식의 윤리적 문제점은 무엇인가? 육식의 윤리적 문제점은 크게 개체론적 관점과 생태론적 관점으로 나누어살펴볼 수 있다. 개체론적 관점에서 볼 때, 인간과 동물은 모두 존중받아야 할 '독립적 개체'이다. 동물도 인간처럼 주체적인 생명을 영위해야 할 권리가 있는 존재이다. 또한 동물도 쾌락과 고통을 느끼는 개별 생명체이므로 그들에게 고통을 주어서도, 생명을 침해해서도 안 된다. 요컨대 동물도 고유한 권리를 가진 존재이기 때문에 동물을 단순히 음식재료로 여기는 인간 중심주의적인 시각은 윤리적으로 문제가 있다. 한편 생태론적 관점에서 볼 때, 지구의 모든 생명체들은 개별적으로 존재하는 것이 아니라 서로 유기적으로 연결되어 존재한다. 따라서 각 개체로서의 생명체가 아니라 유기체로서의 지구 생명체에 대한 유익성 여부가 인간행위의 도덕성을 판단하는 기준이 되어야 한다. 그러므로 육식의 윤리성도 지구생명체에 미치는 영향에 따라 재고되어야 한다. 예를 들어 대량사육을 바탕으로 한 공장제축산업은 인간에게 풍부한 음식재료를 제공한다. 하지만 토양, 수질, 대기 등의 환경을 오염시켜 지구생명체를 위협하므로 윤리적으로 문제가 있다.

결국 우리의 육식이 동물에게든 지구생명체에든 위해를 가한다면 이는 윤리적이지 않기 때문에 문제가 있다. 인류의 생존을 위한 육식은 누군가에게는 필수불가결한 면이 없지 않다. 그러나 인간이 세상의 중심이라는 시각에 젖어 그동안 우리는 인간 이외의 생명에 대해서는 윤리적으로 무감각하게 살아왔다. 육식의 윤리적 문제점은 인간을 둘러싼 환경과 생명을 새로운 시각으로 바라볼 것을 요구하고 있다.

22 윗글의 중심 내용으로 가장 적절한 것은?

① 윤리적 채식의 기원
② 육식의 윤리적 문제점
③ 지구환경오염의 실상
④ 윤리적 채식주의자의 권리
⑤ 독립적 개체로서의 동물의 특징

23 윗글의 논지 전개 방식에 대한 평가로 가장 적절한 것은?

① 중심 화제에 대한 자료의 출처를 밝힘으로써 주장의 신뢰성을 높이고 있다.
② 중심 화제에 대해 상반된 견해를 제시함으로써 주장의 공정성을 확보하고 있다.
③ 중심 화제에 대한 전문가의 말을 직접 인용함으로써 주장의 객관성을 높이고 있다.
④ 중심 화제에 대해 두 가지 관점으로 나누어 접근함으로써 주장의 타당성을 높이고 있다.
⑤ 중심 화제에 대해 가설을 설정하고 현상을 분석함으로써 주장의 적절성을 높이고 있다.

Q 다음 글을 읽고 물음에 답하시오. 【24~25】

모든 학문은 나름대로 고유한 대상영역이 있습니다. 법률을 다루는 학문이 법학이며, 경제현상을 대상으로 삼는 것이 경제학입니다. 물론 그 영역을 보다 더 세분화하고 전문화시켜 나갈 수 있습니다. 간단히 말하면, 학문이란 일정 대상에 관한 보편적인 기술(記述)을 부여하는 것이라고 해도 좋을 것입니다. 우리는 보편적인 기술을 부여함으로써 그 대상을 조작 · 통제할 수 있습니다. 물론 그러한 실천성만이 학문의 동기는 아니지만, 그것을 통해 학문은 사회로 향해 열려 있는 것입니다.
여기에서 핵심 낱말은 (　　)입니다. 결국 학문이 어떤 대상의 기술을 목표로 한다고 해도, 그것은 기술하는 사람의 주관에 좌우되지 않고, 원리적으로는 "누구에게도 그렇다."라는 식으로 이루어져야 합니다. "나는 이렇게 생각한다.' '라는 것만으로는 불충분하며, 왜 그렇게 말할 수 있는가를 논리적으로 누구나가 알 수 있는 방법으로 설명하고 논증할 수 있어야 합니다.
그것을 전문용어로 '반증가능성(falsifiability)'이라고 합니다. 즉 어떤 지(知)에 대한 설명도 같은 지(知)의 공동체에 속한 다른 연구자가 같은 절차를 밟아 그 기술과 주장을 재검토할 수 있고, 경우에 따라서는 반론하고 반박하고 ㉠갱신할 수 있도록 문이 열려 있어야 합니다.

24 괄호 안에 들어갈 말로 가장 적절한 것은?

① 전문성
② 자의성
③ 보편성
④ 특수성
⑤ 정체성

25 ㉠이 쓰인 문장으로 적절하지 않은 것은?

① 나는 만료된 여권의 갱신을 위해 구청을 방문했다.
② 자동차 운전면허 발급과 갱신에 부과되는 비용이 지나치게 많다는 지적이 있다.
③ 불법 취업자들은 비자의 갱신을 위하여 6개월에 한 번씩 출국을 하곤 한다.
④ 이번 대회에서 마라톤 기록이 여러 번 갱신되었다.
⑤ 면허 갱신을 거부하다.

자료해석	20문항/25분

1 다음과 같은 규칙으로 자연수를 4부터 차례로 나열할 때, 빈칸에 들어갈 수는?

> 4　5　3　6　2　7　1　(　)

① 11　② 8
③ 9　④ 12

2 다음의 일정한 규칙에 의해 배열된 수나 문자를 추리하여 ( ) 안에 알맞은 것을 고르면?

> 4　4　32　　6　1　7　　8　3　33　　12　(　)　28

① 1　② 2
③ 3　④ 4

3 OO산에는 등산로 A와 A보다 2km 더 긴 등산로 B가 있다. 서원이가 하루는 등산로 A로 올라갈 때는 시속 2km, 내려올 때는 시속 6km의 속도로 등산을 했고, 다른 날은 등산로 B로 올라갈 때는 시속 3km, 내려올 때는 시속 5km의 속도로 등산을 했다. 이틀 모두 동일한 시간에 등산을 마쳤을 때, 등산로 A, B의 거리의 합은?

① 16km　② 18km
③ 20km　④ 22km

4 **어느 인기 그룹의 공연을 준비하고 있는 기획사는 다음과 같은 조건으로 총 1,500장의 티켓을 판매하려고 한다. 티켓 1,500장을 모두 판매한 금액이 6,000만 원이 되도록 하기 위해 판매해야 할 S석 티켓의 수를 구하면?**

> (가) 티켓의 종류는 R석, S석, A석 세 가지이다.
> (나) R석, S석, A석 티켓의 가격은 각각 10만 원, 5만 원, 2만 원이고, A석 티켓의 수는 R석과 S석 티켓의 수의 합과 같다.

① 450장
② 600장
③ 750장
④ 900장

5 **보트로 길이가 12km인 강을 거슬러 올라가는 데 1시간 30분이 걸렸고, 내려오는 데 1시간이 걸렸다. 이때, 정지하고 있는 물에서의 보트의 속력 A와 강물의 속력 B를 각각 구하면?**

① A : 2km/h, B : 2km/h
② A : 10km/h, B : 10km/h
③ A : 15km/h, B : 2km/h
④ A : 10km/h, B : 2km/h

6 다음은 우리나라 정치 발전 과제로서 가장 중요한 것이 무엇인지에 대한 연령별 대답을 표로 정리한 것이다. 이에 대한 설명으로 옳은 것끼리 바르게 짝지어진 것은?

(단위 : %)

연령 / 정치발전과제	10대	20대	30대	40대	50대 이상
남북 통일	5	9	10	12	25
지역 감정 해소	3	7	4	4	20
집단 이기주의 극복	20	14	9	5	17
민주적 정책 결정	12	21	19	23	12
시민의 정치 참여	17	19	30	30	10
정치인의 도덕성 제고	43	30	28	26	16

① 연령이 높아질수록 '남북 통일'에 대한 응답 비율이 낮아진다.
② 30대와 40대에서 '지역 감정 해소'를 선택한 사람 수는 동일하다.
③ 10대가 '집단 이기주의 극복'을 선택한 비율은 다른 세대보다 높다.
④ 20대는 '민주적 정책 결정'보다 '시민의 정치 참여'를 더 중시한다.

7 **다음은 2015 ~ 2018년 甲 ~ 丁국가 초흡수성 수지의 기술 분야별 특허출원에 대한 자료이다. 자료를 참고한 설명으로 옳지 않은 것은?**

〈2015 ~ 2018년 초흡수성 수지의 특허출원 건수〉

(단위 : 건)

국가	기술분야 \ 연도	2015	2016	2017	2018
甲	조성물	5	8	11	11
	공정	3	2	5	6
	친환경	1	3	10	13
乙	조성물	4	4	2	1
	공정	0	2	5	8
	친환경	3	1	3	1
丙	조성물	2	5	5	6
	공정	7	8	7	6
	친환경	3	5	3	3
丁	조성물	1	2	1	2
	공정	1	3	3	2
	친환경	5	4	4	2

※ 기술 분야는 조성물, 공정, 친환경으로만 구성됨.

① 4년 동안의 조성물 분야 특허출원 건수가 가장 많은 국가는 甲국이다.

② 2015 ~ 2018년 각 국가별 공정 분야 특허출원 건수의 증감 추이는 4개 국가가 모두 다르다.

③ 2017년 4개 국가의 전체 특허출원 건수에서 甲국의 특허출원 건수가 차지하는 비중은 45%를 넘는다.

④ 3개 기술 분야 특허출원 건수의 합이 2017년보다 2018년에 감소한 국가는 丁국이다.

Ⓠ 다음 자료는 각국의 아프가니스탄 지원금 약속현황 및 집행현황을 나타낸 것이다. 물음에 답하시오. 【8~10】

(단위 : 백만 달러, %)

지원국	약속금액	집행금액	집행비율
미국	10,400	5,022	48.3
EU	1,721	㉠	62.4
세계은행	1,604	853	53.2
영국	1,455	1,266	87.0
일본	1,410	1,393	98.8
독일	1,226	768	62.6
캐나다	779	731	93.8
이탈리아	424	424	100.0
스페인	63	26	㉡

8 ㉠에 들어갈 값은 얼마인가?

① 647
② 840
③ 1,074
④ 1,348

9 ㉡에 들어갈 값은 얼마인가?

① 142.3%
② 58.2%
③ 41.3%
④ 40.5%

10 위의 표에 대한 설명으로 옳지 않은 것은?

① 집행비율이 가장 높은 나라는 이탈리아이다.

② 50% 미만의 집행비율을 나타내는 나라는 2개국이다.

③ 집행금액이 두 번째로 많은 나라는 일본이다.

④ 집행비율이 가장 낮은 나라는 미국이다.

11 다음은 남녀 600명의 윗몸일으키기 측정 결과표이다. 21~30회를 기록한 남자 수와 41~50회를 기록한 여자 수의 차이는 얼마인가?

(단위 : %)

구분	남	여
0~10회	5	20
11~20회	15	35
21~30회	20	25
31~40회	45	15
41~50회	15	5
전체	60	40

① 60명　② 64명

③ 68명　④ 72명

12 다음은 도시 근로자 가구와 농가의 월평균 소득의 변화 추이를 나타낸 것이다. 이러한 현상에 대한 옳은 진술을 모두 고른 것은?

(단위 : %)

연도	도시 근로자 가구(A)	농가(B)	B/A(%)
1980년	65,540	72,744	111.0
1990년	423,788	478,021	112.8
2000년	1,911,064	1,816,880	95.1
2010년	3,250,837	2,541,918	78.2
2014년	3,894,709	2,543,583	65.3

㉠ 도시 문제를 보여주는 사례이다.
㉡ 젊은 층의 이농 현상이 영향을 주었을 것이다.
㉢ 농산물 직거래 장터 운영은 해결 방안이 될 수 있다.
㉣ 농촌에서 절대 빈곤층이 증가하고 있음을 보여주고 있다.

① ㉠㉡ ② ㉠㉢
③ ㉡㉢ ④ ㉡㉣

13 다음은 우리나라 여러 지역의 인구 변화를 나타낸 것이다. 이에 대한 분석으로 옳지 않은 것은?

구분	1965년		1985년		2005년		2015년	
	인구	구성비	인구	구성비	인구	구성비	인구	구성비
전국	24,989	100.0	37,436	100.0	46,136	100.0	48,580	100.0
동부	6,997	28.0	21,434	57.3	36,755	79.7	39,823	82.0
읍부	2,259	9.0	4,540	12.1	3,756	8.1	4,200	8.6
면부	15,734	63.0	11,463	30.6	5,625	12.2	4,557	9.4
수도권	5,194	20.8	13,298	35.5	21,354	46.3	23,836	49.1

① 도시화율의 증가폭은 커졌다. ② 총인구의 증가율은 낮아졌다.
③ 동부의 인구는 꾸준히 증가하였다. ④ 수도권으로의 인구 집중이 심화되었다.

14 다음은 2015년과 2018년에 甲 ~ 丁 국가 전체 인구를 대상으로 통신 가입자 현황을 조사한 자료이다. 이에 대한 설명으로 옳은 것은?

〈국가별 2015년과 2018년 통신 가입자 현황〉

(단위 : 만 명)

국가 \ 연도 / 구분	2015				2018			
	유선통신 가입자	무선통신 가입자	유·무선 통신 동시 가입자	미 가입자	유선통신 가입자	무선통신 가입자	유·무선 통신 동시 가입자	미 가입자
甲	( )	4,100	700	200	1,600	5,700	400	100
乙	1,900	3,000	300	400	1,400	( )	100	200
丙	3,200	7,700	( )	700	3,000	5,500	1,100	400
丁	1,100	1,300	500	100	1,100	2,500	800	( )

※ 유·무선 통신 동시 가입자는 유선 통신 가입자와 무선 통신 가입자에도 포함됨.

① 甲국의 2015년 인구 100명당 유선 통신 가입자가 40명이라면, 유선 통신 가입자는 2,200만 명이다.

② 乙국의 2015년 대비 2018년 무선 통신 가입자 수의 비율이 1.5라면, 2018년 무선 통신 가입자는 5,000만 명이다.

③ 丁국의 2015년 대비 2018년 인구 비율이 1.5라면, 2018년 미가입자는 200만 명이다.

④ 2015년 유선 통신만 가입한 인구는 乙국이 丁국의 3배 이상이다.

15 다음 표에 대한 설명으로 옳은 것은?

〈수도권의 인구 추이〉

(단위 : 만 명)

연도	전국 인구	서울 인구	수도권 인구
1970	2,500	240	520
1980	3,100	540	870
1990	3,700	840	1,330
2000	4,300	1,060	1,860
2010	4,600	990	2,140

〈2010년 수도권 현황〉

(단위 : %)

구분	수도권 점유율
면적	11.7
인구	46.5
금융 대출 금액	65.2

① 2010년 수도권의 인구 밀도는 전국 평균의 약 4배 정도이다.
② 1980년 이후 서울 인구는 수도권 인구의 과반을 차지하고 있다.
③ 2010년 1인당 평균 금융 대출 금액은 비수도권 지역이 수도권 지역보다 많다.
④ 수도권의 인구 증가로 인해 비수도권의 2000년 인구는 1990년에 비해 감소하였다.

16 도표는 국민 1,000명을 대상으로 준법 의식 실태를 조사한 결과이다. 이에 대한 분석으로 가장 타당한 것은?

• 설문 1 : "우리나라에서는 법을 위반해도 돈과 권력이 있는 사람은 처벌받지 않는 경향이 있다."라는 주장에 동의합니까?

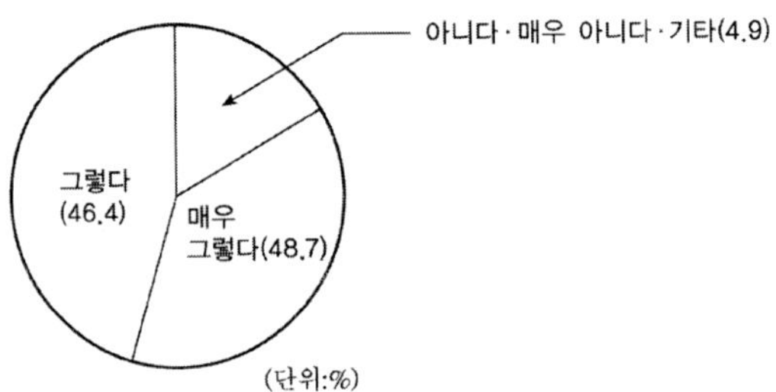

• 설문 2 : 우리나라에서 분쟁의 해결 수단으로 가장 많이 사용되는 것은 무엇이라 생각합니까?

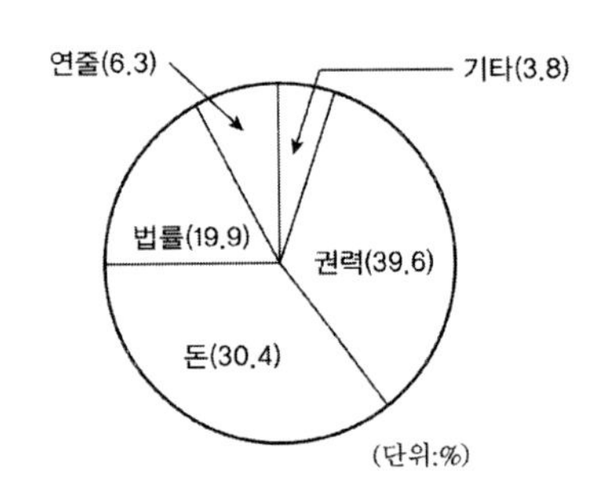

① 전반적으로 준법 의식이 높은 편이다.

② 권력보다는 법이 우선한다고 생각한다.

③ 법이 공정하게 집행되지 않는다고 본다.

④ 악법도 법이라는 사고가 널리 퍼져 있다.

17 다음은 삼국 간의 세기별 전쟁 횟수에 관한 통계 자료이다. 이 표의 내용을 바르게 분석한 것을 모두 고른 것은?

구분 \ 시기	4세기	5세기	6세기	7세기
고구려 : 백제	17	4	11	1
고구려 : 신라		7	1	8
백제 : 신라		1	4	24

> ㉠ 4세기 – 고구려는 남하 정책을 추진하면서 백제와 자주 싸웠다.
> ㉡ 5세기 – 나 · 제 동맹의 영향으로 신라와 백제의 싸움이 거의 없었다.
> ㉢ 6세기 – 고구려와 백제의 전쟁은 평양성 부근에서 많이 일어났다.
> ㉣ 7세기 – 삼국 통일기로 삼국 간의 전쟁이 가장 많이 일어났다.

① ㉠㉡ ② ㉠㉢
③ ㉠㉣ ④ ㉡㉣

18 다음은 우리나라의 인터넷 이용에 대한 통계 자료이다. 이와 관련된 사회적 변화로 바르지 못한 것은?

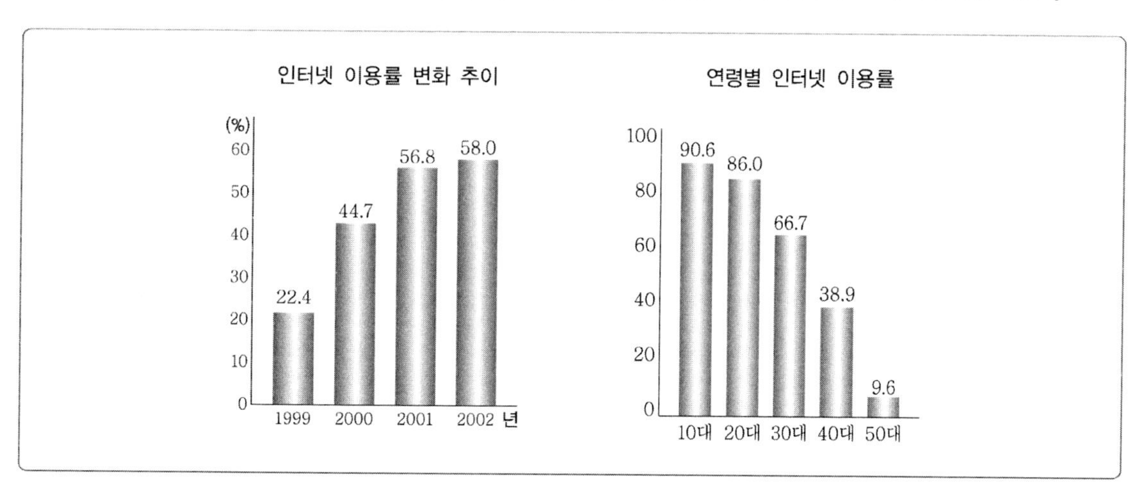

① 온라인 상의 교육 사업 확대 ② 사람들 사이의 대면 접촉 감소
③ 집에서 근무하는 직장인의 증가 ④ 세대 간 정보 수집 능력의 격차 완화

19 다음은 수도권 신도시 주민의 직장 소재지 분포를 나타낸 것이다. 이 자료를 통해 알 수 있는 신도시의 문제점에 대한 해결 방안으로 가장 적절한 것은?

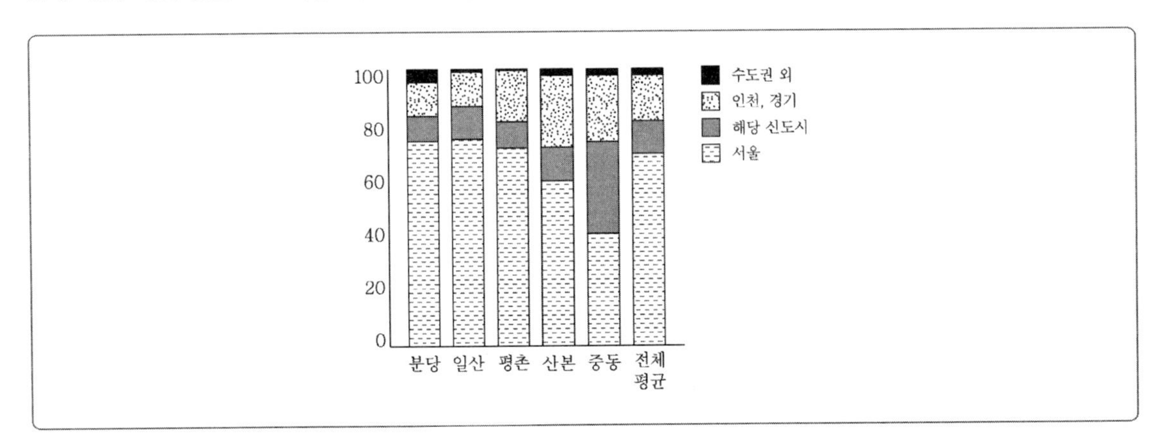

① 수도권 지역의 공장을 지방으로 이전한다.

② 신도시의 중추 관리 기능을 서울로 이전한다.

③ 서울 도심의 서비스 기능을 부도심으로 이전한다.

④ 서울과 신도시 간에 전철 등의 대중 교통망을 확충한다.

20 다음은 연령별 인터넷 이용률 변화이다. 이를 통해 추론한 내용으로 가장 옳은 것은?

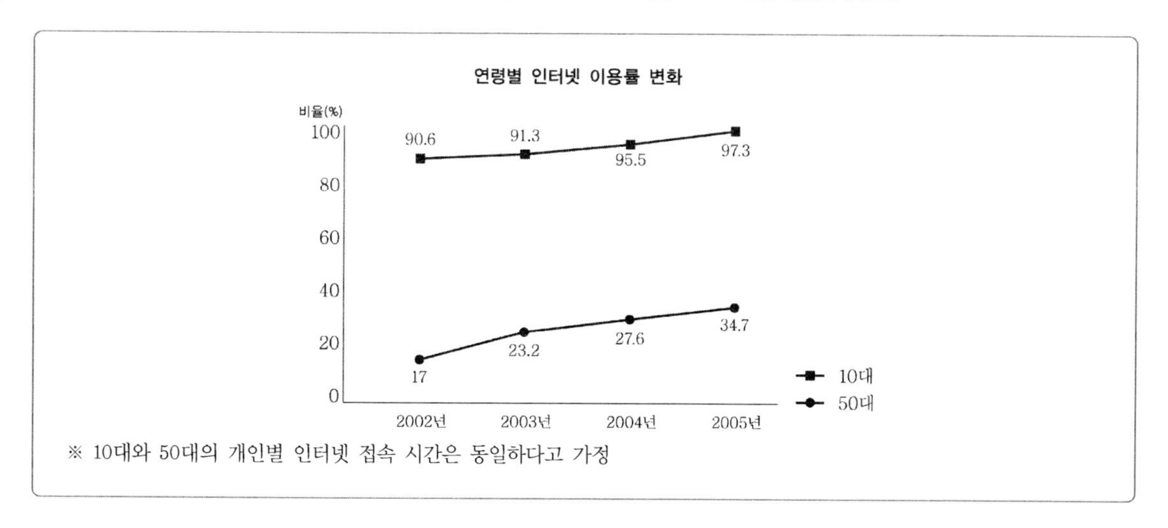

※ 10대와 50대의 개인별 인터넷 접속 시간은 동일하다고 가정

① 10대가 직접적 인간관계를 더 많이 경험한다.

② 10대가 현실과 가상공간을 혼동할 가능성이 더 크다.

③ 50대가 새로운 정보를 더 쉽게 접한다.

④ 50대가 가상의 인간관계를 더 많이 경험한다.

지각속도 | **30문항/3분**

Q 다음 왼쪽과 오른쪽 기호, 문자, 숫자의 대응을 참고하여 각 문제의 대응이 같으면 '① 맞음'을, 틀리면 '② 틀림'을 선택하시오. 【1~3】

ʤ = (가)	ʧ = (라)	ɘ = (마)	ʥ = (나)	λ = (아)
ø = (다)	ŭ = (바)	ɐ = (사)	ɤ = (자)	ɕ = (차)

1 (다) (라) (나) (아) (자) – ø ʧ ʥ λ ɤ　　① 맞음　② 틀림

2 (가) (마) (나) (바) (차) – ʤ ɘ ʥ ʧ ɕ　　① 맞음　② 틀림

3 (라) (나) (아) (사) (마) – ʧ ʥ λ ɐ ɘ　　① 맞음　② 틀림

Q 다음 왼쪽과 오른쪽 기호, 문자, 숫자의 대응을 참고하여 각 문제의 대응이 같으면 '① 맞음'을, 틀리면 '② 틀림'을 선택하시오. 【4~6】

Ⓔ = 2	Ⓟ = 9	Ⓓ = 7	Ⓚ = 8	Ⓜ = 1
Ⓡ = 4	Ⓑ = 6	Ⓤ = 3	Ⓛ = 0	Ⓘ = 5

4 1 3 6 8 9 – Ⓜ Ⓤ Ⓑ Ⓚ Ⓟ　　① 맞음　② 틀림

5 4 7 0 6 5 – Ⓡ Ⓓ Ⓚ Ⓑ Ⓘ　　① 맞음　② 틀림

6 2 5 6 9 7 – Ⓔ Ⓘ Ⓑ Ⓟ Ⓓ　　① 맞음　② 틀림

Q 다음 제시된 단어와 같은 단어의 개수를 고르시오. 【7~8】

7

계곡

계란	계륵	개미	거미	갯벌	계곡	계륵	갯벌	게임	계란
계곡	개미	거미	거미	계륵	갯벌	개미	개미	게임	거미
계곡	개미	계란	계륵	거미	게임	거미	계곡	개미	거미

① 1개
② 2개
③ 4개
④ 6개

8

여신

여성	여선생	여민락	여성	여신	여사관	여법
여고생	여성복	여복	여린박	여관	여신	여사
여관집	여수	여섯	여반장	여급	여걸	여성미
여름철	여신	여세	여북	여신	여과통	여위다
여묘	여신	여간내기	여성	여배우	여름	
여명	여리다	여과기	여수	여비서	여명	

① 2개
② 3개
③ 4개
④ 5개

Q 다음 중 제시된 문자와 다른 것을 고르시오. 【9~10】

9

滿面春風(만면춘풍)

① 滿面春風(만면춘풍)
② 滿面春風(만연춘풍)
③ 滿面春風(만면춘풍)
④ 滿面春風(만면춘풍)

10

나는 바담풍 해도 너는 바람풍 해라

① 나는 바담풍 해도 너는 바람풍 해라
② 나는 바담풍 해도 너는 바람풍 해라
③ 나는 바담풍 해도 너는 바람풍 해라
④ 나는 바람풍 해도 너는 바담풍 해라

11 다음 중 서로 같은 문자끼리 짝지어진 것은?

① ㄱㄴㄷㄹㅁㅂㅅㅇㅈㅊㅋㅌㅍㅎ － ㄱㄴㄷㄹㅁㅂㅅㅇㅈㅊㅋㅌㅍㅎ
② ㅌㅍㅋㅊㅁㅇㄴㄹㅂㄱㄷㅈㄱㄷㅅ － ㅌㅍㅋㅊㅂㅇㄴㄹㅂㄱㄷㅈㄱㄷㅅ
③ ㄱㄴㄹㅇㄱㅁㄴㅇㅁㄱㄴㄱㅇㅁㄹ － ㄱㄴㄹㅇㄱㅁㄴㅇㅁㄱㄴㄱㅁㅇㄹ
④ ㄹㄴㅅㄷㄱㄴㄹㅁㅇㄷㅂㄱㅈㅅ － ㄹㄴㅅㄷㄱㄴㄹㅅㅇㄷㅂㄱㅈㅅ

12 다음 중 짝지어진 문자 중에서 서로 다른 것은?

① 千山鳥飛絕 － 千山鳥非絕
② 萬徑人蹤滅 － 萬徑人蹤滅
③ 孤舟簑笠翁 － 孤舟簑笠翁
④ 獨釣寒江雪 － 獨釣寒江雪

Q **다음 왼쪽과 오른쪽 기호, 문자, 숫자의 대응을 참고하여 각 문제의 대응이 같으면 '① 맞음'을, 틀리면 '② 틀림'을 선택하시오. 【13~15】**

a = 남	b = 동	c = 리	d = 우
e = 강	f = 산	g = 서	h = 북

13 동 서 남 북 우 산 – b g a h d f

① 맞음　② 틀림

14 우 리 강 산 동 북 – d c e f h b

① 맞음　② 틀림

15 동 산 남 산 우 산 서 산 – b f a f d f f g

① 맞음　② 틀림

Q **다음에서 각 문제의 왼쪽에 표시된 굵은 글씨체의 기호, 문자, 숫자의 개수를 모두 세어 보시오. 【16~30】**

16 ㋟　㋜㋛㋟㋚㋙㋘㋟㋗㋖㋕㋓㋒㋑㋑㋒㋟㋙㋚㋛㋭

① 1개　② 2개　③ 3개　④ 4개

17 ◰　◱◲□◳□◴◵□◶◷□◰◰◷◴◲◱◳◴◵◷◶△◲□

① 1개　② 2개　③ 3개　④ 4개

18 Ⓥ　ⓌⓍⓎⓏⓎⒽⓋⓋⓋⒻⒺⒻⓋⓋⒽⒿⒿⓀⓋⓋⓁⓂⓃⓄⓅⓋ

① 8개　② 9개　③ 10개　④ 11개

19 ㄹ　사람들이 없으면, 틈틈이 제 집 수탉을 몰고 와서 우리 수탉과 쌈을 붙여 놓는다.

① 5개　② 6개　③ 7개　④ 8개

20	4	468365485875684326578326432453432843264626325462546725	① 8개 ③ 10개	② 9개 ④ 11개
21	ㅇ	여름장이란 애시 당초에 글러서, 해는 아직 중천에 있건만 장판은 벌써 쓸쓸하고 더운 햇발이 벌려 놓은 전 휘장 밑으로 등줄기를 훅훅 볶는다.	① 12개 ③ 16개	② 14개 ④ 18개
22	□⃝	○△⃝▽⃝◎⊗□⃝◇⃝△⃝◎□⃝▽⃝⊗◇⃝△⃝▽⃝◎⊗□⃝◇⃝⊗□⃝◎△⃝	① 2개 ③ 6개	② 4개 ④ 8개
23	ㅍ	국가관 리더십 발표력 표현력 태도 발음 예절 품성	① 1개 ③ 3개	② 2개 ④ 4개
24	t	I kept telling myself that everything was OK	① 2개 ③ 4개	② 3개 ④ 5개
25	9	5123945233754867259172317643295321897	① 1개 ③ 3개	② 2개 ④ 4개
26	⇦	⇦⇧⇨⇧⇩⇦⇨⇧⇩⇦⇨⇦⇧⇨⇩⇧⇩⇦⇨⇦⇧⇨⇩	① 2개 ③ 6개	② 4개 ④ 8개
27	ㄷ	동해물과 백두산이 마르고 닳도록 하느님이 보우하사 우리나라 만세	① 4개 ③ 6개	② 5개 ④ 7개
28	o	Look here! This is more difficult as you think!	① 1개 ③ 3개	② 2개 ④ 4개
29	6	3141592653697932684626433862726535897323846	① 8개 ③ 10개	② 9개 ④ 11개
30	◆	□⃟◆■⃟◈⃟◇⃟◈□⃟■⃟◇⃟◆◈⃟◈□⃟◆■⃟◈⃟◇⃟◈□⃟■⃟◇⃟◆◈⃟◈	① 1개 ③ 3개	② 2개 ④ 4개

3회 실전 모의고사

≫ 정답 및 해설 p.174

공간능력	18문항/10분

Q 다음 입체도형의 전개도로 알맞은 것을 고르시오. 【1~4】

- 입체도형을 전개하여 전개도를 만들 때, 전개도에 표시된 그림(예 : ▮, ◢, ▬ 등)은 회전의 효과를 반영함. 즉, 본 문제의 풀이과정에서 보기의 전개도 상에 표시된 ▮과 ▬는 서로 다른 것으로 취급함.
- 단, 기호 및 문자(예 : ♤, ☎, ♨, K, H)의 회전에 의한 효과는 본 문제의 풀이과정에 반영하지 않음. 즉, 입체도형을 펼쳐 전개도를 만들었을 때 ☎의 방향으로 나타나는 기호 및 문자도 보기에서는 ☎방향으로 표시하며 동일한 것으로 취급함.

1

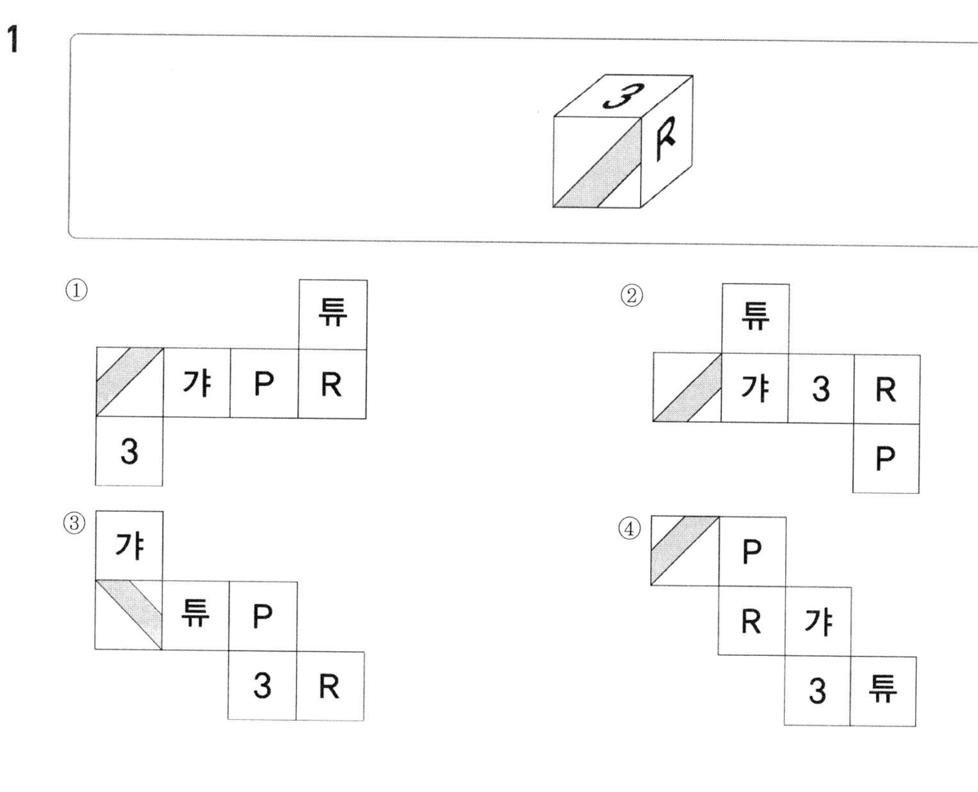

2

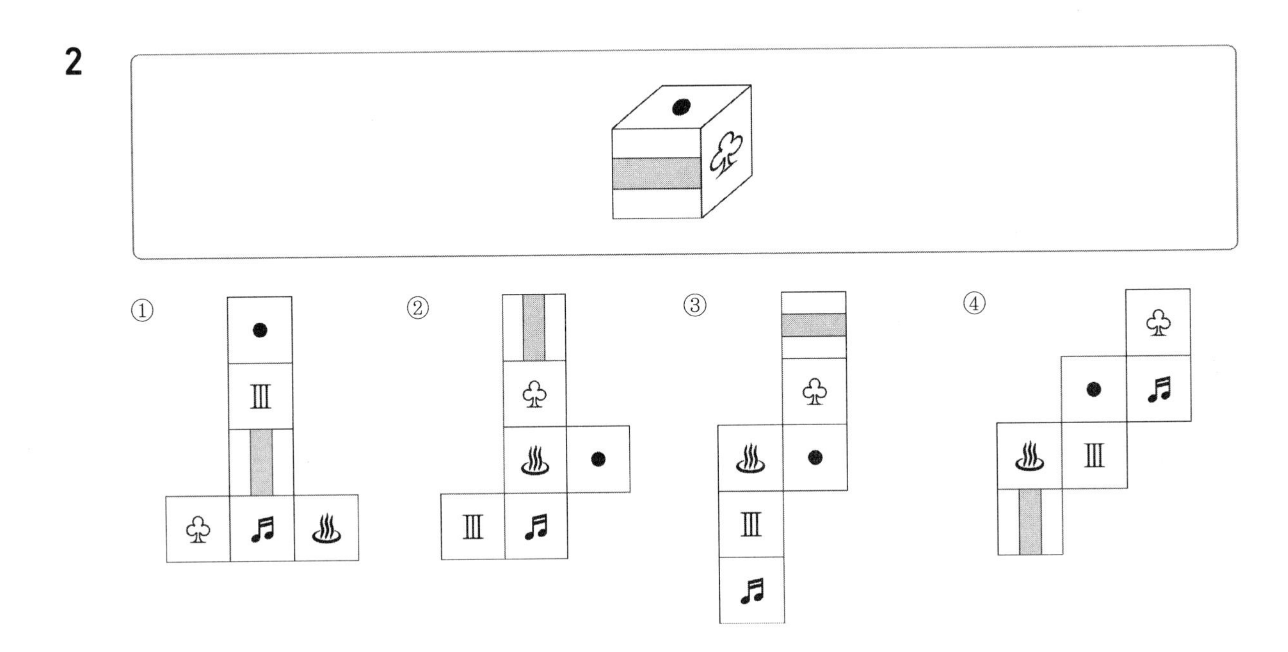

3

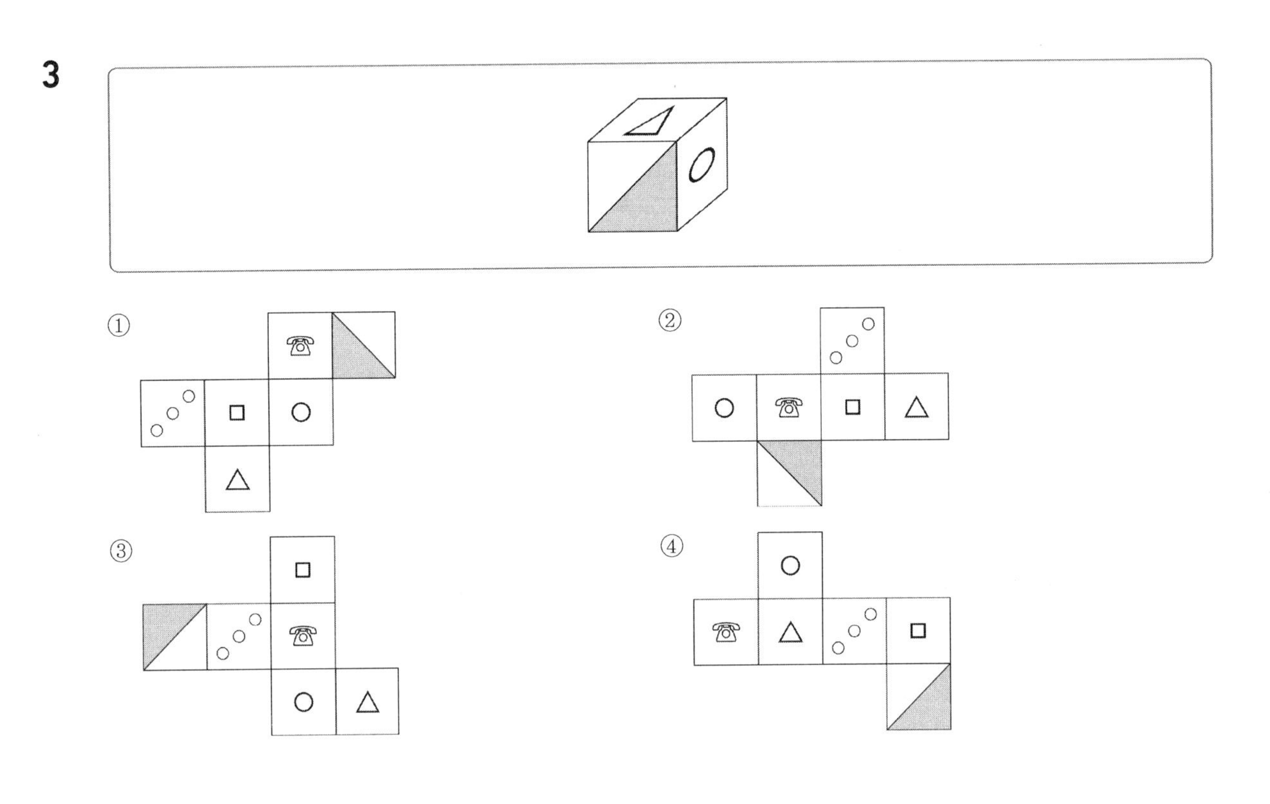

4

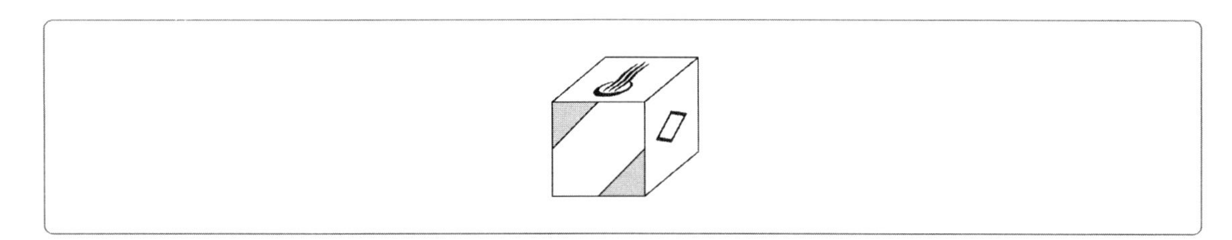

①

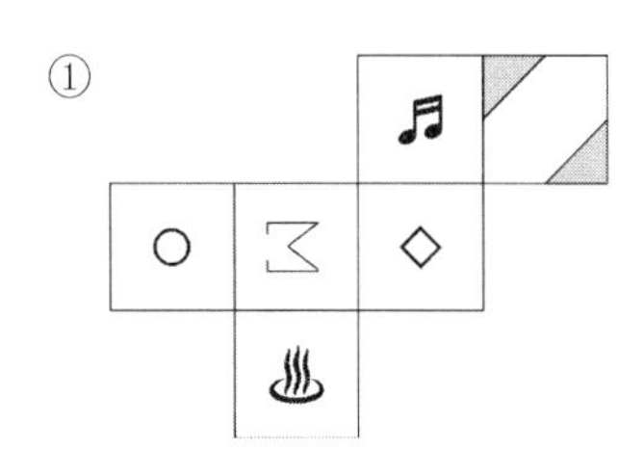

②

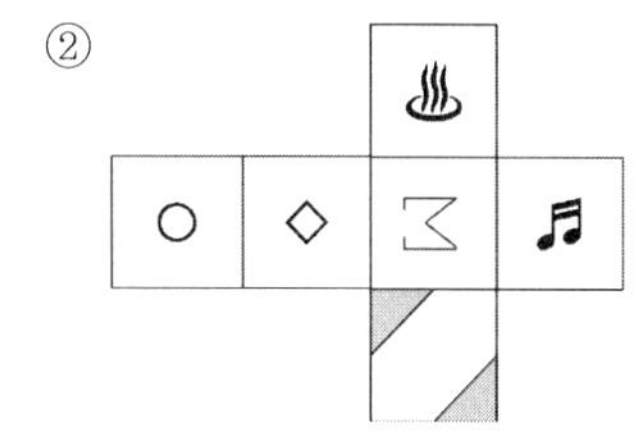

③

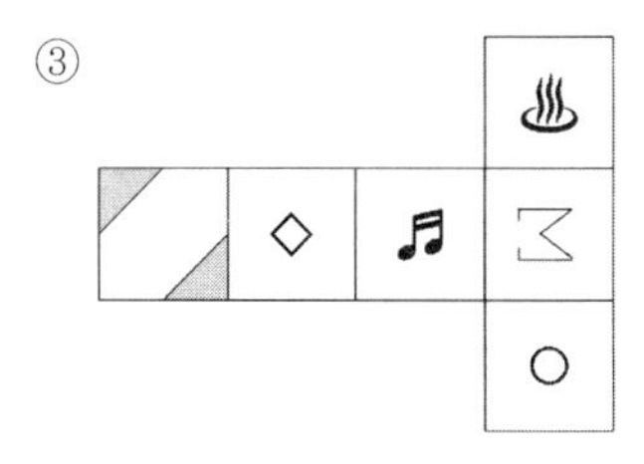

④

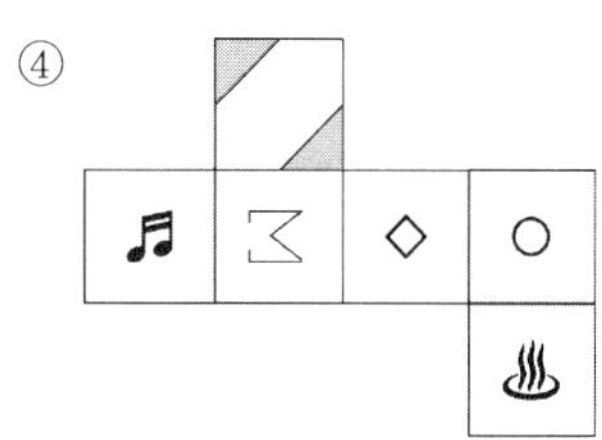

Ⓠ 다음 제시된 그림과 같이 쌓기 위해 필요한 블록의 수를 고르시오. 【5~9】
(단, 블록은 모양과 크기는 모두 동일한 정육면체이다.)

5

① 25　　② 29
③ 30　　④ 34

6

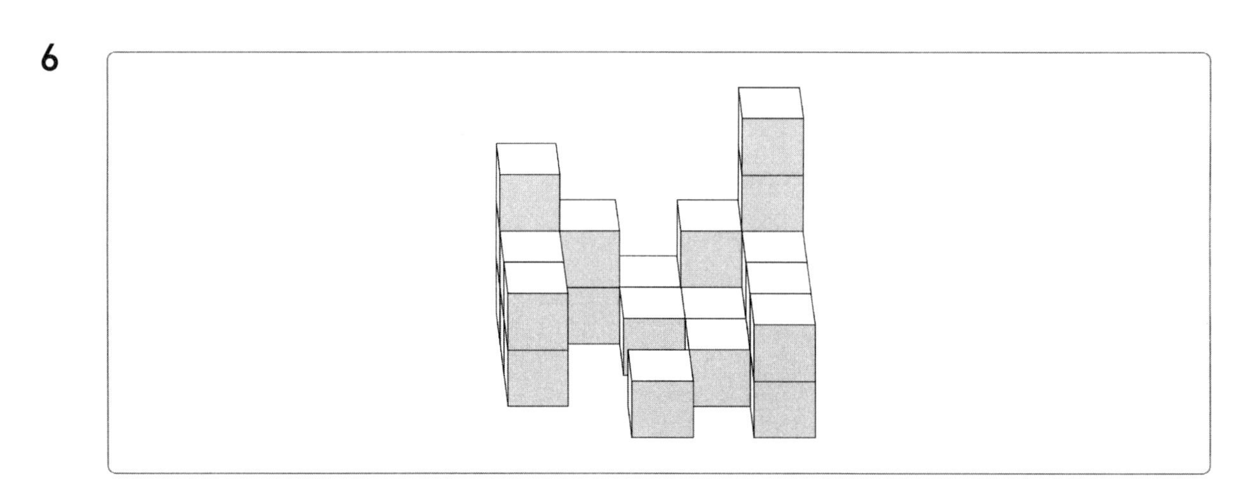

① 23　　② 24
③ 25　　④ 26

7

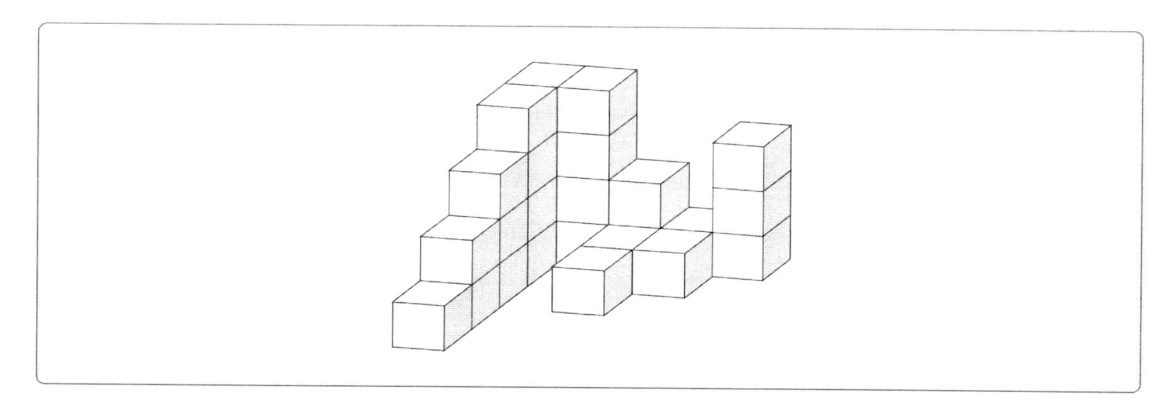

① 27　② 28

③ 29　④ 30

8

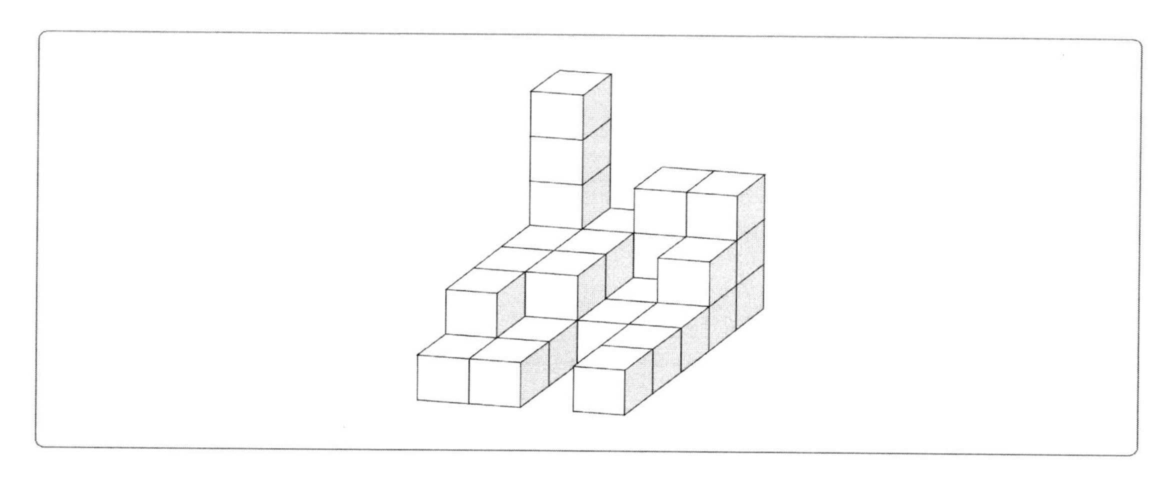

① 30　② 33

③ 36　④ 39

9

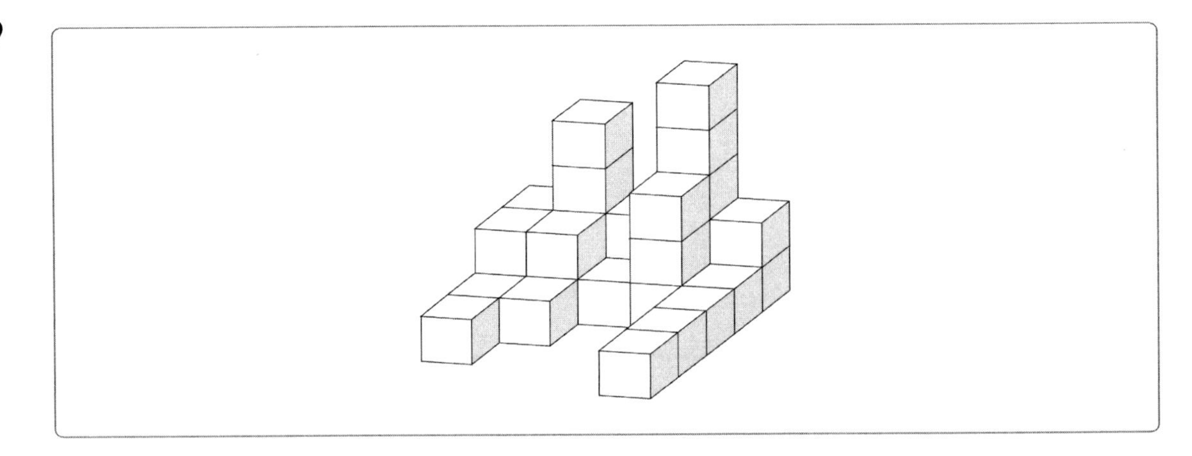

① 20
② 25
③ 30
④ 35

Q 다음 전개도로 만든 입체도형에 해당하는 것을 고르시오. 【10~14】

- 전개도를 접을 때 전개도 상의 그림, 기호, 문자가 입체도형의 겉면에 표시되는 방향으로 접음.
- 전개도를 접어 입체도형을 만들 때, 전개도에 표시된 그림(예 : , , 등)은 회전의 효과를 반영함. 즉, 본 문제의 풀이과정에서 보기의 전개도 상에 표시된 과 는 서로 다른 것으로 취급함.
- 단, 기호 및 문자(예 : ♤, ☎, ♨, K, H)의 회전에 의한 효과는 본 문제의 풀이과정에 반영하지 않음. 즉, 전개도를 접어 입체도형을 만들었을 때 의 방향으로 나타나는 기호 및 문자도 보기에서는 ☎ 방향으로 표시하며 동일한 것으로 취급함.

10

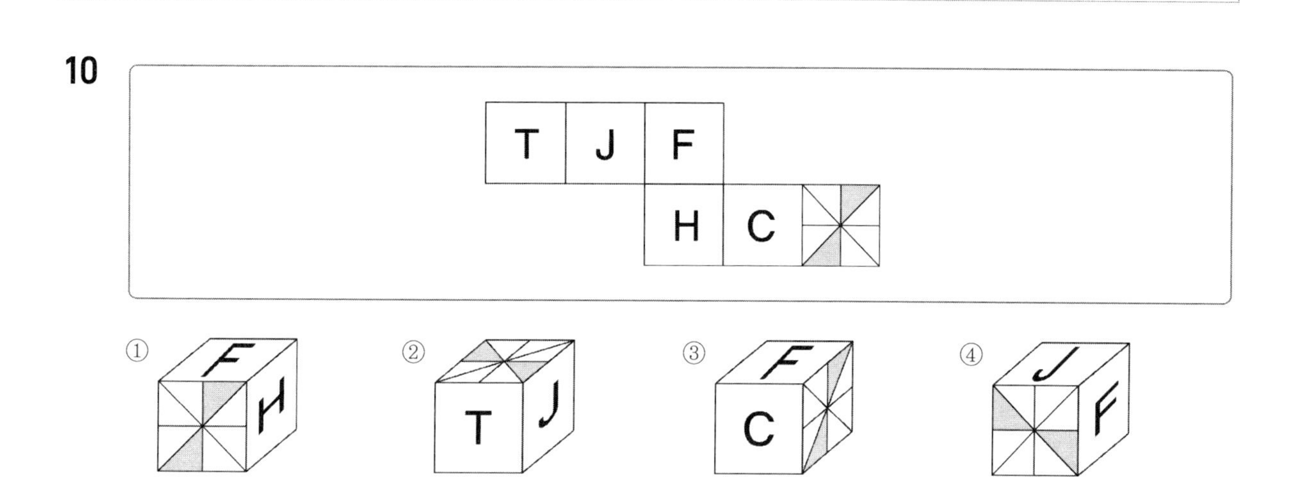

11

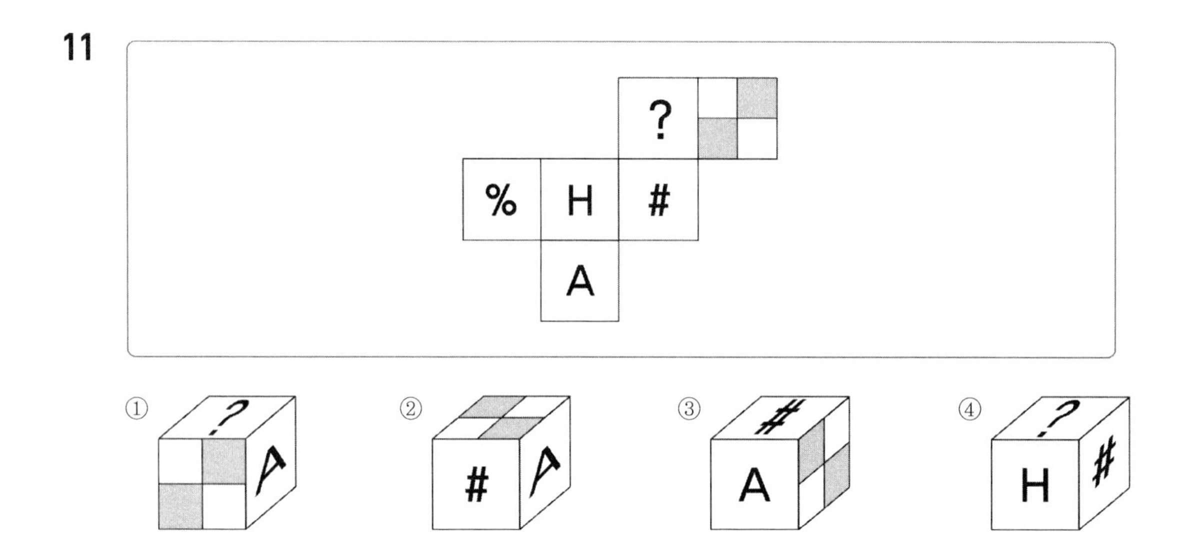

12

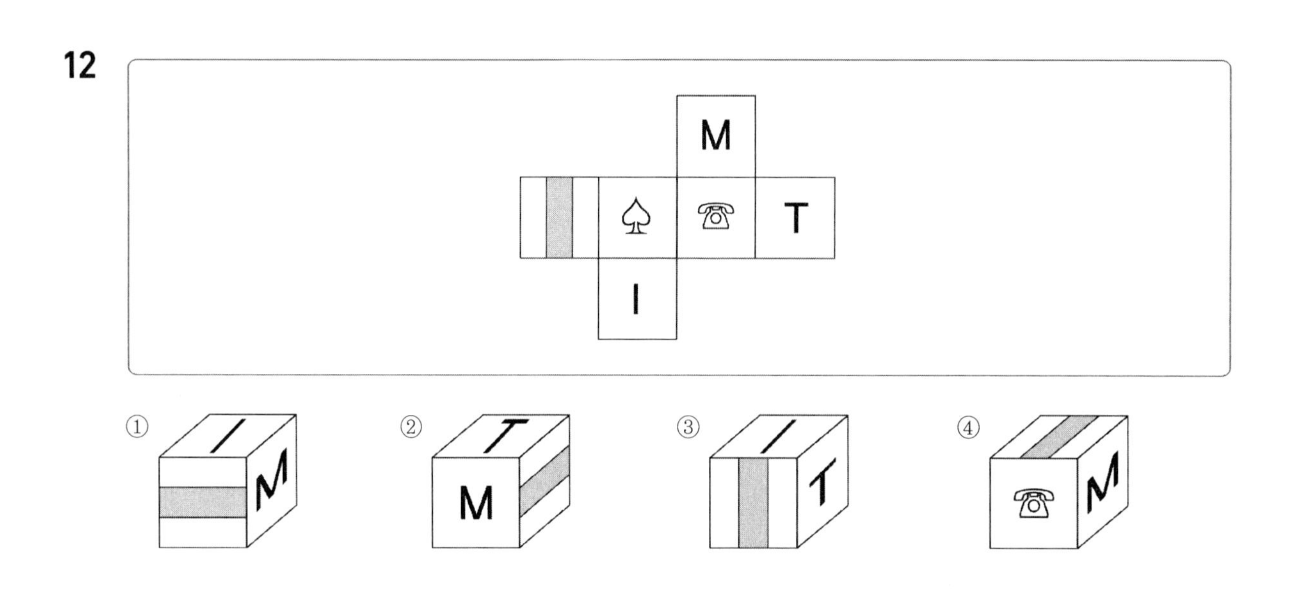

13

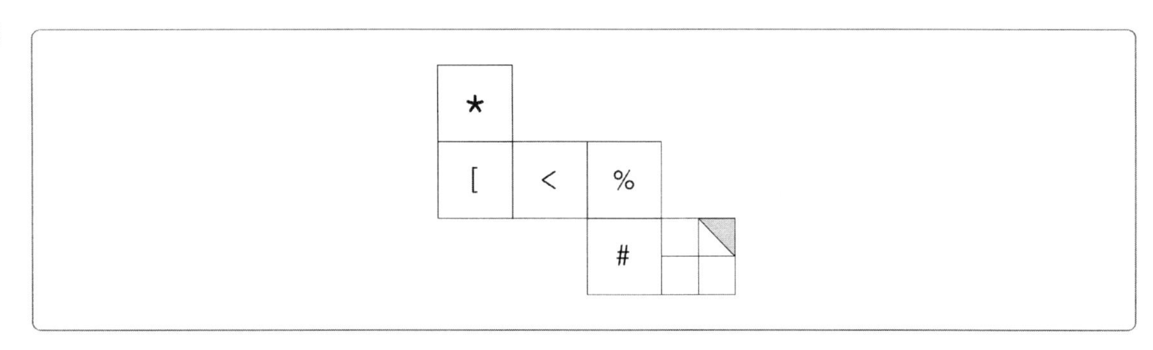

① ② 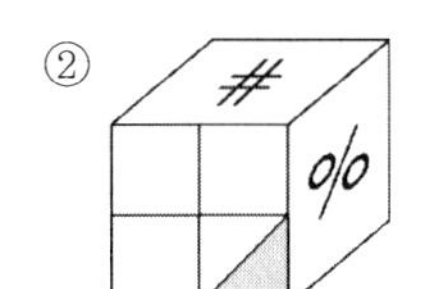 ③ ④

14

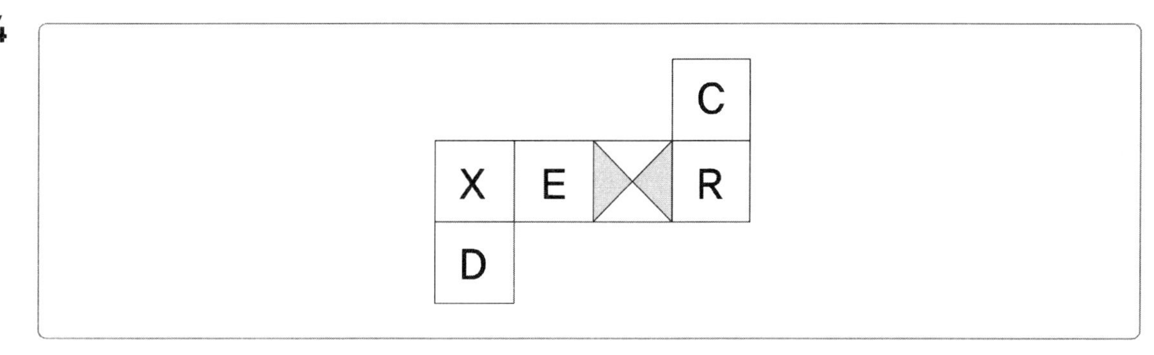

① 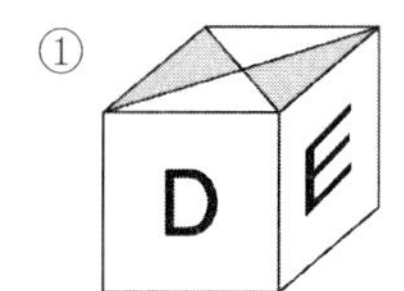

② 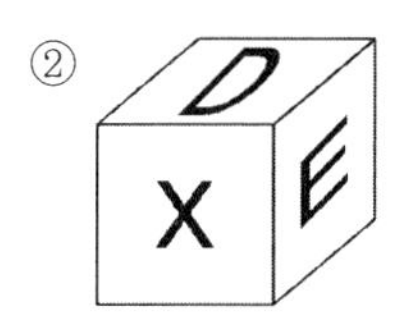

③ 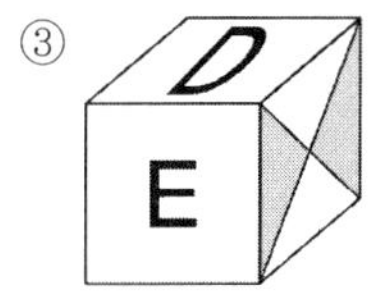

④ 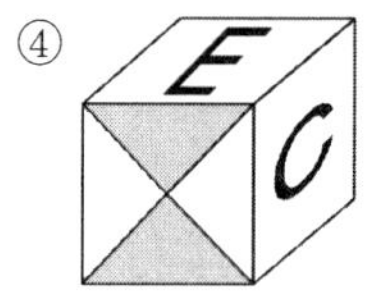

Ⓠ 아래에 제시된 블록들을 화살표 표시한 방향에서 바라봤을 때의 모양으로 알맞은 것을 고르시오. (단, 블록은 모양과 크기가 모두 동일한 정육면체이고, 바라보는 시선의 방향은 블록의 면과 수직을 이루며 원근에 의해 블록이 작게 보이는 현상은 고려하지 않는다) 【15~18】

15

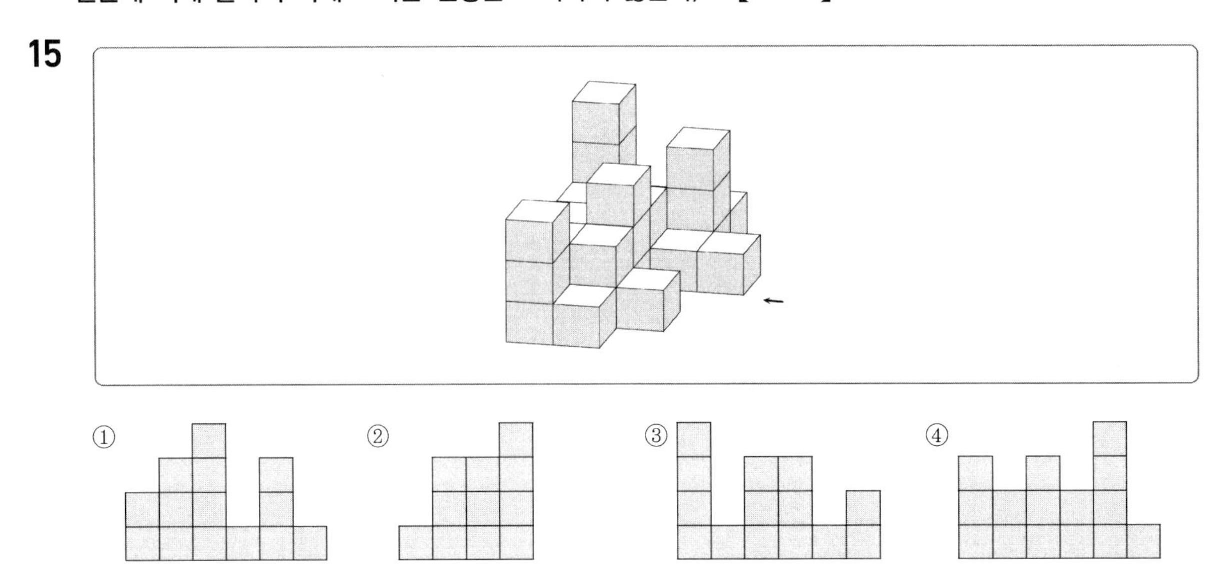

16

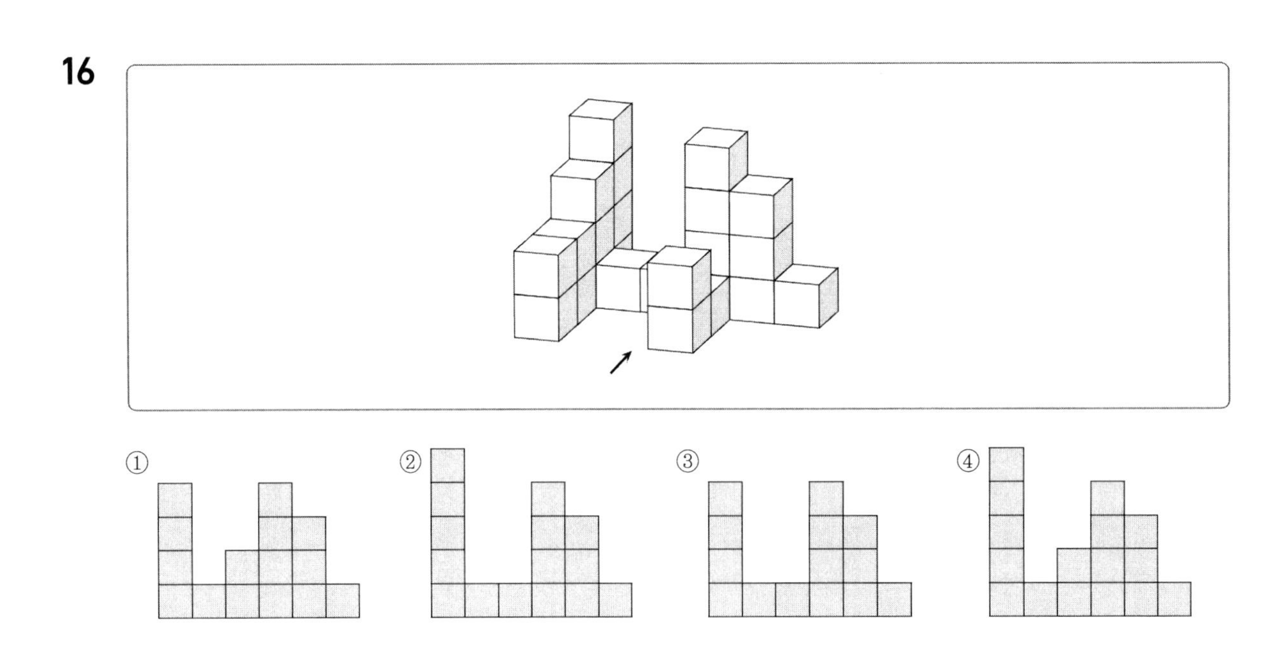

17

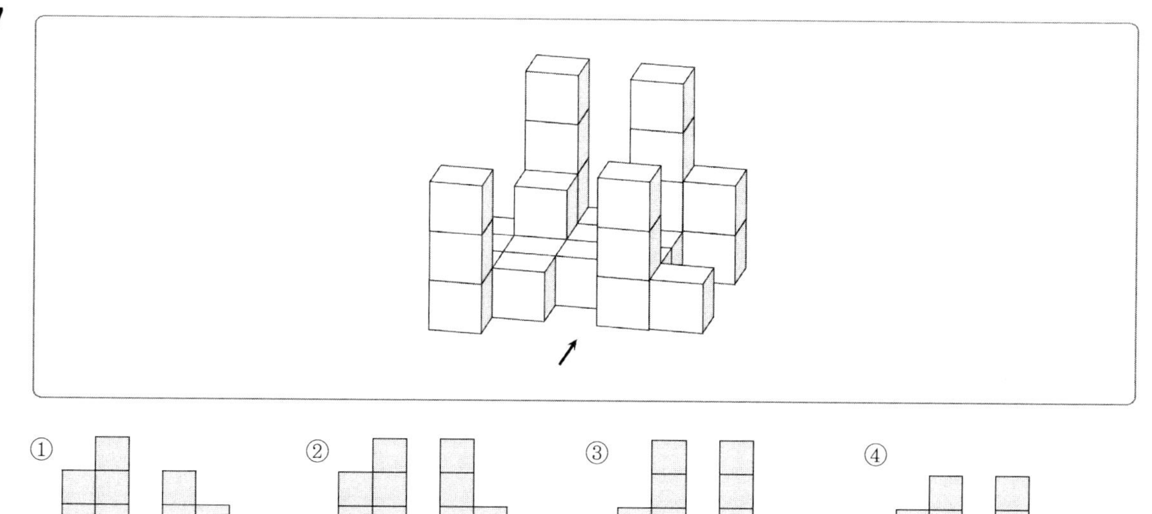

①

②

③

④

18

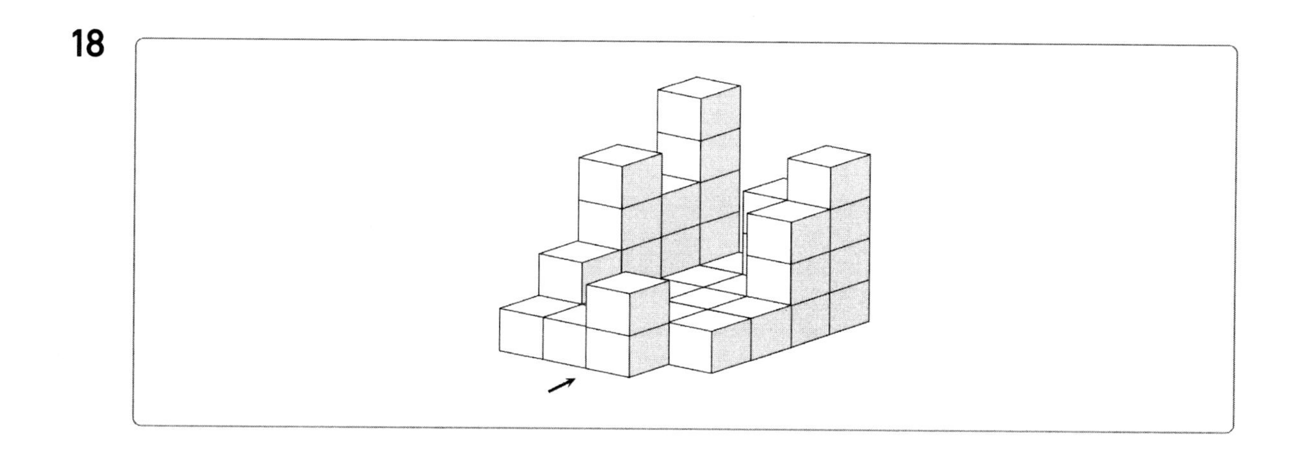

①

②

③

④

언어논리 | 25문항/20분

Q 다음 빈칸에 들어갈 알맞은 단어를 고르시오. 【1~5】

1

과학을 잘 모르는 사람들이 갖는 두 가지 편견이 있다. 그 하나의 극단은 과학은 인간성을 상실하게 할 뿐만 아니라 온갖 공해와 전쟁에서 대량 살상을 하는 등 인간의 행복을 빼앗아가는 아주 나쁜 것이라고 보는 입장이다. 다른 한 극단은 과학은 무조건 좋은 것, 무조건 정확한 것으로 보는 것이다. 과학의 발달과 과학의 올바른 이용을 위해서 이 두 가지 편견은 반드시 (　)되어야 한다.

① 추정
② 연명
③ 해소
④ 출소
⑤ 함구

2

문화관광연구원에서 실시한 국민인식조사에 따르면 기존에 문화여가를 즐기지 않던 사람들이 문화여가를 즐기기 시작하고 있다고 답한 비율이 약 47%로 나타난 것은 문화여가를 여가활동의 일부로 인식하는 국민이 많아지고 있다는 것을 보여준다. 또한, 경제적 수준이나 지식 수준에 상관없이 문화예술 활동을 다양하게 즐기는 사람들이 많아지고 있다고 인식하는 비율이 38%로 나타났다. 이는 문화가 국민 모두가 (　)해야 할 보편적 가치로 자리잡아가고 있다는 것을 말해 준다.

① 철회
② 지양
③ 지연
④ 부유
⑤ 향유

3

> 차이가 인정되고 상대방에게 수용되기도 하지만 차이로 인해 갈등과 폭력이 발생하는 경우도 종종 있다. 삶의 방식이 너무 달라서 어느 쪽이 우월한지 판단할 수 없거나 그것을 쉽게 ( )할 수 없을 때 우리는 어떻게 해야 할까?

① 변상
② 용인
③ 할인
④ 유인
⑤ 예방

4

> 대부분의 사람들은 '이슬람', '중동', 그리고 '아랍'이라는 지역 개념을 ( )한다. 그러나 엄밀히 말하면 세 지역 개념은 서로 다르다.

① 혼용
② 설립
③ 제한
④ 착안
⑤ 견제

5

> 열매를 따기 위해서 침팬지는 직접 나무에 올라가기도 하지만 상황에 따라서는 도구를 써서 열매를 떨어뜨리기도 한다. 누구도 침팬지에게 막대기를 휘두르라고 하지 않았다. 긴 막대기가 열매를 얻는 효과적인 방법이라고는 할 수 없다. 여하튼 침팬지는 인간처럼 스스로 이 방법을 ( )했고 직접 나무를 오르는 대신 이 방법을 쓴 것이다. 이를 두고 침팬지는 지능적으로 열매를 딴다고 할 만하다.

① 의탁
② 해제
③ 단절
④ 고안
⑤ 낭비

6 다음에서 설명하고 있는 고사성어는?

> 열 사람이 자기 밥그릇에서 한 숟가락씩 덜어 다른 사람을 위해 밥 한 그릇을 만든다는 뜻으로 여러 사람이 힘을 모으면 한 사람을 돕는 것은 쉽다는 의미를 가지고 있다.
> • 민재와 반 친구들은 불우이웃을 돕기 위해 (　　)으로 돈을 모아 기부했다.

① 유비무환(有備無患)
② 십시일반(十匙一飯)
③ 망운지정(望雲之情)
④ 입신양명(立身揚名)
⑤ 형설지공(螢雪之功)

7 다음 문장이 들어가기에 알맞은 곳은?

> 이를 계기로 '피해자-가해자 화해'프로그램이 만들어졌는데, 이것이 '회복적 사법'이라는 사법관점의 첫 적용이었다.

> ㉠ 1974년 캐나다에서 소년들이 집과 자동차를 파손하여 체포되었다. 보호 관찰관이 소년들의 사과와 당사자 간 합의로 이 사건을 해결하겠다고 담당 판사에게 건의하였고, 판사는 이를 수용했다.
> ㉡ 그 결과 소년들은 봉사 활동과 배상 등으로 자신들의 행동을 책임지고 다시 마을의 구성원으로 복귀하였다.
> ㉢ 이와 같이 회복적 사법이란 범죄로 상처 입은 피해자, 훼손된 인간관계와 공동체 등의 회복을 지향하는 형사 사법의 새로운 관점이자 범죄에 대한 새로운 대응인 것이다. 여기서 형사 사법이란 범죄와 형벌에 관한 사법 제도라 할 수 있다.

① ㉠의 앞
② ㉠의 뒤
③ ㉡의 뒤
④ ㉢의 뒤
⑤ 글의 내용과 어울리지 않는다.

8 다음 빈칸에 알맞은 접속사는?

> 일반적으로 헌법이란 국가의 통치 조직과 통치 작용의 기본 원칙을 규정한 근본적 규범으로, 국가 구성원들의 가장 기본적인 합의이자 국가를 구성하는 최상위 법규이다. 그렇기 때문에 헌법은 법적안정성이 중시된다. (　　) 변화하는 정치적 · 경제적 상황에 대응하여 규범력을 유지하거나, 질서정연하고도 집약적으로 헌법을 구성하기 위해 헌법이 개정되기도 한다.

① 왜냐하면　　② 그래서
③ 그러나　　④ 그러면
⑤ 게다가

9 다음 밑줄 친 부분과 같은 의미로 사용되지 않은 것은?

> 희생제물의 대명사로 우리는 '희생양'을 떠올린다. 이는 희생제물이 대개 동물일 것이라고 추정하게 하지만, 희생제물에는 인간도 포함된다. 인간 집단은 안위를 위협하는 심각한 위기 상황을 맞게 되면, 이를 극복하고 사회 안정을 회복하기 위해 처녀나 어린아이를 제물로 바쳤다. 이러한 사실은 인신공희(人身供犧) 설화를 통해 찾아볼 수 있다. 이러한 설화에서 인간들은 신이나 괴수에게 처녀나 어린아이를 희생제물로 <u>바쳤다</u>.

① 평생을 과학 연구에 몸을 <u>바치다</u>.
② 새로 부임한 군수에게 음식을 만들어 <u>바쳤다</u>.
③ 신에게 제물을 <u>바쳐</u> 우리 부락의 안녕을 빌었다.
④ 한라산 산신께 살찐 송아지 하나를 희생하여 <u>바치고</u> 축문을 읽었다.
⑤ 그는 하느님께 희생 제물을 <u>바쳤다</u>.

10 다음 중 유사한 속담끼리 연결된 것이 아닌 것은?

① 겨울바람이 봄바람보고 춥다고 한다. – 가랑잎이 솔잎더러 바스락거린다고 한다.

② 사공이 많으면 배가 산으로 올라간다. – 우물에 가서 숭늉 찾는다.

③ 같은 값이면 다홍치마 – 같은 값이면 껌정소 잡아먹는다.

④ 구슬이 서 말이라도 꿰어야 보배라 – 가마 속의 콩도 삶아야 먹는다.

⑤ 백지장도 맞들면 낫다. – 동냥자루도 마주 벌려야 들어간다.

11 다음 글의 ㉠ ~ ㉤ 중 글의 흐름으로 보아 삭제해도 되는 문장은?

㉠ 토의는 어떤 공통된 문제에 대해 최선의 해결안을 얻기 위하여 여러 사람이 의논하는 말하기 양식이다. ㉡ 패널 토의, 심포지엄 등이 그 대표적 예이다. ㉢ 토의가 여러 사람이 모여 공동의 문제를 해결하는 것이라면 토론은 의견을 모으지 못한 어떤 쟁점에 대하여 찬성과 반대로 나뉘어 각자의 주장과 근거를 들어 상대방을 설득하는 것이라 할 수 있다. ㉣ 패널 토의는 3 ~ 6인의 전문가들이 사회자의 진행에 따라, 일반 청중 앞에서 토의 문제에 대한 정보나 지식, 의견이나 견해 등을 자유롭게 주고받는 유형이다. ㉤ 심포지엄은 전문가가 참여한다는 점, 청중과 질의 · 응답 시간을 갖는다는 점에서는 패널토의와 비슷하다. 다만 전문가가 토의 문제의 하위 주제에 대해 서로 다른 관점에서 연설이나 강연의 형식으로 10분 정도 발표한다는 점에서는 차이가 있다.

① ㉠
② ㉡
③ ㉢
④ ㉣
⑤ ㉤

12 다음의 상황에 어울리는 한자 성어로 가장 적절한 것은?

> 김만중의 '사씨남정기'에서 사씨는 교씨의 모함을 받아 집에서 쫓겨난다. 사악한 교씨는 문객인 동청과 작당하여 남편인 유한림마저 모함한다. 그러나 결국은 교씨의 사악함이 만천하에 드러나고 유한림이 유배지에서 돌아오자 교씨는 처형되고 사씨는 누명을 벗고 다시 집으로 돌아오게 된다.

① 사필귀정(事必歸正)
② 남가일몽(南柯一夢)
③ 여리박빙(如履薄氷)
④ 삼순구식(三旬九食)
⑤ 상전벽해(桑田碧海)

13 다음 글의 요지로 가장 적절한 설명을 고르면?

> 서화담 선생이 출타했다가 집을 잃어버리고 길가에서 울고 서있는 사람을 만났다.
> "너는 어찌하여 울고 있느냐?"
> "저는 다섯 살 때 눈이 멀어서 지금 20년이나 되었답니다. 오늘 아침 나절에 밖으로 나왔다가 홀연 천지만물이 맑고 밝게 보이기에 기쁜 나머지 집으로 돌아가려하니 길은 여러 갈래요, 대문들이 서로 어슷비슷 같아 저의 집을 분별할 수 없습니다. 그래 지금 울고 있습지요."
> 선생은, "네게 집에 돌아가는 방법을 깨우쳐 주겠다. 도로 눈을 감아라. 그러면 너의 집이 있을 것이다." 라고 일러주었다.
> 그래서 소경은 다시 눈을 감고 지팡이를 두드리며 익은 걸음걸이로 걸어서 곧장 집에 돌아갈 수 있었다.

① 서화담 선생이 소경에게 자비를 베풀었다.
② 자신이 살아온 방식 그대로 사는 것만이 최선이다.
③ 세상은 차라리 눈으로 보지 않고 사는 것이 낫다.
④ 소경이 눈을 뜬다는 것은 오히려 불행이다.
⑤ 눈에 보이는 형상에 얽매이면 참된 방도를 찾을 수 없다.

14 다음 글 뒷부분에 이어서 나올 내용으로 가장 적절한 것은?

재작년이던가 여름날에 있었던 일이다. 날씨가 화창하여 밀린 빨래를 해치웠었다. 성미가 비교적 급한 나는 빨래를 하더라도 그날로 풀을 먹여 다려야지 그렇지 않으면 찜찜해서 심기가 홀가분하지 않다. 그날도 여름 옷가지를 빨아 다리고 나서 노곤해진 몸으로 마루에 누워 쉬려던 참이었다. 팔베개를 하고 누워서 서까래 끝에 열린 하늘을 무심히 바라보고 있었다. 그러다가 모로 돌아누워 산봉우리에 눈을 주었다. 갑자기 산이 달리 보였다. 하, 이것 봐라 하고 나는 벌떡 일어나, 이번에는 가랑이 사이로 산을 내다보았다. 우리들이 어린 시절 동무들과 어울려 놀이를 하던 그런 모습으로.

① 틀에 박힌 고정관념을 극복해야 한다.
② 과거를 통해 현재의 삶을 성찰해야 한다.
③ 종교적 의지를 통해 현실을 초월해야 한다.
④ 자연 속에서 무소유의 교훈을 찾아야 한다.
⑤ 성실한 삶의 자세를 가져야 한다.

15 다음 글을 읽고 추론한 내용으로 가장 적절한 것은?

동이 틀 무렵, 어떤 미국 사람이 페르시아에서 시작된 방식으로 만들어진 침대에 인도에서 유래한 잠옷 차림으로 누워 있다. 그는 잠자리에서 일어나 황급히 욕실로 들어간다. 욕실의 유리는 고대 이집트인들에 의해 발명된 것이고, 마루와 벽에 붙인 타일의 사용법은 서남아시아에서, 도자기는 중국에서, 금속에 에나멜을 칠하는 기술은 청동기 시대의 지중해 지역 장인들에 의해서 발명된 것이다.
침실로 들어오자마자 옷을 입기 시작한다. 그가 입은 옷은 아시아 스텝 초원 지대의 고대 유목민들의 가죽옷에서 비롯된 것이다. 고대 이집트에서 발명된 처리법으로 제조한 가죽을 고대 그리스에서 전해 온 본에 따라 재단해서 만든 신을 신는다.
이제 그는 영국에서 발명된 열차를 향해 뜀박질을 한다. 가까스로 열차를 타고 나서, 그는 멕시코에서 발명된 담배를 피우기 위해서 자리에 등을 기댄다. 그리고 그는 중국에서 발명된 종이에다 고대 셈 족이 발명한 문자로 쓰인 기사를 읽는다.

① 문화 변동의 양상은 문화적 다양성을 보여준다.
② 우리의 일상생활은 문화 전파의 산물로 가득 차 있다.
③ 다양한 부분 문화의 형성은 문화의 획일화를 방지한다.
④ 서로 다른 문화가 공존하는 다문화 사회의 힘은 강력하다.
⑤ 사회는 단일문화로는 존부가치가 없다.

16 다음 중 아래의 밑줄 친 ㉠과 같은 의미로 사용된 것은?

> 사람들은 아버지를 난장이라고 ㉠ 불렀다. 사람들은 옳게 보았다. 아버지는 난장이였다. 불행하게도 사람들은 아버지를 보는 것 하나만 옳았다. 그 밖의 것들은 하나도 옳지 않았다. 나는 아버지, 어머니, 영호, 영희, 그리고 나를 포함한 다섯 식구의 모든 것을 걸고 그들이 옳지 않다는 것을 언제나 말 할 수 있다. 나의 '모든 것'이라는 표현에는 '다섯 식구의 목숨'이 포함되어 있다.

① 남녀 공학을 하게 된 오늘날에는, 여학생이 아무런 거리낌없이 남학생들을 '김 형', '박 형' 하고 부르게 되었다.

② 아버지가 아무리 며느리를 부르건만, 건넌방에서는 아무런 대답이 없다.

③ 나는 지금이나 그제나 매우 무기력한 선생일 뿐 아니라 시간마다 출석을 부르고, 그것도 모자라 머리 수를 헤아리고 하는 괴벽조차 갖고 있다.

④ 같은 제품이 어떻게 장소마다 부르는 값이 다르지?

⑤ 망상은 보다 짙은 망상을 불렀고 혼란은 보다 어지러운 혼란을 불렀다.

17 다음 중 아래의 밑줄 친 ㉠과 같은 의미로 사용된 것은?

> 독도는 우리나라 동쪽 끝이며, 일제 침략으로부터 조국을 되찾은 상징적인 섬이라는 점에서 여느 섬과 다르다. 천연기념물로 지정하여 어느 곳보다 자연환경이 잘 보존되어 있으며, 우리 경찰이 24시간 철통 경비를 하고 있는 우리의 자랑스런 섬이다. 이 섬을 사람들이 자유롭게 ㉠ 오가게 하고, 관광 수입도 올리게 하자는 취지에서 국립공원으로 지정하자는 주장이 있으나 독도를 개발해서는 안 된다.

① 거실에 마주앉아 아침 커피를 마시는 부부 사이에 오가는 말이 없다.

② 축지법을 써서 하룻밤에 천리 길을 오간다더니 정말이었을까?

③ 그는 계절이 오가는지도 모를 정도로 연구에만 몰두했다.

④ 우리 집은 이웃집과 서로 오가면 허물없이 지내고 있다.

⑤ 인사를 나눈 적은 없었지만 양재점 앞길을 오가던 명희 모습은 눈에 익었고 모란유치원의 원장인 것도 알고 있었다.

Q 다음 글을 읽고 물음에 답하시오. 【18~19】

대부분의 비행체들은 공기보다 무거우며, 공중에 뜬 상태를 유지하기 위해 양력을 필요로 한다. 양력이란 비행기의 날개 같은 얇은 판을 유체 속에서 작용시킬 때, 진행 방향에 대하여 수직 · 상향으로 작용하는 힘을 말한다. 이러한 양력은 항상 날개에 의해 공급된다. 날짐승과 인간이 만든 비행체들 간의 주된 차이는 날개 작업이 이루어지는데 이용되는 힘의 출처에 있다. 비행기들은 엔진의 힘에 의해 공기 속을 지나며 전진하는 고정된 날개를 지니고 있다. 이와는 달리 날짐승들은 근육의 힘에 의해 공기 속을 지나는, 움직이는 날개를 지니고 있다. 그런데, 글라이더 같은 일부 비행체나 고정된 날개로 활상 비행을 하는 일부 조류들은 이동하는 공기 흐름을 힘의 출처로 이용한다. 비행기 날개의 작동 방식에 대해 우리가 알고 있는 지식은 다니엘 베르누이가 연구하여 얻은 것이다. 베르누이는 유체의 속도가 증가할 때 압력이 감소한다는 사실을 알아냈다. 크리스마스 트리에 다는 장식볼 두 개를 이용하여 이를 쉽게 확인해 볼 수 있다. 두 개의 장식볼을 1센티미터 정도 떨어뜨려 놓았을 때, 공기가 이 사이로 불어오면 장식볼은 가까워져서 서로 맞닿을 것이다. 이는 장식볼의 곡선을 그리는 표면 위로 흐르는 공기의 속도가 올라가서 압력이 줄어들기 때문으로, 장식볼들 주변의 나머지 공기는 보통 압력에 있기 때문에 장식볼들은 서로 붙으려고 하는 것이다. 프로펠러 날개는 베르누이의 원리를 활용하여 윗면은 볼록하게 만들고 아랫면은 편평하거나 오목하게 만들어진다. 프로펠러 날개가 공기 속에서 움직일 때, 두 표면 위를 흐르는 공기 속도의 차이는 윗면 쪽의 압력을 감소시키고 아랫면 쪽의 압력을 증가시킨다. 그 결과 프로펠러 날개에는 상승 추진력 혹은 양력이 생기고, 비행체는 공중에 뜰 수 있게 되는 것이다. 프로펠러 날개의 움직임 방향에 직각으로 작용하는 양력은 움직임의 방향과 반대로 작용하는 항력을 항상 수반하며, 항력은 양력과 직각을 이룬다. 두 힘의 결합을 총반동력이라고 하며, 이것은 압력 중심이라고 부르는 지점을 통해 작용된다. 프로펠러 날개의 두께와 표면적을 증가시킬수록 양력이 증가된다. 또한 날개의 받음각을 경사지게 하면 각이 커질수록 양력이 증가된다. 그런데, 양력이 증가되면 항력도 증가되고, 따라서 공기 속에서 프로펠러 날개를 미는 데 더 많은 에너지가 필요하게 된다. 현대의 여객기들은 이륙과 착륙 전에 날개의 두께와 표면적이 증가되도록 하는 다양한 고양력 장치들을 지니고 있다. 받음각이 커지면 양력은 증가하지만 곧 최곳값에 도달하게 되고 그 뒤에는 급속히 떨어진다. 이를 실속되었다고 한다. 실속은 프로펠러 날개 표면에서 공기 흐름이 분리되면서 일어난다. 실속은 프로펠러 날개의 뒷전에서 시작되어 앞으로 이동해 나가고, 양력은 감소하게 된다. 대부분의 양력은 실속점에서 상실되며, 양력이 항공기의 중량을 더 이상 감당할 수 없을 정도로 작아지면 고도를 상실한다.

18 윗글의 제목으로 가장 적절한 것은?

① 날개의 작동 방식

② 비행의 기본 원리

③ 항공기의 발달 과정

④ 양력의 증가량 측정

⑤ 항공기와 날짐승의 공통점

19 윗글의 내용과 일치하지 않는 것은?

① 받음각이 최곳값이 되면 속도가 증가한다.
② 유체의 속도가 증가하면 압력이 감소한다.
③ 비행체가 공중에 뜨기 위해서 양력이 필요하다.
④ 프로펠러는 베르누이의 원리를 활용하여 만든 것이다.
⑤ 총반동력은 압력중심이라고 부르는 지점을 통해 작용한다.

Q 다음 글을 읽고 물음에 답하시오. 【20~21】

유명한 인류 언어학자인 워프는 "언어는 우리의 행동과 사고의 양식을 결정하고 주조(鑄造)한다."고 하였다. 그것은 우리가 실세계를 있는 그대로 보고 경험하는 것이 아니라 언어를 통해서 비로소 인식한다는 뜻이다. 예를 들면, 광선이 프리즘을 통과했을 때 나타나는 색깔인 무지개색이 일곱 가지라고 생각하는 것은 우리가 색깔을 분류하는 말이 일곱 가지이기 때문이라는 것이다. 우리 국어에서 초록, 청색, 남색을 모두 푸르다(혹은 파랗다)고 한다. '푸른(파란) 바다', '푸른(파란) 하늘' 등의 표현이 그것을 말해 준다. 따라서, 어린이들이 흔히 이 세 가지 색을 혼동하고 구별하지 못하는 일도 있다. 분명히 다른 색인데도 한 가지 말을 쓰기 때문에 그 구별이 잘 안 된다는 것은, 말이 우리의 사고를 지배한다는 뜻이 된다. 말을 바꾸어서 우리는 언어를 통해서 객관의 세계를 보기 때문에 우리가 보고 느끼는 세계는 있는 그대로의 객관의 세계라기보다, 언어에 반영된 주관 세계라는 것이다. 이와 같은 이론은 '언어의 상대성 이론'이라고 불리워 왔다.
이와 같은 이론적 입장에 서 있는 사람들은 다음과 같은 말도 한다. 인구어(印歐語) 계통의 말들에는 열(熱)이라는 말이 명사로서는 존재하지만 그에 해당하는 동사형은 없다. 따라서, 지금까지 수백 년 동안 유럽의 과학자들은 열을 하나의 실체(實體)로서 파악하려고 노력해 왔다(명사는 실상을 가진 물체를 지칭하는 것이 보통이므로). 따라서, '열'이 실체가 아니라 하나의 역학적 현상이라는 것을 파악하기까지 오랜 시일이 걸린 것이다. 아메리카 인디언 말 중 호피어에는 '열'을 표현하는 말이 동사형으로 존재하기 때문에 만약 호피 어를 하는 과학자가 열의 정체를 밝히려고 애를 썼다면 열이 역학적 현상에 지나지 않는 것이지 실체가 아니라는 사실을 쉽사리 알아냈을 것이라고 말한다. 그러나 실제로는 언어가 그만큼 우리의 사고를 철저하게 지배하는 것은 아니다. 물론 언어상의 차이가 다른 모양의 사고 유형이나, 다른 모양의 행동 양식으로 나타나는 것은 사실이지만 그것이 절대적인 것은 아니다. 앞에서 말한 색깔의 문제만 해도 어떤 색깔에 해당되는 말이 그 언어에 없다고 해서 전혀 그 색깔을 인식할 수 없는 것은 아니다. 진하다느니 연하다느니 하는 수식어를 붙여서 같은 종류의 색깔이라도 여러 가지로 구분하는 것이 그 한 가지 예다. 물론, 해당 어휘가 있는 것이 없는 것보다 인식하기에 빠르고 또 오래 기억할 수 있는 것이지만 해당 어휘가 없다고 해서 인식이 불가능한 것은 아니다. 언어 없이 사고가 불가능하다는 이론도 그렇다. 생각은 있으되, 그 생각을 표현할 적당한 말이 없는 경우도 얼마든지 있으며, 생각은 분명히 있지만 말을 잊어서 표현에 곤란을 느끼는 경우도 흔한 것이다. 음악가는 언어라는 매개를 통하지 않고 작곡을 하여 어떤 생각이나 사상을 표현하며, 조각가는 언어 없이 조형을 한다. 또, 우리는 흔히 새로운 물건, 새로운 생각을 이제까지 없던 새말로 만들어 명명하기도 한다.

20 **윗글은 어떤 질문에 대한 대답으로 볼 수 있는가?**

① 언어와 사고는 어떤 관계에 있는가?
② 문법 구조와 사고는 어떤 관계에 있는가?
③ 개별 언어의 문법적 특성은 무엇인가?
④ 언어가 사고 발달에 끼치는 영향은 무엇인가?
⑤ 동일한 대상에 대한 표현이 언어마다 왜 다른가?

21 **윗글의 논지 전개 방식에 대한 설명으로 옳은 것은?**

① 자기 이론의 단점을 인정하고 다른 의견으로 보완하고 있다.
② 하나의 이론을 소개한 다음 그 이론의 한계를 지적하고 있다.
③ 대립하는 두 이론 가운데 한 쪽의 논리적 정당성을 강조하고 있다.
④ 대상에 대한 인식의 시대적 변화 과정을 체계적으로 서술하고 있다.
⑤ 난립하는 여러 이론의 단점을 극복한 새로운 이론을 도출하고 있다.

Q 다음 글을 읽고 물음에 답하시오. 【22~23】

일제 침략과 함께 우리말에는 상당수의 일본어가 그대로 들어와 우리말을 오염시켰다. 광복 후 한참 뒤까지도 일본말은 일상 언어 생활에서 예사로 우리의 입에 오르내렸다. 일제 35년 동안에 뚫고 들어온 일본어를 한꺼번에 우리말로 바꾸기란 여간 힘든 일이 아니었다. '우리말 도로찾기 운동'이라든가 '국어 순화 운동'이 지속적으로 전개되어 지금은 특수 전문 분야를 제외하고는 일본어의 찌꺼기가 많이 사라졌다. 원래, 새로운 문물이 들어오면, 그것을 나타내기 위한 말까지 따라 들어오는 것은 자연스런 일이다. 그 동안은 우리나라가 때로는 주권을 잃었기 때문에, 때로는 먹고 사는 일에 바빴기 때문에, 우리의 가장 소중한 정신적 문화유산인 말과 글을 가꾸는 데까지 신경을 쓸 수 있는 형편이 못되었었지만, 지금은 사정이 달라졌다. 일찍이 주시경 선생은, 말과 글을 정리하는 일은 집안을 청소하는 일과 같다고 말씀하셨다. 집안이 정리가 되어 있지 않으면 정신마저 혼몽해지는 일이 있듯이, 우리말을 갈고 닦지 않으면 국민정신이 해이해지고 나라의 힘이 약해진다고 보았던 것이다. 이러한 정신이 있었기 때문에, 일제가 통치하던 어려운 환경 속에서도 우리 선학들은 우리말과 글을 지키고 가꾸는 일에 혼신의 정열을 기울일 수 있었던 것이다. 나는 얼마 전, 어느 국어학자가 정년을 맞이하면서 자신과 제자들의 글을 모아서 엮어 낸 수상집의 차례를 보고, 우리말을 가꾸는 길이란 결코 먼 데 있는 것이 아니라는 사실을 깊이 깨달은 일이 있다. 차례를 '첫째 마당, 둘째 마당', '첫째 마디, 둘째 마디'와 같은 이름을 사용하여 꾸몄던 것이다. 일상생활에서 흔히 쓰는 '평평하게 닦아 놓은 넓은 땅'을 뜻하는 '마당'에다 책의 내용을 가른다는 새로운 뜻을 준 것이다. 새로운 낱말을 만들 때에는 몇몇 선학들이 시도했듯이 '매, 가름, 목'처럼 일상어와 인연을 맺기가 어려운 것을 쓰거나, '엮, 묶'과 같이 낱말의 한 부분을 따 오는 방식보다는 역시 일상적으로 쓰는 말에 새로운 개념을 불어넣는 방식을 취하는 것이 언어 대중의 기호를 충족시킬 수 있겠다고 생각된다. 내가 어렸을 때, 우리 고장에서는 시멘트를 '돌가루'라고 불렀다. 이런 말들은 자연적으로 생겨난 훌륭한 우리 고유어인데도 불구하고, 사전에도 실리지 않고 그냥 폐어가 되어 버렸다. 지금은 고향에 가도 이런 말을 들을 수 없으니 안타깝기 그지없다. 고속도로의 옆길을 가리키는 말을 종전에 써 오던 용어인 '노견'에서 '갓길'로 바꾸어 언중이 널리 사용하는 것을 보고, '우리의 언어생활도 이제 바른 방향을 잡아가고 있구나.' 하고 생각했던 적이 있다.

22 윗글의 내용을 통해 알 수 있는 내용이 아닌 것은?

① 일제 침략 이후 우리나라에 많은 일본어가 들어와 사용되었다.
② 일제 치하에서 우리의 말과 글을 가꾸는 것은 쉽지 않은 일이었다.
③ 주시경 선생은 우리의 말과 글을 가꾸기 위한 구체적 방법을 제시하였다.
④ 국어학을 전공하지 않은 사람들에 의해서도 외래어를 대체할 수 있는 우리말이 만들어졌다.
⑤ 일본어의 잔재를 청산하기 위한 지속적인 노력으로 우리말 가꾸기에 적지 않은 성과가 있었다.

23 윗글의 내용으로 보아, 우리말을 가꾸기 위한 방안을 제시할 때 가장 적절한 것은?

① 우리말을 오염시키는 외래어는 모두 고유어로 바꾸도록 하자.
② 새롭게 낱말을 만들 때에는 낱말의 한 부분을 따오도록 하자.
③ 언중이 쉽게 받아들일 수 있는 고유어를 적극 살려 쓰도록 하자.
④ 한자어는 이미 우리말로 굳어졌으니까 일본어에서 유래된 말만 고유어로 다듬도록 하자.
⑤ 억지로 하면 부작용이 클 수 있으니까 대중 사회에서 자연스럽게 언어 순화가 이루어지도록 놓아두자.

Q 다음 글을 읽고 물음에 답하시오. 【24~25】

욕망은 무엇에 부족함을 느껴 이를 탐하는 마음이다. 춘추전국 시대를 살았던 제자백가들에게 인간의 욕망은 커다란 화두였다. 그들은 권력과 부귀영화를 위해 전쟁을 일삼던 현실 속에서 인간의 욕망을 어떻게 바라볼 것인지, 그것에 어떻게 대처해야 할지를 탐구하였다.

먼저, 맹자는 인간의 욕망이 혼란한 현실 문제의 근본 원인이라고 보았다. 욕망이 과도해지면 사람들 사이에서 대립과 투쟁이 생기기 때문이다. 맹자는 인간이 본래 선한 본성을 갖고 태어나지만, 살면서 욕망이 생겨나게 되고, 그 욕망에서 벗어날 수 없다고 하였다. 그래서 그는 욕망은 경계해야 하지만 그 자체를 없앨 수는 없기에, 욕망을 제어하여 선한 본성을 확충하는 것이 필요하다고 보았다. 그가 욕망을 제어하기 위해 강조한 것이 '과욕(寡慾)'과 '호연지기(浩然之氣)'이다. 과욕은 욕망을 절제하라는 의미로, 마음의 수양을 통해 욕망을 줄여야 한다는 것이다. 호연지기란 지극히 크고 굳센 도덕적 기상으로, 의로운 일을 꾸준히 실천해야만 기를 수 있다는 것이다.

맹자보다 후대의 인물인 순자는 욕망의 불가피성을 인정하면서, 그것이 인간의 본성에서 우러나오는 것이라고 하였다. 인간은 태생적으로 이기적이고 질투와 시기가 심하며 눈과 귀의 욕망에 사로잡혀 있을 뿐만 아니라 만족할 줄도 모른다는 것이다. 또한 개인에게 내재된 도덕적 판단 능력만으로는 욕망을 완전히 제어하기 어렵다고 보았다. 더군다나 이기적 욕망을 그대로 두면 한정된 재화를 두고 인간들끼리 서로 다투어 세상을 어지럽히게 되므로, 왕이 '예(禮)'를 정하여 백성들의 욕망을 조절해야 한다고 생각하였다. 예는 악한 인간성을 교화하고 개조하는 방법이며, 사회를 바로잡기 위한 규범이라 할 수 있다. 그래서 순자는 사람들이 개인적으로 노력하는 동시에 나라에서 교육과 학문을 통해 예를 세워 인위적으로 선(善)이 발현되도록 노력해야 한다고 주장하였다. ⓐ <u>이는 맹자의 주장보다 한 단계 더 나아간 금욕주의라 할 수 있다.</u>

이들과는 달리 한비자는 권력과 재물, 부귀영화를 바라는 인간의 욕망을 부정적으로 바라보지 않았다. 인간의 본성이 이기적이라고 본 점에서는 순자와 같은 입장이지만, 그와는 달리 본성을 교화할 수 없다고 하였다. 오히려 욕망을 추구하는 이기적인 본성이 이익 추구를 위한 동기 부여의 원천이 되고, 부국강병과 부귀영화를 이루는 수단이 된다는 것이다. 그는 세상을 사람들이 이익을 위해 경쟁하는 약육강식의 장으로 여겼기에, 군신 관계를 포함한 모든 인간 관계가 충효와 같은 도덕적 관념이 아니라 단순히 이익에 의해 맺어져 있다고 보았다. 따라서 그는 사람들이 자발적으로 선을 행할 것을 기대하기보다는 법을 엄격히 적용하는 것이 필요하다고 강조하였다. 그는 백성들에게 노력하면 부자가 되고, 업적을 쌓으면 벼슬에 올라가 출세를 하며, 잘못을 저지르면 벌을 받고, 공로를 세우면 상을 받도록 해서 특혜와 불로소득을 감히 생각하지 못하도록 하는 것이 올바른 정치라고 주장하였다.

24 **윗글에 대한 설명으로 가장 적절한 것은?**

① 욕망에 대한 다양한 입장을 소개하고 그 입장들을 비교하고 있다.

② 욕망의 유형을 제시하고 그것을 일정한 기준에 따라 분류하고 있다.

③ 욕망을 보는 상반된 견해를 나열하고 그것의 현대적 의의를 밝히고 있다.

④ 욕망이 나타나는 사례들을 제시하여 욕망 이론의 타당성을 따지고 있다.

⑤ 욕망을 조절하는 여러 가지 방법을 보여주고 각각의 장단점을 분석하고 있다.

25 **ⓐ의 이유로 가장 적절한 것은?**

① '과욕'과 '호연지기'를 통해 인간의 선한 본성이 확충되기에는 한계가 있기 때문이다.

② '예'가 '과욕'과 '호연지기'보다는 인간이 삶 속에서 실천하기 더 힘든 일이기 때문이다.

③ 개인적인 욕망과 사회적인 욕망을 모두 추구하는 인간의 본질을 파악하였기 때문이다.

④ 욕망 조절을 개인의 수양에만 맡기지 않고, 욕망을 외적 규범으로 제어해야 한다고 보았기 때문이다.

⑤ 무엇을 탐하는 마음이 생기는 것이 불가피함을 직시하고, 이것의 조절이 필요함을 강조하였기 때문이다.

자료해석	20문항/25분

1 다음의 일정한 규칙에 의해 배열된 수나 문자를 추리하여 ( ) 안에 알맞은 것을 고르면?

4 3 10　　7 9 25　　5 8 21　　13 24 ( )

① 45　　② 59
③ 61　　④ 68

2 다음과 같은 규칙으로 수가 배열될 때, 빈칸에 들어갈 수는?

3　5　9　17　33　65　( )

① 125　　② 127
③ 129　　④ 131

3 둘레가 6km인 공원을 영수와 성수가 같은 장소에서 동시에 출발하여 같은 방향으로 돌면 1시간 후에 만나고, 반대 방향으로 돌면 30분 후에 처음으로 만난다고 한다. 영수가 성수보다 걷는 속도가 빠르다고 할 때, 영수가 걷는 속도는?

① 6km/h
② 7km/h
③ 8km/h
④ 9km/h

4 어떤 모임에서 참가자에게 귤을 나누어 주는데 1명에게 5개씩 나누어 주면 3개가 남고, 6개씩 나누어주면 1명만 4개보다 적게 받게 된다. 참가자는 적어도 몇 명인가?

① 2인
② 6인
③ 9인
④ 10인

5 제OO기 학군사관에 지원한 남녀의 비가 $3:5$이다. 응시결과 합격자 가운데 남녀의 비가 $2:3$이고, 불합격자 남녀의 비는 $4:7$이다. 합격자가 160명이라고 할 때, 여성 지원자의 수는 몇 명인가?

① 300명
② 305명
③ 310명
④ 320명

6 다음은 2015 ~ 2018년 사용자별 사물인터넷 관련 지출액에 관한 자료이다. 이에 대한 설명으로 옳지 않은 것을 〈보기〉에서 모두 고른 것은?

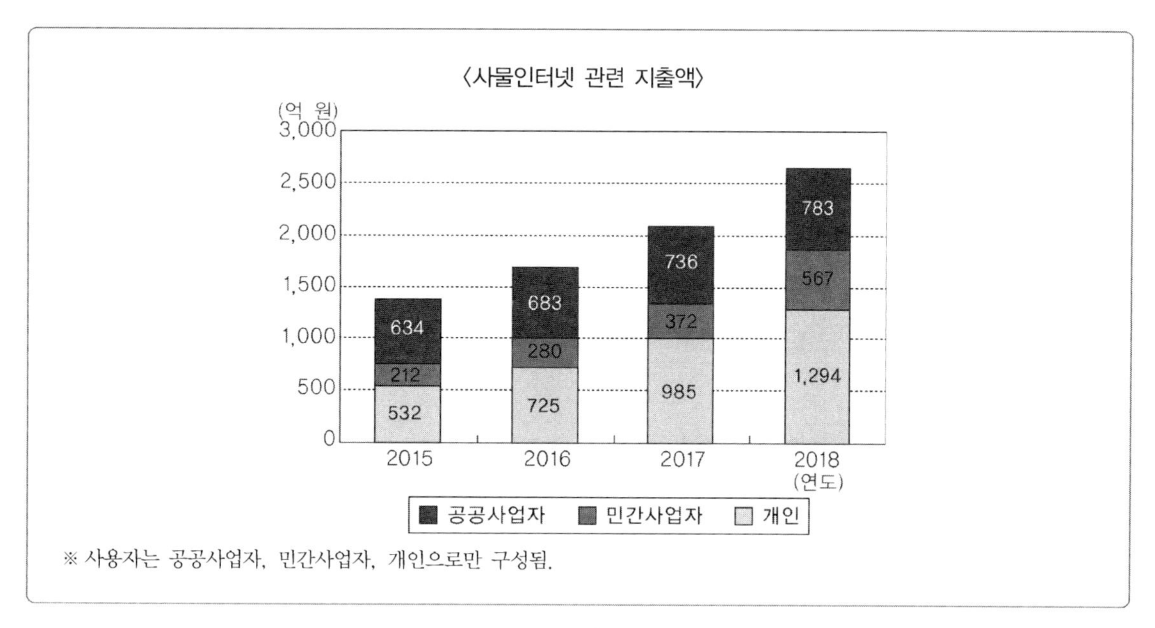

※ 사용자는 공공사업자, 민간사업자, 개인으로만 구성됨.

〈보기〉

㉠ 2016 ~ 2018년 동안 '공공사업자' 지출액의 전년대비 증가폭이 가장 큰 해는 2017년이다.
㉡ 2018년 사용자별 지출액의 전년대비 증가율은 '개인'이 가장 높다.
㉢ 2018년 모든 사용자의 지출액 합에서 '민간사업자' 지출액이 차지하는 비중은 20%에 미치지 못 한다.
㉣ '공공사업자'와 '민간사업자'의 지출액 합은 매년 '개인'의 지출액보다 크다.

① ㉠㉡ ② ㉠㉣
③ ㉡㉢ ④ ㉡㉣

7 다음은 위험물안전관리자 실무교육현황에 관한 표이다. 표를 보고 이수율을 구하면? (단, 소수 첫째 자리에서 반올림하시오.)

실무교육현황별(1)	실무교육현황별(2)	2018
계획인원(명)	소계	5,897.0
이수인원(명)	소계	2,159.0
이수율(%)	소계	x
교육일수(일)	소계	35.02
교육회차(회)	소계	344.0
야간/휴일	교육회차(회)	4.0
교육실시현황	이수인원(명)	35.0

① 36.7　② 41.9
③ 52.7　④ 66.5

8 다음은 A국의 맥주 소비량에 관한 자료이다. 이에 대한 설명으로 옳은 것은?

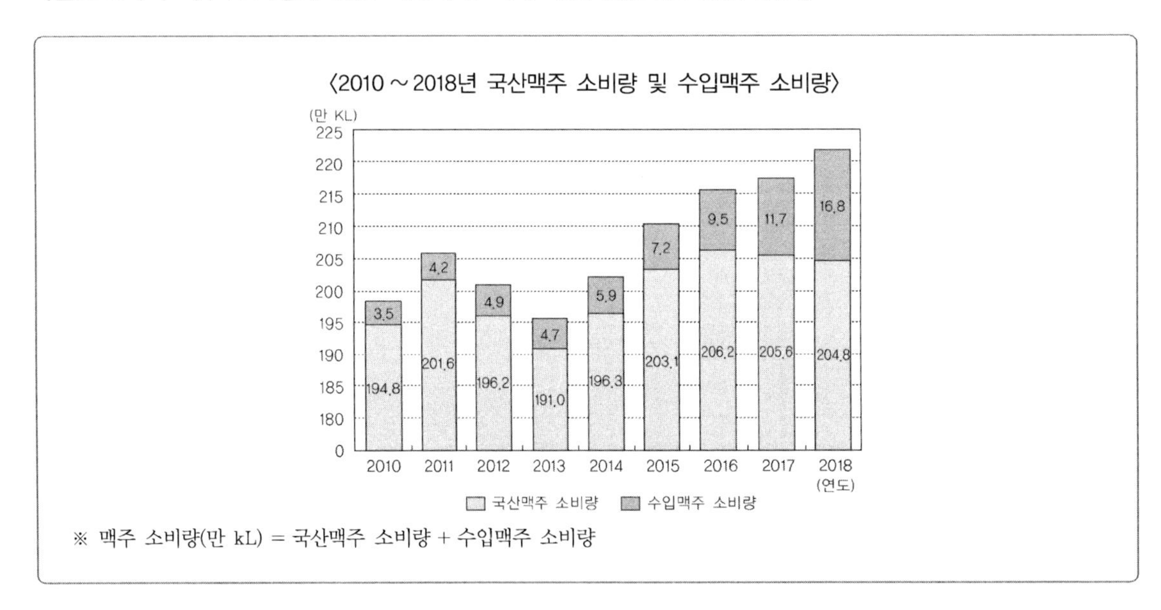

※ 맥주 소비량(만 kL) = 국산맥주 소비량 + 수입맥주 소비량

① 2011 ~ 2018년 동안 국산맥주 소비량의 전년대비 감소폭이 가장 큰 해는 2013년이다.
② 수입맥주 소비량은 매년 증가하였다.
③ 2018년 A국의 맥주 소비량은 221.6(만 kL)이다.
④ 2010년 A국의 맥주 소비량에서 수입맥주 소비량이 차지하는 비중은 2%를 넘는다.

9 20% 소금물 100g이 있다. 소금물 xg을 덜어내고, 덜어낸 양만큼의 소금을 첨가하였다. 거기에 11%의 소금물 yg을 섞었더니 26%의 소금물 300g이 되었다. 이때 $x+y$의 값은 얼마인가?

① 213
② 235
③ 245
④ 252

10 제시된 자료에 대한 분석이나 추론으로 옳지 않은 것은? (단, 전체 가구수는 증가하였다)

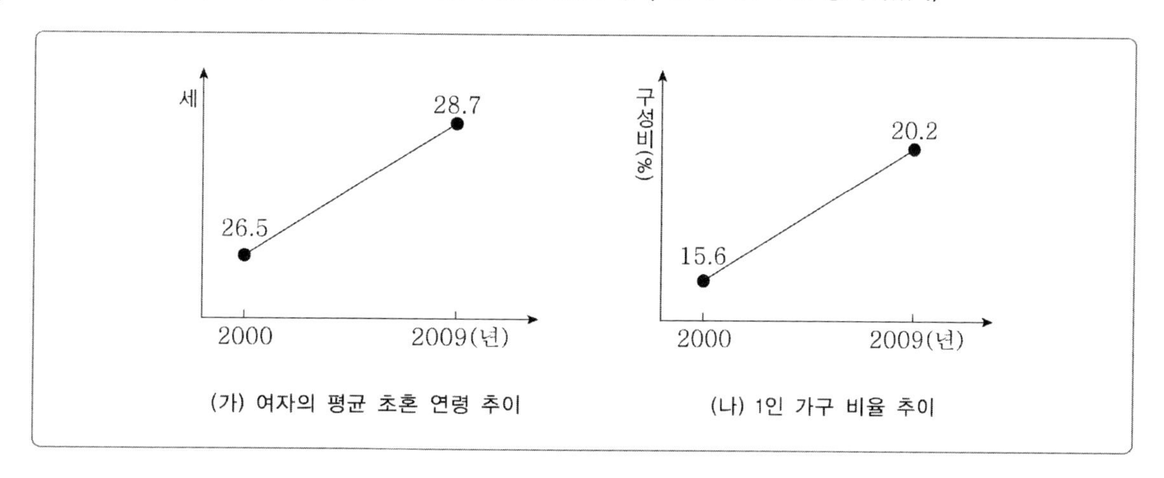

(가) 여자의 평균 초혼 연령 추이
(나) 1인 가구 비율 추이

① (가)로 인하여 여성의 사회적 지위가 높아졌다.
② (가)는 출산율을 떨어뜨리는 원인이 될 수 있다.
③ (나)로 보아 1인 가구 수는 증가되었을 것이다.
④ (나)로 보아 혼자 사는 사람들이 늘어났을 것이다.

11 다음은 A ~ F국의 1인당 국민 소득과 행복지수를 나타낸 것이다. 이에 대한 설명으로 옳은 것은?

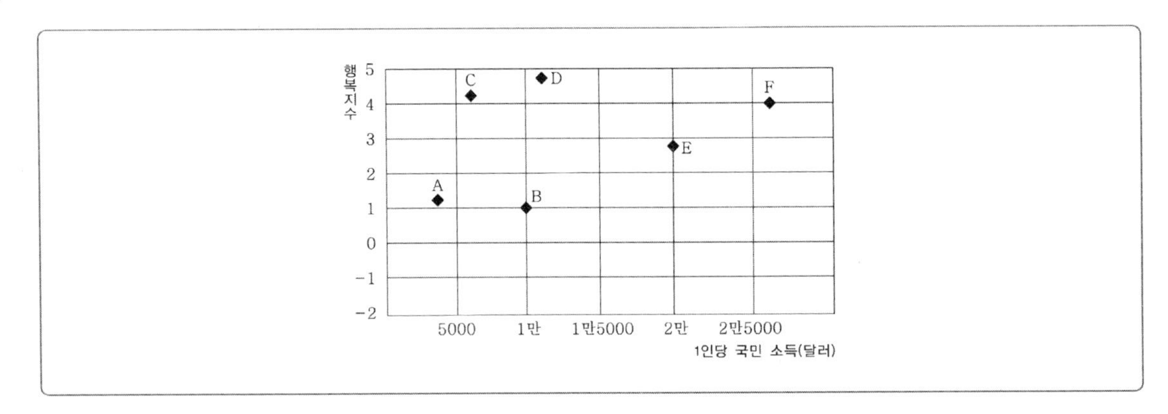

① A국과 B국은 경제 규모와 행복지수가 비슷하게 나타난다.

② B국 국민이 느끼는 행복감은 C국 국민에 비해 크다.

③ D국에서 경제적 요소는 행복을 결정하는 절대적 조건이다.

④ E국 국민의 평균적인 생활수준은 B국 국민보다 높다.

12 다음은 학생들의 SNS((Social Network Service) 계정 소유 여부를 나타낸 표이다. 이에 대한 설명으로 옳은 것은?

(단위 : %)

구분		소유함	소유하지 않음	합계
성별	남학생	49.1	50.9	100
	여학생	71.1	28.9	100
학교급별	초등학생	44.3	55.7	100
	중학생	64.9	35.1	100
	고등학생	70.7	29.3	100

㉠ SNS 계정을 소유한 학생은 여학생이 남학생보다 많다.
㉡ 상급 학교 학생일수록 SNS 계정을 소유한 비율이 높다.
㉢ 조사 대상 중 고등학교 여학생의 SNS 계정 소유 비율이 가장 높다.
㉣ 초등학생의 경우 중·고등학생과 달리 SNS 계정을 소유한 학생이 그렇지 않은 학생보다 적다.

① ㉠㉡
② ㉠㉢
③ ㉡㉢
④ ㉡㉣

13 다음은 성인 남녀 500명을 대상으로 '누가 노인의 생계를 책임져야 하는가?'에 대해 설문 조사를 실시한 결과를 나타낸 표이다. 이 조사 결과에 대한 설명으로 옳은 것은?

(단위 : %)

구분	자식 및 가족	정부 및 사회	노인 스스로 해결	무응답	합계
2008	60.7	29.1	7.7	2.5	100
2010	37.2	47.8	11.4	3.6	100
2012	30.4	51.0	15.0	3.6	100
2014	28.7	54.0	13.6	3.7	100

① 노인들의 경제적 지위가 약화되고 있다.

② 자식 및 가족이 노인을 부양하는 가구가 감소하고 있다.

③ 노인이 스스로 향후 문제를 해결하려는 경향이 강화되고 있다.

④ 노인 부양의 책임을 개인적 차원보다 사회적 차원에서 인식하는 응답자가 늘고 있다.

14 다음은 우리나라의 주택 수와 주택 보급률 변화를 나타낸 표이다. 표에 대한 분석으로 적절하지 못한 것은?

구분 \ 연도		1970	1980	1990	2000
주택 수(천호)		4,360	5,319	7,357	11,472
주택보급률 (%)	전국	78.2	72.7	72.4	96.2
	도시	58.8	56.6	61.1	87.8

※ 주택 보급률 = 주택 수/주택 소요 가구 수

① 도시보다 농촌 주택의 가격 상승 가능성이 더 크다.

② 농어촌보다는 도시 지역의 주택난이 더욱 심각하다.

③ 장기적으로 주택의 공급량은 지속적으로 증가해 왔다.

④ 전반적으로 볼 때, 주택 수요에 비해 공급이 부족하다.

15 다음은 전자 상거래의 시장 규모를 나타낸 표이다. 이를 바탕으로 추론한 내용 중 옳은 것을 모두 고르면?

(단위 : 억 달러)

구분	2010년	2011년	2014년
세계	6,570	12,336	67,898
미국	4,887	8,641	31,890
한국	56	141	2,057

㉠ 재화의 유통 단계가 축소될 것이다.
㉡ 현금 위주의 상거래가 활성화될 것이다.
㉢ 택배업과 인터넷 쇼핑몰 등의 서비스 산업이 번창할 것이다.
㉣ 미국의 전자 상거래 시장은 한국보다 빠르게 성장할 것이다.

① ㉠㉡
② ㉠㉢
③ ㉠㉣
④ ㉡㉢

16 다음은 우리나라 세출 예산의 부문별 추이를 나타낸 표이다. 이에 대한 분석으로 옳지 않은 것은?

(단위 : %)

구분 \ 연도	2011	2012	2013	2014
방위비	19.3	17.3	17.0	16.2
교육비	16.6	14.2	14.3	17.9
사회 개발비	9.8	11.4	11.9	13.6
경제 개발비	30.3	29.2	26.1	24.9
일반 행정비	10.0	9.7	9.1	9.2
지방 재정 교부금	9.6	8.3	9.3	12.4
채무상환 및 기타	4.4	9.9	12.3	5.8
계	100.0	100.0	100.0	100.0

① 방위비의 비중이 줄어들고 있다.
② 일반 행정비보다 교육비의 비중이 크다.
③ 세출 예산 중 경제 개발비의 비중이 가장 크다.
④ 지방 자치 단체에 대한 중앙 정부의 재정 지원이 감소하고 있다.

17 다음은 남성을 대상으로 "친척 중 가장 자주 만나는 사람이 누구인가?"라는 질문에 대한 응답 결과이다. 이에 대한 설명으로 옳지 않은 것은?

(단위 : %)

구분	아버지	어머니	장인	장모	형/남동생	누나/여동생	아들	딸	기타
20대	11.5	31.1	1.6	4.9	24.6	6.6	–	1.6	18.1
30대	14.3	27.8	1.7	7.4	17.8	5.2	3.5	1.7	20.6
40대	12.9	24.1	0.9	4.9	24.1	7.6	1.3	0.9	23.3
50대	3.3	16.3	0.8	7.4	24.8	12.4	5.0	3.3	26.7
60대 이상	–	6.3	–	1.6	38.1	6.3	17.4	9.5	20.8

① 아버지보다는 어머니와 자주 만난다.

② 처의 부모보다 친부모와의 만남이 적다.

③ 60대 이상에서는 딸보다는 아들을 자주 만난다.

④ 나이가 많을수록 부모와의 접촉 빈도가 낮아진다.

18 다음 표에 대한 분석으로 옳은 것을 모두 고르면?

(단위 : %)

구분 \ 연도	1984	1994	2004	2014
월 평균 소득(천 원)	316.6	580.9	1,274.7	1,872.7
월 평균 소비지출액(천 원)	292.0	444.8	926.6	1,244.9
식료품비	46.5	43.0	32.7	27.5
교통 · 통신비	5.4	5.8	8.6	16.4
⋮	⋮	⋮	⋮	⋮
교육 · 교양 · 오락비	8.8	7.5	12.1	16.2
기타 소비지출	10.7	10.5	18.4	18.0

> ㉠ 소비 성향이 높아지고 있다.
> ㉡ 교통 · 통신비 비중은 증가하고 있다.
> ㉢ 식료품비의 지출액은 증가하고 있다.
> ㉣ 2004년~2014년의 소득 증가폭이 가장 크다.

① ㉠㉡

② ㉠㉢

③ ㉡㉢

④ ㉡㉣

19 다음은 청소년들의 고민 상담 대상을 표로 나타낸 것이다. 이를 분석한 내용으로 적절한 것은?

(단위 : %)

구분	친구	부모	교사	상담소	형제 · 자매	스스로 해결	고민 없음	합계
전국	53.0	14.3	2.0	0.3	5.8	22.8	1.8	100
도시	53.0	14.0	3.5	0.4	5.8	21.5	1.8	100
농촌	53.1	15.6	2.4	0.2	5.4	22.0	1.3	100
남자	50.7	14.2	2.6	0.4	4.9	24.8	2.4	100
여자	55.3	14.4	1.5	0.3	6.6	20.8	1.1	100

① 도시 지역 청소년들의 상담 건수가 농촌 지역보다 적다.
② 청소년들이 가장 고민하는 부분은 친구 문제에 관한 것이다.
③ 상담을 통해 문제를 해결하는 비율은 교사, 부모, 친구 순이다.
④ 친구보다 친구 이외의 대상에게 고민을 상담하는 비율이 낮다.

20 다음은 노령 인구 구성비 추이와 노인들의 여가 보내기를 조사한 그래프이다. 이를 분석한 것으로 옳지 않은 것은?

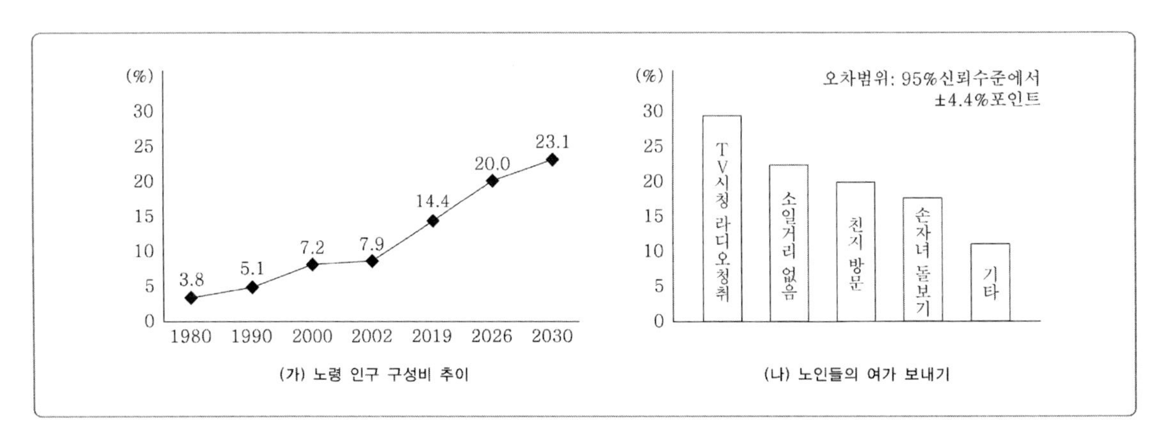

① (가)를 통해 노인 인구수를 파악하는 것이 가능하다.
② (가)는 시간의 흐름에 따른 변화를 잘 보여주고 있다.
③ (나)는 노인 여가 시간의 상대적 구성비를 보여준다.
④ (나)는 표본조사를 통해 수집한 자료를 재가공한 것이다.

지각속도	30문항/3분

Ⓠ 다음 왼쪽과 오른쪽 기호, 문자, 숫자의 대응을 참고하여 각 문제의 대응이 같으면 '① 맞음'을, 틀리면 '② 틀림'을 선택하시오. 【1~3】

Ё = ㉠	Ж = ㉢	Й = ㉣	Д = ㉡	Щ = ㉥
Б = ㉤	П = ㉧	Г = ㉦	Я = ㉨	Ч = ㉪

1 ㉢ ㉦ ㉨ ㉥ ㉧ – Ж Г Я Щ П　　① 맞음　② 틀림

2 ㉤ ㉠ ㉣ ㉡ ㉪ – Б Ё Й Ж Ч　　① 맞음　② 틀림

3 ㉧ ㉨ ㉪ ㉡ ㉠ – П Я Ч Д Ё　　① 맞음　② 틀림

Q 다음 왼쪽과 오른쪽 기호, 문자, 숫자의 대응을 참고하여 각 문제의 대응이 같으면 '① 맞음'을, 틀리면 '② 틀림'을 선택하시오. 【4~6】

ㅭ = 1	ㅹ = 3	ㆃ = 5	ㆈ = 4	ㅴ = 7
ㅱ = 2	ㆄ = 8	ㅥ = 6	ㅨ = 9	ㅪ = 0

4 1 6 8 9 0 – ㅭ ㅥ ㆄ ㅨ ㅪ ① 맞음 ② 틀림

5 8 6 7 4 3 – ㆄ ㆃ ㅴ ㅱ ㅹ ① 맞음 ② 틀림

6 4 9 2 7 6 – ㆈ ㅨ ㅱ ㅴ ㅥ ① 맞음 ② 틀림

Q 다음 왼쪽과 오른쪽 기호, 문자, 숫자의 대응을 참고하여 각 문제의 대응이 같으면 '① 맞음'을, 틀리면 '② 틀림'을 선택하시오. 【7~9】

a = 일	b = 발	c = 임	d = 입
e = 선	f = 영	g = 관	h = 정

7 선 발 일 정 − e b a h ① 맞음 ② 틀림

8 입 영 일 정 − d f a h ① 맞음 ② 틀림

9 임 관 일 정 − c g h a ① 맞음 ② 틀림

Q 다음 왼쪽과 오른쪽 기호, 문자, 숫자의 대응을 참고하여 각 문제의 대응이 같으면 '① 맞음'을, 틀리면 '② 틀림'을 선택하시오. 【10~12】

ⓐ = 지	ⓑ = 평	ⓒ = 직	ⓓ = 격	ⓔ = 능	ⓕ = 판
ⓖ = 력	ⓗ = 성	ⓘ = 적	ⓙ = 무	ⓚ = 단	ⓛ = 가

10 지 적 능 력 평 가 − ⓐ ⓘ ⓔ ⓖ ⓛ ⓑ ① 맞음 ② 틀림

11 직 무 성 격 평 가 − ⓒ ⓙ ⓗ ⓓ ⓑ ⓛ ① 맞음 ② 틀림

12 적 성 판 단 능 력 − ⓘ ⓗ ⓕ ⓚ ⓔ ⓖ ① 맞음 ② 틀림

Q 다음 중 제시된 기호와 같은 것을 고르시오. 【13~14】

13

↠↑→↕↗⤧↖↕←↑↞

① ↠↑→↕↗⤧↖↕←↑↞

② ⇒↑→↕↗⤧↖↕←↑⇐

③ ↠↑→↕↗✥↖↕←↑↞

④ ↠↑→↕⤴⤧↰↕←↑↞

14

𝅘𝅥𝅯 ♬ ♫ ♫♫ 𝅗𝅥 ♩. 𝄞 ♫ 𝅘𝅥𝅯 ♪. ♫♫ ♪

① 𝅘𝅥𝅯 ♬ ♫ ♫♫ 𝅗𝅥 ♩. ♮ ♫ 𝅘𝅥𝅯 ♪. ♫♫ ♪

② 𝅘𝅥𝅯 ♬ ♫ ♫♫ 𝅗𝅥 ♩. 𝄞 ♫ 𝅘𝅥𝅯 ♪. ♫♫ ♪

③ 𝅘𝅥𝅯 ♬ ♫ ♫ 𝅗𝅥 ♩. 𝄞 ♫ 𝅘𝅥𝅯 ♪. ♫♫ ♪

④ ♪ ♬ ♫ ♫♫ 𝅗𝅥 ♩. 𝄞 ♫ 𝅘𝅥𝅯 ♪. ♫♫ ♬

Ⓠ 다음 주어진 표를 참고하여 문자를 숫자로 바르게 변환한 것을 고르시오. 【15~17】

A	B	C	D	E	F	G	H	I	J	K	L	M	N	O	P	Q	R	S	T	U	V	W	X	Y	Z
1	2	3	4	5	6	7	8	9	10	11	12	13	14	15	16	17	18	19	20	21	22	23	24	25	26

15

COW

① 31523
② 31722
③ 71522
④ 71523

16

AMO

① 12345
② 11834
③ 11475
④ 11315

17

DIEP

① 39515
② 49516
③ 41061
④ 36589

18 다음 중 서로 같은 문자끼리 짝지어진 것은?

① MUSTPRESENT – MUSTPRESENT

② ALONGWITH – ALONCWITH

③ INORDERTO – INOROERTO

④ MARRIEDIN – MARRAEDIN

Q 다음에서 각 문제의 왼쪽에 표시된 굵은 글씨체의 기호, 문자, 숫자의 개수를 모두 세어 보시오. 【19~30】

19 ⧗ ⌖⧗⦰☊⏀◫◎▽⚲▽⚲☊⏀⌖⦰◫▽⧗⚲☊⏀⧗◫⌖⦰▽⚲⧗

① 1개 ② 2개 ③ 3개 ④ 4개

20 ᗫ ѰᗫᗫᗫᒧᑭѰᓚᘏᗫᗫᗰᘮᗩѰᗫᑭᓚᗩᓚᘏѰᗰᑭᓚᗩᓚᘏᗫᗰᑭᓚᗩᗫ

① 4개 ② 5개 ③ 6개 ④ 7개

21 ⨸ ⨹⨸⟁⟁┘⦻⋇ⅹ⨸⟁┘⋇ⅹ⦻⊗̂(ⅹ ⅹ)⋇ⅹ⟁┘⦻Ŭ⟁┘⨸⨸⨸⦻ⴷ∩̄

① 3개 ② 4개 ③ 5개 ④ 6개

22 1 753951852469713259817532157981389130

① 6개 ② 7개 ③ 8개 ④ 9개

23 ▽ ◇☆◎▽◇◎○▽◇◎☆◎▽◇◎☆▽□◎▽◇△◎▽☆▽◎▽◇☆

① 8개 ② 7개 ③ 6개 ④ 5개

24 ㅌ 투철한 군인정신과 강인한 체력 및 투지력을 배양

① 1개 ② 2개 ③ 3개 ④ 4개

25	v	Give the letter to your mother when you've read it	① 1개 ③ 3개	② 2개 ④ 4개
26	0	052510250218110710101206050504011030	① 11개 ③ 13개	② 12개 ④ 14개
27	5	7856432154875494213445678910156434321457533121	① 5개 ③ 7개	② 6개 ④ 8개
28	r	If there is one custom that might be assumed to be beyond criticism.	① 2개 ③ 4개	② 3개 ④ 5개
29	9	257895412365897784515698321595457898751354	① 3개 ③ 5개	② 4개 ④ 6개
30	h	I cut it while handling the tools.	① 1개 ③ 3개	② 2개 ④ 4개

PART

02

정답 및 해설

1회 정답 및 해설

공간능력

1	2	3	4	5	6	7	8	9	10	11	12	13	14	15	16	17	18
①	②	①	④	④	②	①	②	③	②	②	③	④	①	④	②	①	③

1 ①

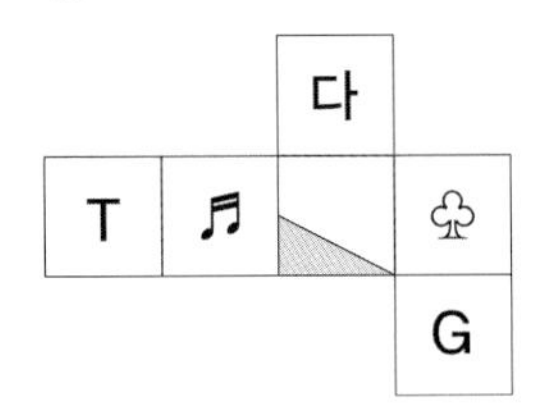

2 ②

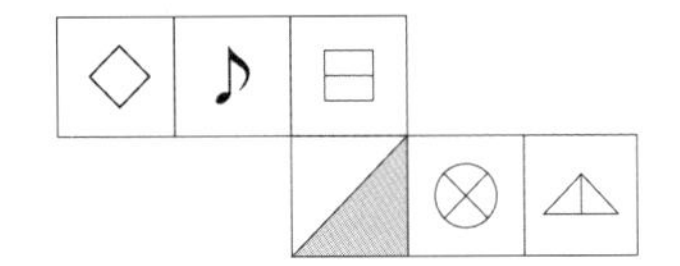

3 ①

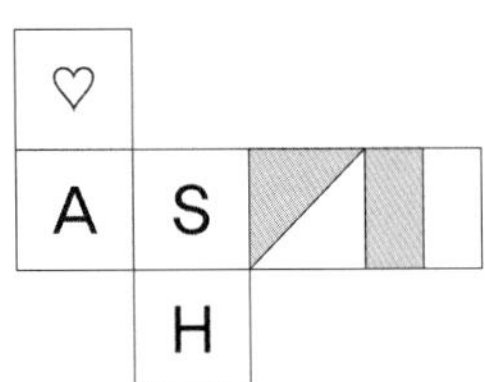

4 ④

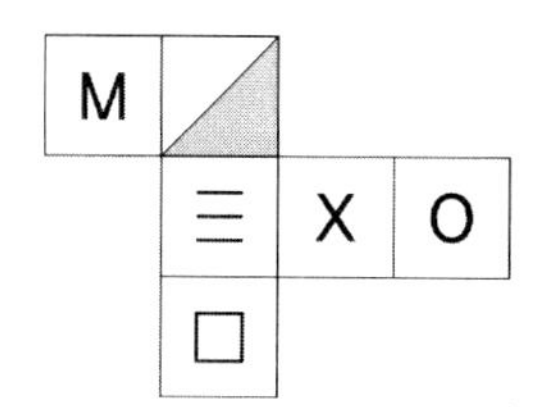

5 ④

1단 : 13개, 2단 : 8개, 3단 : 3개
총 24개

6 ②

1단 : 14개, 2단 : 6개, 3단 : 2개, 4단 : 1개
총 23개

7 ①

1단 : 9개, 2단 : 4개, 3단 : 2개, 4단 : 1개
총 16개

8 ②

1단 : 15개, 2단 : 4개
총 19개

9 ③

1단 : 15개, 2단 : 10개, 3단 : 5개, 4단 : 3개, 5단 : 1개
총 34개

10 ②

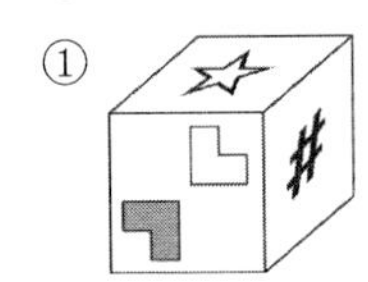
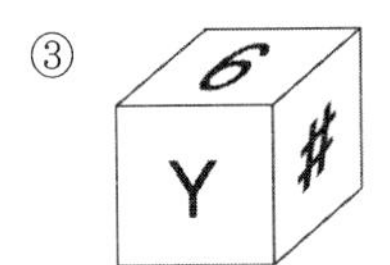
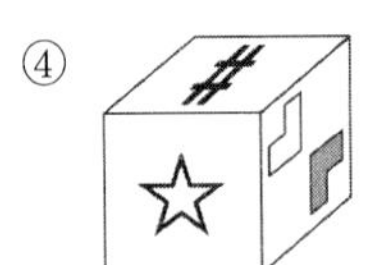

11 ②

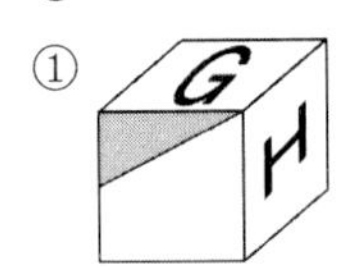
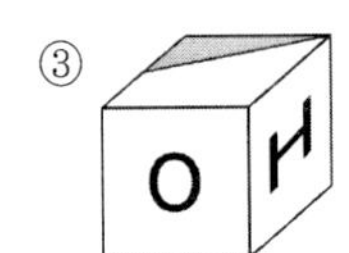
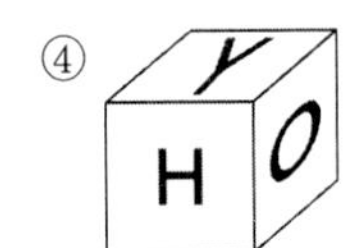

12 ③

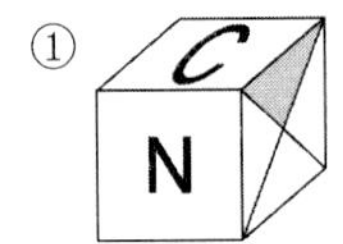
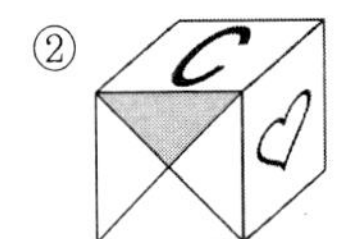
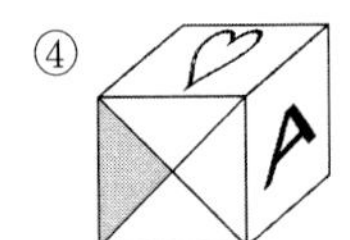

13 ④

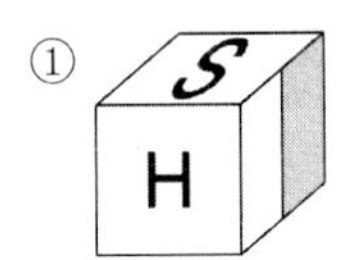
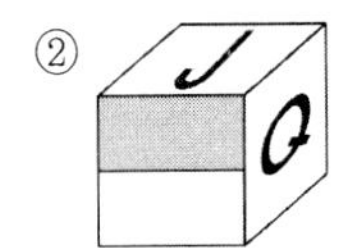
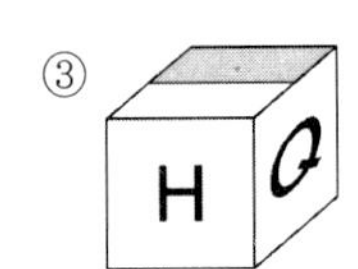

14 ①

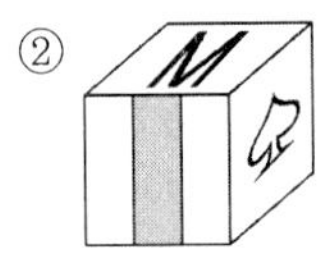
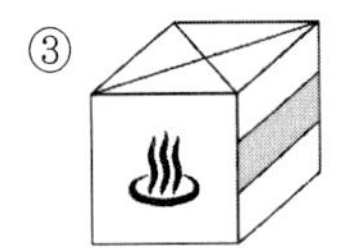
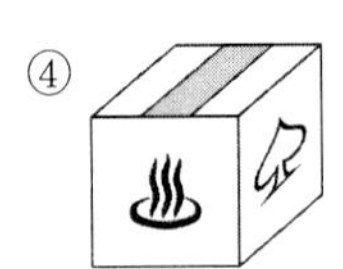

15 ④

화살표 방향을 정면으로 왼쪽에서부터 1열이라고 할 때, 4 – 3 – 4 – 2 – 1층으로 보인다.

16 ②

화살표 방향을 정면으로 왼쪽에서부터 1열이라고 할 때, 4 – 1 – 1 – 3층으로 보인다.

17 ①

화살표 방향을 정면으로 왼쪽에서부터 1열이라고 할 때, 3 – 1 – 2 – 4 – 1 – 3층으로 보인다.

18 ③

화살표 방향을 정면으로 왼쪽에서부터 1열이라고 할 때, 1 – 2 – 2 – 1 – 4층으로 보인다.

언어논리

1	2	3	4	5	6	7	8	9	10	11	12	13	14	15
③	④	①	⑤	④	⑤	②	②	④	⑤	④	③	②	①	③
16	17	18	19	20	21	22	23	24	25					
②	①	③	⑤	⑤	①	②	①	①	⑤					

1 ③

① 없애 버림
② 마음을 다잡지 아니하고 풀어 놓아 버림
③ 겉으로 나타냄
④ 큰 관심 없이 대강 보아 넘김
⑤ 주로 부정적인 요소를 걸러 내는 과정을 비유적으로 이르는 말

2 ④

① 식물의 줄기가 널리 뻗는다는 뜻으로, 전염병이나 나쁜 현상이 널리 퍼짐을 비유적으로 이르는 말
② 남에게 진 빚을 갚음
③ 사물이 서로 어울리지 아니하고 마주침
④ 상태, 모양, 성질 따위가 그와 같다고 봄. 또는 그렇다고 여김
⑤ 남의 재물이나 권리, 자격 따위를 빼앗음

3 ①

① 실제로 시행함
② 물건이나 영역, 지위 따위를 차지함
③ 모조리 잡아 없앰
④ 남의 영토나 권리, 재산, 신분 따위를 침노하여 범하거나 해를 끼침
⑤ 남의 뒤를 따라서 좇음

4 ⑤

① 대수롭지 않게 보거나 업신여김
② 따돌리거나 거부하여 밀어 내침
③ 확실히 알 수 없어서 믿지 못하는 마음

④ 바로잡아 고침
⑤ 어떠한 것을 받아들임

5 ④

들어가다 … 밖에서 안으로 향하여 가다.
① 안에 삽입되다.
② 전기나 수도 따위의 시설이 설치되다.
③ 새로운 상태나 시기가 시작되다.
⑤ 어떤 일에 돈, 노력, 물자 따위가 쓰이다.

6 ⑤

찾다 … 모르는 것을 알아내고 밝혀내려고 애쓰다. 또는 그것을 알아내고 밝혀내다.
① 잃거나 빼앗기거나 맡기거나 빌려주었던 것을 돌려받아 가지게 되다.
② 어떤 사람을 만나거나 어떤 곳을 보러 그와 관련된 장소로 옮겨 가다.
③ 원상태를 회복하다.
④ 자신감, 명예, 긍지 따위를 회복하다.

7 ②

공동의 온도에 따른 복사에너지 방출량에 대해서는 글에 제시되지 않았다.

8 ②

② 두 문장에 쓰인 '물다'의 의미가 '윗니와 아랫니 사이에 끼운 상태로 상처가 날 만큼 세게 누르다.' '이, 빈대, 모기 따위의 벌레가 주둥이 끝으로 살을 찌르다.'이므로 다의어 관계이다.
①③④⑤ 두 문장의 단어가 서로 동음이의어 관계이다.

9 ④

'덩이뿌리, 뿌리줄기, 비늘줄기'는 여러해살이풀의 특징이다. 한해살이풀 중 이와 같은 특징을 가진 것이 있는지는 알 수 없다.

10 ⑤

⑤ 유행, 풍조, 변화 따위가 일어나 휩쓴다는 의미를 갖는다.
①②③④ 입을 오므리고 날숨을 내어보내어, 입김을 내거나 바람을 일으킨다는 의미를 갖는다.

11 ④

여행을 일상의 권태로부터의 탈출과 해방의 이미지, 생존의 치욕을 견디게 할 수 있는 매혹과 자발적 잠정적 탈출이라고 하고 있다.

12 ③

㉡ 과거 양반들에 의해 서원이나 사당 건립이 활발했다는 내용을 먼저 제시한 후 ㉣ 이러한 경향이 양반뿐만 아니라 향리층에게도 영향을 미쳤다는 설명 이후 향리들이 건립한 사당은 양반들이 건립한 것에 비하면 얼마 되지 않는다는 내용 다음에 ㉠ 양반들에 비하면 향리들의 사당은 적지만 그 사당을 통해 향리들의 위세를 짐작할 수 있다는 내용 넣고 ㉢ 향리들의 의한 사당 건립의 한 예로 창충사에 대한 언급을 끝으로 글이 전개되는 것이 옳다.

13 ②

㉢ 사이버공간에 대한 설명으로 글을 시작한 뒤 ㉡ 인간 공동체 역시 사이버공간처럼 관계의 네트워크로 이루어져 있다는 내용을 제시한 뒤 ㉣ 인간 네트워크가 사이버공간처럼 물리적인 요소와 소프트웨어적 요소를 다 가지고 있다는 추가적인 설명 뒤에 ㉠ 사이버공간을 잘 유지하는 방법을 제시한 뒤 ㉤ 이 방법을 인간 공동체에 대입하는 것을 끝으로 글이 전개되는 것이 옳다.

14 ①

자연 자체에 대해 소유권을 인정하는 것이 아니라 생명체나 일부 분야라도 그것이 인위적으로 분리 · 확인된 것이라면 발명으로 간주하고 있다.
②③ 마지막 문장을 통해 확인할 수 있다.
④⑤ 첫 번째 문장과 두 번째 문장을 통해 확인할 수 있다.

15 ③

㉢ 고급화 · 전문화 전략으로 기업의 면모를 쇄신하는 것은 “틈새 공략을 통해 중소기업의 불황을 극복한다.”는 주제와 거리가 멀다.

16 ②

① '유추의 유형'을 설명하고 있지 않으므로 옳지 않다.
③ 지문에 전혀 언급된 내용이 아니므로 적절하지 않다.
④⑤ '유추의 문제점 지적', '유추의 본질' 등에 관한 언급은 있으나, '새로운 사고 방법의 필요성'이나 '유추와 여타 사고 방법들과의 차이점'은 지문과는 관련이 없다.

17 ①

①의 내용을 연상하려면 떡볶이를 만들면서 인터넷에 나와 있는 조리법이나 요리 전문가의 도움을 받는다는 내용이 필요하다.

18 ③

위 글의 대화에서 사용된 어휘는 사회 방언으로, 의사들끼리 전문 분야의 일을 효과적으로 수행하기 위해 사용하는 전문어이다.

19 ⑤

회의 장면이다. 지수의 경우 미술관에 가자는 민서의 의견과 축구를 하자는 현수의 의견을 종합하고 있다. 이는 새로운 대안 도출에 기여하는 것이라 할 수 있으므로 정답은 ⑤이다.

20 ⑤

①④ '당기다'와 '놀리다'는 능동 표현
②③ '감기다'와 '먹이다'는 사동 표현

21 ①

② '나무 개구리'는 천적의 위협을 받고 있지 않으므로 적절하지 않다.

④ '나무 개구리'는 사막이라는 주어진 환경에 적응하여 생존하는 것이지 환경을 변화시킨 것은 아니므로 적절하지 않은 반응이다.

⑤ '나무 개구리'가 삶의 과정에서 다른 생명체와 경쟁하는 내용은 방송에 언급되어 있지 않으므로 적절하지 않은 내용이다.

22 ②

①③④⑤는 위 내용들을 비판하는 근거가 되지만, ②는 위 글의 주장과는 연관성이 거의 없다.

23 ①

② '만약'은 가정의 의미를 갖는 부사어이기 때문에 '~않았다면'과 호응을 이룬다.

③ '바뀌게' 하려는 대상이 무엇인지를 밝히지 않아 어법에 맞지 않는다.

④ '풍년 농사를 위하여 만들었던 저수지에 대한 무관심으로 관리를 소홀히 하여 올 농사를 망쳐 버렸습니다.'가 어법에 맞는 문장이다.

⑤ '내가 말하고 싶은 것은 ~ 올릴 수 있다는 것이다'가 되어야 한다.

24 ①

칸트는 '의무 동기'를 이성에 바탕을 두고 도덕적 의무와 원칙에 따르는 동기라고 설명하였다. 그리고 '감정, 욕구, 이익' 등은 의무 동기에 반대되는 개념으로 설명하고 있다. 따라서 정답은 ①이다.

25 ⑤

위의 글에서는 칸트의 동정심에 대한 주장을 설명하기 위해 칸트의 의견과 대비되는 동정심에 대한 일반적인 견해를 언급하고, 동정심이나 행위의 가치를 판단하는 칸트의 견해를 제시한다. 또한 마지막 문단에서 칸트의 견해에 대한 자신의 의견을 밝히고 있으므로 정답은 ⑤이다.

자료해석

1	2	3	4	5	6	7	8	9	10	11	12	13	14	15	16	17	18	19	20
④	③	③	④	④	①	②	④	①	④	④	④	①	②	②	③	④	④	③	④

1 ④

비닐봉투 50리터의 인상 후 가격 = 890+560 = 1,450원

마대 20리터의 인상 전 가격 = 1,300-500 = 800원

1,450+800 = 2,250원

2 ③

③ K지역에서 신고 · 접수된 수돗물 유충 민원은 1,452건으로 전체의 62.6%를 차지한다.

① 현장확인 · 조사중인 수돗물 유충 민원은 K지역이 K지역 외 지역보다 많다.

② 외부 유입 유충으로 조사완료된 건은 K지역 외 지역이 K지역보다 많다.

④ 전체 수돗물 유충 민원 중에서 유충 미발견으로 조사완료된 건수는 1,598건으로 1,400건을 훨씬 넘는다.

3 ③

㉠ 평균 임금액을 제시된 자료를 통해 알 수가 없다.

㉣ 전문직 종사자와 농림어업 종사자 간 평균 임금 수준의 격차는 2016년이 50.7%로 2018년의 41.9%보다 크다.

4 ④

1이 1개, 3이 2개, 5가 3개...홀수가 오름차순 개수씩 증가하고 있다.

따라서 1+2+3+4+5+6+7=28번째까지 13이 나오고 29번째에 처음 15가 나오게 된다.

5 ④

㉣ : $\frac{7,127}{26,495} \times 100 = 26.9$

6 ①

첫 번째 조건을 통해 '발효식품개발기술'과 '환경생물공학기술'은 C 또는 D임을 알 수 있다.
두 번째 조건을 통해 '동식물세포배양기술'은 A 또는 B임을 알 수 있다.
세 번째 조건을 통해 '유전체기술'은 B임을 알 수 있으며 따라서 '동식물세포배양기술'은 A가 된다.
네 번째 조건을 통해 '환경생물공학기술'은 D임을 알 수 있으며 따라서 '발효식품개발기술'은 C임을 알 수 있다.

---

7 ②

첫 항부터 +1, ×2, +3, ×4, …의 규칙이 적용되고 있다. 빈칸에 들어갈 수는 76+5=81이다.

---

8 ④

B가습기 작동 시간을 x라 하면

$$\frac{1}{16}\times 10+\frac{1}{20}x=1$$

$$\therefore x=\frac{15}{2}$$

---

9 ①

지금부터 4시간 후의 미생물 수가 270,000이므로
현재 미생물의 수는 270,000÷3=90,000이다. 4시간 마다 3배씩 증가한다고 하였으므로, 지금부터 8시간 전의 미생물 수는 90,000÷3÷3=10,000이다.

---

10 ④

페인트 한 통으로 도배할 수 있는 넓이를 x㎡
벽지 한 묶음으로 도배할 수 있는 넓이를 y㎡라 하면

$\begin{cases} x+5y=51 \\ x+3y=39 \end{cases}$ 이므로 두 식을 연립하면 $2y=12$, $y=6$, $x=21$

따라서 페인트 2통과 벽지 2묶음으로 도배할 수 있는 넓이는

$2x+2y=42+12=54(\text{m}^2)$

11 ④

제주도 : $599,000 \div 5 \times 3 \times 2 = 718,800$원

중국 : $799,000 \div 6 \times 0.8 \times 3 \times 2 = 639,199.99 \fallingdotseq 640,000$원

호주 : $1,999,000 \div 10 \times 3 + (1,999,000 \div 10 \times 0.5 \times 3) = 599,700 + 299,850 = 899,550$원

일본 : $899,000 \div 8 \times 0.9 \times 3 \times 2 = 606,825$원

12 ④

㉠ 직원의 월급은 생산에 기여한 노동에 대한 대가이고 대출 이자는 생산에 기여한 자본에 대한 대가이므로 생산 과정에서 창출된 가치에 포함한다. 창출된 가치는 500만 원이 된다.

㉡ 생산재는 생산을 위해 사용되는 재화를 말하며 200만 원이다.

㉢ 서비스 제공으로 인해 발생한 매출액은 700만 원보다 적다. 왜냐하면 600만 원이 모두 서비스 제공으로 인한 매출액이 아니기 때문이다.

㉣ 판매 활동은 가치를 증대시키는 생산 활동에 해당하므로 판매를 담당한 직원에게 지급되는 월급은 직원이 생산 활동에 제공한 노동에 대한 대가로 지급된 금액이다.

13 ①

㉢ 생산 요소 가격이 하락한다거나 생산 기술이나 생산 능력이 향상될 경우 생산 가능 곡선이 밖으로 이동하여 이전에 불가능했던 점이 생산 가능 영역으로 변화되기도 한다. 그러나 생산물의 판매 가격과는 상관이 없다.

㉣ c점에서는 생산 능력을 최대로 발휘한 조합이 아니기 때문에 두 재화 생산량을 동시에 늘릴 수 있다.

14 ②

㉡ 진수는 성능이 보통 이상인 제품 중 평가 점수 합계가 가장 높은 제품을 구입한다고 했으므로 성능이 보통 이상인 A제품과 D제품 중 합계 점수가 상대적으로 더 높은 D 제품을 구입할 것이다.

㉣ 가격이 높은 제품일수록 성능이 높은 제품이다.

15 ②

① 커피 판매점은 커피의 공급자이므로 커피 판매점이 증가하면 커피 공급이 증가하게 된다.

③ 커피에 부과되는 세금이 인하되면 커피의 공급이 증가된다.

④ 커피의 대체제인 녹차 가격이 상승하면 커피 수요가 증가하게 된다.

16 ③

① 관세 부과는 국내 생산자의 잉여를 증대시키는 요인이 된다.

② 목재, 종이 품목은 원자재의 경우 수입 관세가 부과되지 않는다.

④ 최종재로 갈수록 높은 관세가 부과되고 있으므로 중간재를 생산하는 국내 소재 및 부품 기업보다 최종재를 생산하는 국내 가공 조립 기업이 불리하다고 볼 수 없다.

17 ④

㉠ 9월 상대 가격이 환율보다 높아 한국을 방문한 미국인은 핸드폰케이스의 한국 내 가격이 미국보다 비싸다고 느꼈을 것이다.

㉢ 11월 상대 가격이 환율보다 낮으므로 미국을 방문한 한국인은 핸드폰케이스의 한국 내 가격보다 미국 내 가격이 비싸다고 느꼈을 것이다.

18 ④

㉠ 40대와 50대의 전체 응답자 수를 알 수 없기에 신문을 선택한 비율이 같다고 응답자의 수가 같다고 볼 수는 없다.

㉡ 30대 이하의 경우 신문을 선택한 비율이 가장 낮지만, 40대 이상의 경우에는 그렇지 않다.

19 ③

① 가구 별 평균 학생 수가 제시되어 있지 않아 표를 통해서는 알 수 없다.

②④ 표를 통해서는 알 수 없다.

20 ④

① 제시된 자료만으로는 남성과 여성의 경제 활동 참여 의지의 많고 적음을 비교할 수는 없다.

② 59세 이후 남성의 경제 활동 참가율 감소폭이 여성의 경제 활동 참가율 감소폭보다 크다.

③ 각 연령대별 남성과 여성의 노동 가능 인구를 알 수 없기 때문에 비율만 가지고 여성의 경제 활동 인구의 증가가 남성의 경제 활동 인구의 증가보다 많다고 하는 것은 옳지 않다.

지각속도

1	2	3	4	5	6	7	8	9	10	11	12	13	14	15
①	②	①	①	①	②	①	④	①	③	④	③	①	①	①
16	17	18	19	20	21	22	23	24	25	26	27	28	29	30
②	③	④	③	②	④	①	②	③	④	②	③	②	①	②

1 ①

◁ = ㉢, ※ = ㉥, ◆ = ㉦, ♠ = ㉠, ♨ = ㉧

2 ②

★ = ㉤, <u>◇ = ㉩</u>, ♬ = ㉨, <u>♠ = ㉠</u>, ♡ = ㉡

3 ①

※ = ㉥, ◆ = ㉦, ☎ = ㉣, ★ = ㉤, ♠ = ㉠

4 ①

℉ = ②, ¥ = ⑧, ♂ = ⑤, ℃ = ④, Å = ①

5 ①

£ = ⑦, θ = ⑩, ♀ = ⑥, 1 = ③, Φ = ⑨

6 ②

¥ = ⑧, <u>Å = ①</u>, ℉ = ②, £ = ⑦, <u>℃ = ④</u>

7 ①

② ¶ ♩ ♪ ♪ **∩** ∧ **∧** − ¶ ♩ ♪ ♪ **∧** ∧ **∩**

③ ∈∋∈∈**⊂**⊃∪ − ∈∋∈∈**∈**⊃∪

④ ♣◉▣**≒**∨**∧**▦ − ♣◉▣**∨**∧**≒**▦

8 ④

① ㄱㅅㅈㅇㅅㅅㅈ**ㅂ**ㅍㅋ − ㄱㅅㅈㅇㅅㅅㅈ**ㅁ**ㅍㅋ

② ㅂㅋㅌ**ㅅㄴ**ㅇㅁㄹㅅㅈ − ㅂㅋㅌ**ㄴㅅ**ㅇㅁㄹㅅㅈ

③ ㅊㅈㅋㅍㅂㅅㅇ**ㅁㄹ** − ㅊㅈㅋㅍㅂㅅㅇ**ㄹㅁ**

9 ①

자각 자폭 자갈 자의 자격 자립 자유
자아 자극 자기소개 자녀 자주 자성 자라
자비 자아 자료 자리공 자고 자만 자취
자모 자멸 작성 작곡 자본 자비 자재
자질 자색 자수 자동 자신 자연 자오선
자원 자괴 자음 자개 자작 자세 자제
자존 자력 자주 자진 자상 자매 자태
자판 자간 작곡 자박 작문 자비 작살
자문 작업 작위 작품 작황 잘난척 잔해

10 ③

보리 보라 보도 보물 보람 보라 보물 **모래** 보다 모다
소리 소라 소란 보리 보도 모다 **모래** 보도 **모래** 보람
모래 보리 보도 보도 보리 **모래** 보물 보다 모다 보리

11 ④

④ 甲**乙男**女(갑남을녀)

12 ③

③ 龍虎相搏(용호**삼**박)

13 ①

0	1	2	3	4	5	6	7	8	9
A	B	C	D	E	F	G	H	I	J

14 ①

0	1	2	3	4	5	6	7	8	9
A	B	C	D	E	F	G	H	I	J

15 ①

0	1	2	3	4	5	6	7	8	9
A	B	C	D	E	F	G	H	I	J

16 ②

GHIJ**F**KLKKIGEDCBC**F**ADGH

17 ③

六五**九九**五三四七**九九**八八十十一二三四五二六七**九**十

18 ④

▽◁◁△◆◆◇○◁◁□□●□○◇●▽▷▷△●▽◇○□□■◁◁●◆◁◁

19 ③

987895624**0**89**0**1967**0**35**0**489**0**78**0**91**0**23**0**58**0**1**0**3**0**48

20 ②

우리 오빠 **말** 타고 서울 가시**며** 비단 구두 사가지고 오신다더니

21 ④

I never dre**a**mt th**a**t I'd **a**ctu**a**lly get the job

22 ①

9**7**889620004259232051**7**86021459**7**31

23 ②

아무도 **찾**지 않는 바람 부는 언덕에 이름 모를 잡**초**

24 ③

β *δ ζ θ κ μ α γ* ***β*** *δ ε ζ η* ***β*** *γ δ α* ***β*** *γ δ* ***β*** *ζ θ ι λ ν* ***β*** *γ α* ***β*** *ε ζ*

25 ④

14**11**06**1**507**1**5659235678**1**420**11**2452

26 ②

That jacket was a reall**y** good bu**y**

27 ③

오**늘** 하**루** 기운차게 **달려갈** 수 있도**록** 노**력**하자

28 ②

Ⅰ Ⅱ Ⅲ Ⅳ Ⅴ Ⅵ Ⅶ Ⅷ Ⅸ Ⅹ Ⅸ Ⅷ Ⅶ Ⅵ Ⅴ Ⅳ Ⅲ Ⅱ Ⅰ Ⅲ Ⅴ Ⅶ Ⅸ

29 ①

14**2**356**2**9**22**548139557135 13**2**531**2**195753

30 ②

The**r**e was an ai**r** of confidence in the England camp

2회 정답 및 해설

공간능력

1	2	3	4	5	6	7	8	9	10	11	12	13	14	15	16	17	18
②	②	③	④	③	①	③	④	②	②	④	①	①	②	②	④	②	①

1 ②

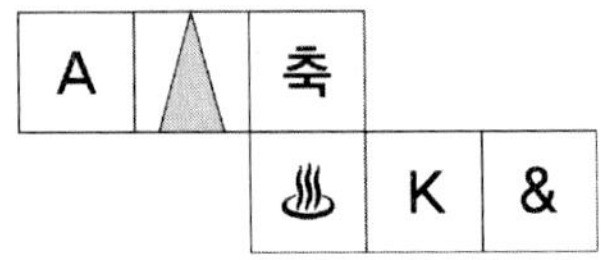

2 ②

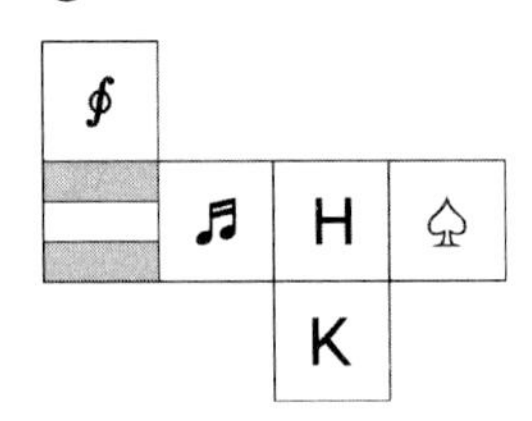

3 ③

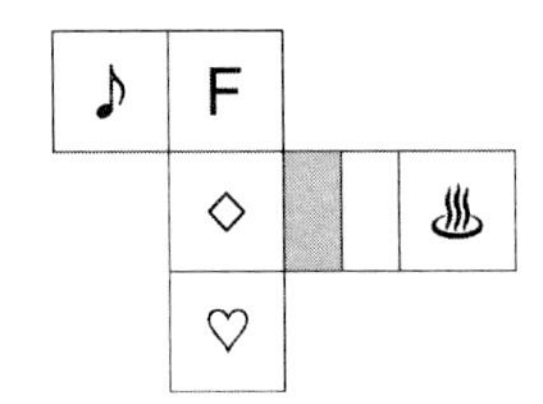

4 ④

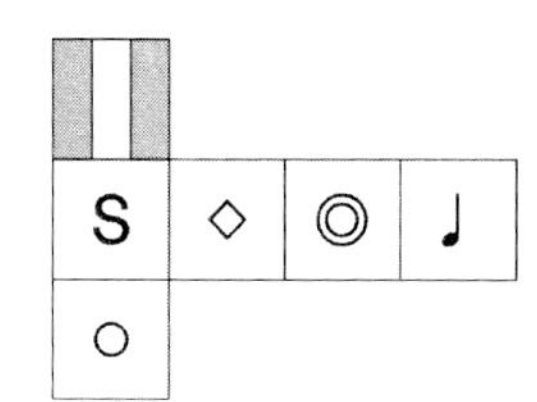

5 ③

1단 : 11개, 2단 : 5개, 3단 : 1개
총 17개

6 ①

1단 : 12개, 2단 : 10개, 3단 : 8개, 4단 : 4개, 5단 : 2개, 6단 : 1개
총 37개

7 ③

1단 : 12개, 2단 : 9개, 3단 : 5개, 4단 : 3개, 5단 : 1개
총 30개

8 ④

1단 : 10개, 2단 : 5개, 3단 : 5개, 4단 : 3개, 5단 : 2개
총 25개

9 ②

1단 : 15개, 2단 : 9개, 3단 : 5개, 4단 : 3개, 5단 : 2개
총 34개

10 ②

① 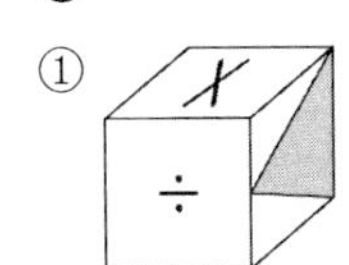 ③ 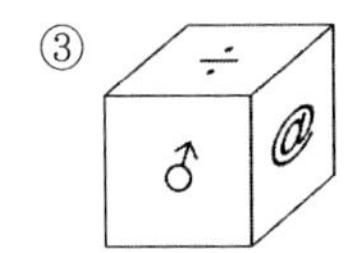 ④ 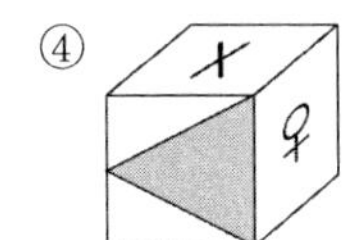

11 ④

① 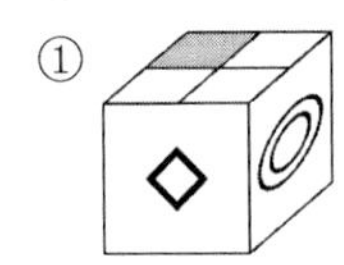 ② 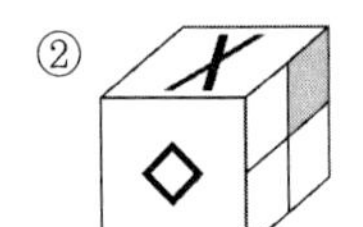 ③ 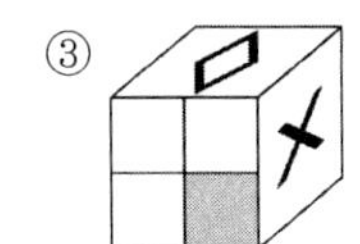

12 ①

② 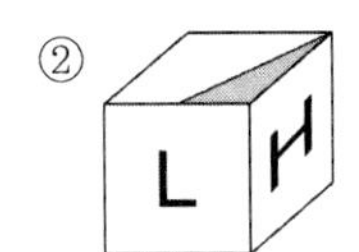 ③ 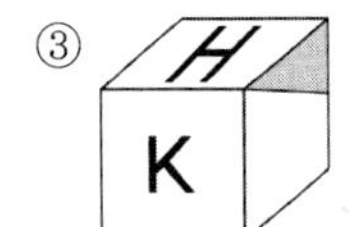 ④ 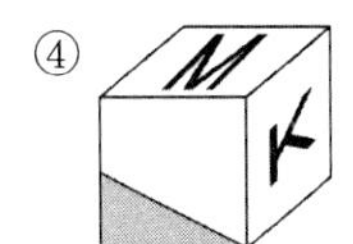

13 ①

② 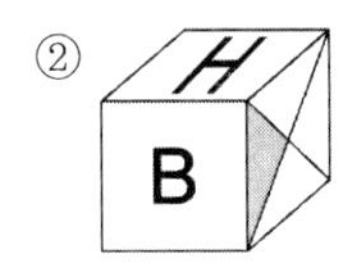 ③ 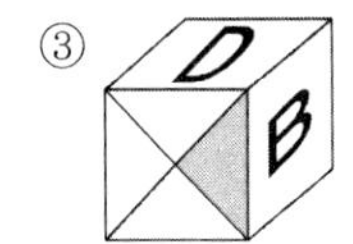 ④ 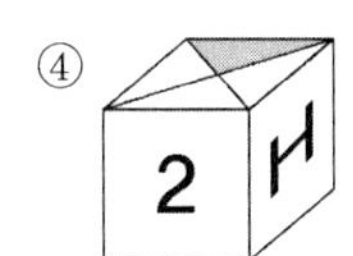

14 ②

① 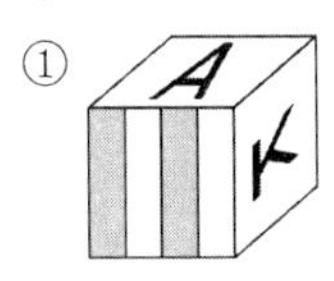 ③ 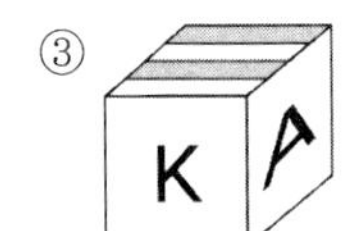 ④ 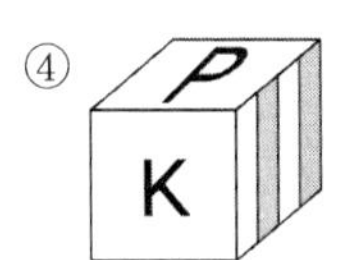

15 ②

화살표 방향을 정면으로 왼쪽에서부터 1열이라고 할 때, 1 - 2 - 4 - 1 - 1 - 1층으로 보인다.

16 ④

화살표 방향을 정면으로 왼쪽에서부터 1열이라고 할 때, 4 - 2 - 3 - 3 - 4층으로 보인다.

17 ②

화살표 방향을 정면으로 왼쪽에서부터 1열이라고 할 때, 2 - 3 - 3 - 2 - 4 - 4층으로 보인다.

18 ①

화살표 방향을 정면으로 왼쪽에서부터 1열이라고 할 때, 4 - 3 - 2 - 2 - 4층으로 보인다.

언어논리

1	2	3	4	5	6	7	8	9	10	11	12	13	14	15
③	④	②	⑤	①	④	④	②	③	②	①	②	④	①	②
16	17	18	19	20	21	22	23	24	25					
②	①	①	⑤	④	④	②	④	③	④					

1 ③

① 말이나 글 또는 일이나 행동에서 앞뒤가 들어맞고 체계가 서는 갈피
② 사물의 존재 의의나 가치를 알아주지 아니함
③ 무엇을 만들어서 이룸
④ 봉하여 붙임
⑤ 있는 사물을 뭉개어 아주 없애 버림

2 ④

① 어떤 것이 아주 없어지거나 사라짐
② 어떤 상황이나 구속 따위에서 빠져나옴
③ 시간이나 재물 따위를 헛되이 헤프게 씀
④ 전체 속에서 어떤 물건, 생각, 요소 따위를 뽑아냄
⑤ 내버려 둠

3 ②

① 행동이나 태도를 분명하게 정함. 또는 그렇게 정해진 내용
② 어떤 일을 하는 데 필요한 기관이나 설비 따위를 베풀어 둠
③ 상대편이 이쪽 편의 이야기를 따르도록 여러 가지로 깨우쳐 말함
④ 흐트러지거나 혼란스러운 상태에 있는 것을 한데 모으거나 치워서 질서 있는 상태가 되게 함
⑤ 충분히 이루어짐

4 ⑤

① 다른 것과 통하지 못하게 사이를 막거나 떼어 놓음
② 마음속으로 그러하다고 보거나 여김
③ 상반되는 것이 서로 영향을 주어 효과가 없어지는 일

④ 그렇지 아니하다고 단정하거나 옳지 아니하다고 반대함
⑤ 일정한 책임이나 일을 부담하여 맡게 함

5 ①

① 어떤 대상을 가리켜 이르는 일. 또는 그런 이름
② 생각이나 처지가 확고하지 못하고 흔들림
③ 잘못된 것을 바로잡음
④ 더듬어 살펴서 알아냄
⑤ 자기의 마음을 반성하고 살핌

6 ④

① 앞말이 뜻하는 행동을 하고자 하는 마음이나 욕구를 갖고 있음을 나타내는 말
② 앞말대로 될까 걱정하거나 두려워하는 마음이 있음을 나타내는 말
③ 앞말이 뜻하는 행동을 하고자 하는 마음이나 생각을 막연하게 갖고 있거나 앞말의 상태가 이루어지기를 막연하게 바람을 부드럽게 나타내는 말
④ 앞말이 뜻하는 내용을 생각하는 마음이 있음을 나타내는 말
⑤ 마음속에 앞말이 뜻하는 행동을 할 의도를 가지고 있음을 나타내는 말

7 ④

① 사실을 알지 못하다.
② 어떤 지식이나 기능을 가지고 있지 못하다.
③ 어떤 것 외에 다른 것을 소중하게 여기지 않다.
④ 불확실한 사실에 대한 짐작이나 의문의 뜻을 나타낸다.
⑤ '자신의 행위나 행동 또는 자신에게 직접 관련된 일을 의식하지 못하는 가운데 저절로'의 뜻을 나타낸다.

8 ②

② 금, 줄, 주름살, 흠집 따위가 생기다.
①③④⑤ 한곳에서 다른 곳으로 장소를 이동하다.

9 ③

① 마고라는 손톱이 긴 선녀가 가려운 데를 긁는다는 뜻으로, 일이 뜻대로 됨을 비유해 이르는 말
② 너무 우스워서 한바탕 껄껄 웃음
③ 처음에는 시비(是非) 곡직(曲直)을 가리지 못하여 그릇되더라도 모든 일은 결국에 가서는 반드시 정리(正理)로 돌아감
④ 「아홉 번 구부러진 간과 창자」라는 뜻으로, 굽이굽이 사무친 마음속 또는 깊은 마음속
⑤ 떨어지는 꽃과 흐르는 물이라는 뜻으로, ㉠가는 봄의 경치 ㉡남녀(男女) 간(間) 서로 그리워하는 애틋한 정을 이르는 말 ㉢힘과 세력(勢力)이 약해져 아주 보잘것없이 됨

10 ②

첫 번째 문단에서 조선의 원격전에 대해 언급하였고, 두 번째 문단에서 육전에서 일본을 당해내지 못했지만 해전에서는 화포를 통해 압도하였다고 나타나있다.

11 ①

소설 속에 세 개의 욕망이 있음을 말하며 그 중 소설가의 욕망을 설명하는 ㉢이 먼저 제시되고 소설 속 인물들의 욕망에 대한 내용 ㉠이 나온 후 독자의 욕망이 드러나게 되는 과정 ㉣이 나오고 끝으로 독자가 욕망을 드러내는 양식에 대한 설명 ㉡이 나오는 순서로 글이 전개 되는 것이 옳다.

12 ②

전통 사회의 정보 습득 과정에 대한 설명 ㉡이 제시된 후 그에 대한 예시 ㉣이 제시되고 산업화 · 정보화 사회로 들어오면서 기존의 방식이 약화됐다는 설명 ㉢과 오늘날에는 첨단 정보에 관해서는 부모보다 오히려 자녀가 더 우위에 있게 된다는 내용 ㉤이 나온 후 이에 따라 부모와 자녀가 유연하게 정보 소통을 하는 것이 효과적이라는 내용 ㉠을 끝으로 글이 전개되는 것이 옳다.

13 ④

마지막 문장을 통하여 조력발전에 대한 잘못된 인식과 올바르지 못한 정책이 재고되어야 함을 피력하고 있다는 것을 알 수 있다.

14 ①

마지막 문장의 '어느 한 종이 없어지더라도 전체 계에서는 ~ 균형을 이루게 된다.'로부터 ①을 유추할 수 있다.

15 ②

①③④⑤는 지문에서 확인할 수 있으나 ②는 지문을 통해 알 수 없는 내용이다

16 ②

김장을 하는 과정이나 그 결과에 대해 메모하여 정리하는 것이 좋다는 설명이 제시되어 있지 않으므로, 독서한 결과를 정리해 두는 습관을 기른다는 내용은 추론할 수 없다.

17 ①

① 어려운 환경에서도 열심히 노력하면 좋은 결과를 이끌어낼 수 있다는 주제를 담은 이야기이므로, '협력을 통해 공동의 목표를 성취하도록 한다.'는 내용은 나올 수 없다.

18 ①

물레를 이용하여 도자기를 빚을 때, 정신을 집중해야 한다는 내용은 ②, 도자기를 급히 말리면 갈라지므로 천천히 건조시켜야 한다는 내용은 ③, 도자기 모양을 빚는 것이 어렵더라도 꾸준히 계속해야 한다는 내용은 ④, 도자기 제작 전에 자신이 만들 도자기의 모양과 제작 과정을 먼저 구상해야 한다는 내용은 ⑤이다.

19 ⑤

앞의 문단에 나타난 내용과 연관시키면서 '세계관'을 말하고 있으므로 빈칸에는 화제를 앞의 내용과 관련시키며 다른 방향으로 이끌어 나가는 '그런데'가 들어가는 것이 적절하다.

20 ④

'시장은 소득 분배의 형평을 보장하지 못할 뿐만 아니라, 자원의 효율적 배분에도 실패했다.'는 내용이 있으므로 '시장이 완벽한 자원 분배 체계로 자리 잡았다.'라고 한 것은 지문의 내용과 일치하지 않는다.

21 ④

오늘날 분배 체계의 핵심이 되는 시장의 한계를 말하면서, 호혜가 이를 보완할 수 있는 분배 체계임을 설명하고 있다. 나아가 호혜가 행복한 사회를 만들기 위해 필요한 것임을 강조하면서 그 가치를 설명하고 있다.

22 ②

'육식의 윤리적 문제점은 크게 ~ 있다.', '결국 ~ 요구하고 있다'의 부분을 통해 육식의 윤리적 문제점이 중심 문장임을 알 수 있다.

23 ④

육식의 윤리적 문제점은 크게 개체론적 관점과 생태론적 관점으로 나누어 접근함으로써 주장의 타당성을 높이고 있다.

24 ③

'누구에게도 그렇다.'는 보편성과 맥락을 같이 한다.

25 ④

이번 대회에서 마라톤 기록이 여러 번 **경신**되었다.

※ 경신과 갱신

㉠ 경신 : 종전의 기록을 깨뜨림

㉡ 갱신 : 법률관계의 존속 기간이 끝났을 때 그 기간을 연장하는 일

자료해석

1	2	3	4	5	6	7	8	9	10	11	12	13	14	15	16	17	18	19	20
②	②	②	②	④	③	③	③	③	④	①	③	①	③	①	③	④	④	④	②

1 ②

첫 항부터 +1, −2, +3, −4, …의 규칙을 가지고 있다.

따라서 1+7=8

---

2 ②

규칙성을 찾으면 (첫 번째 숫자+두 번째 숫자)×두 번째 숫자=마지막 숫자가 된다.

따라서 (12+2)×2=28

∴( )안에 들어갈 숫자는 2이다.

---

3 ②

등산로 A의 거리를 akm, 등산로 B의 거리를 $(a+2)km$라 하면

$\frac{a}{2}+\frac{a}{6}=\frac{a+2}{3}+\frac{a+2}{5}$이므로

$a=8km$

∴ 등산로 A와 B의 거리의 합은 $18km$

---

4 ②

조건 ㈎에서 R석의 티켓의 수를 a, S석의 티켓의 수를 b, A석의 티켓의 수를 c라 놓으면

$a+b+c=1,500$ ……㉠

조건 ㈏에서 R석, S석, A석 티켓의 가격은 각각 10만 원, 5만 원, 2만 원이므로

$10a+5b+2c=6,000$ ……㉡

A석의 티켓의 수는 R석과 S석 티켓의 수의 합과 같으므로

$a+b=c$ ……㉢

세 방정식 ㉠, ㉡, ㉢을 연립하여 풀면 ㉠, ㉢에서 $2c=1,500$ 이므로 $c=750$

㉠, ㉡에서 연립방정식

$$\begin{cases} a+b=750 \\ 2a+b=900 \end{cases}$$

을 풀면 $a=150$, $b=600$이다.
따라서 구하는 S석의 티켓의 수는 600장이다.

5 ④

보트의 속력이 A, 강물의 속력이 B이므로

$\begin{cases} 1.5\times(A-B)=12 \\ 1\times(A+B)=12 \end{cases}$ 에서 두 식을 연립하면

A=10(km/h), B=2(km/h)가 된다.

6 ③

① 연령이 높아질수록 '남북 통일'에 대한 응답 비율은 높아진다.
② 30대와 40대에서 '지역 감정 해소'를 중요한 과제로 응답한 비율은 같지만, 응답한 사람 수가 같은지는 알 수 없다.
④ 20대에서는 '민주적 정책 결정'을 응답한 비율이 21%, '시민의 정치 참여'를 응답한 비율이 19%로 '시민의 정치 참여'보다 '민주적 정책 결정'을 더 중요한 과제로 보고 있다.

7 ③

$\frac{26}{59}\times100=44.06\%$로 2017년 4개 국가의 전체 특허출원 건수에서 甲국의 특허출원 건수가 차지하는 비중은 45%에 미치지 못 한다.

8 ③

$\frac{x}{1,721}\times100=62.4$

$x=\frac{62.4\times1,721}{100}\fallingdotseq1,074$

9 ③

$\frac{26}{63} \times 100 ≒ 41.3$

10 ④

④ 집행비율이 가장 낮은 나라는 41.3%인 스페인이다.

11 ①

남녀 600명이며 비율이 60 : 40이므로
전체 남자의 수는 360명, 여자의 수는 240명이다.
21~30회를 기록한 남자 수는 20%이므로 $360 \times 0.2 = 72$명
41~50회를 기록한 여자 수는 5%이므로 $240 \times 0.05 = 12$명
$72 - 12 = 60$명

12 ③

㉠ 농촌 문제를 보여주는 것이다.
㉣ 농가의 월평균 소득도 증가하고 있으므로 농촌에서 절대 빈곤층이 증가한다고 볼 수 없다.

13 ①

① 동부의 인구 구성비 증가폭이 줄어드는 것으로 보아 도시화율의 증가폭은 작아졌다.

14 ③

① 2015년 甲국 유선 통신 가입자 $= x$
甲국 유선, 무선 통신 가입자 수의 합 $= x + 4,100 - 700 = x + 3,400$
甲국의 전체 인구 $= x + 3,400 + 200 = x + 3,600$
甲국 2015년 인구 100명당 유선 통신 가입자 수는 40명이며 이는 甲국 전체 인구가 甲국 유선 통신 가입자 수의 2.5배라는 의미이며 따라서 $x + 3,600 = 2.5x$이다.
$\therefore\ x = 2,400$만 명 (×)

② 乙국의 2015년 무선 통신 가입자 수는 3,000만 명이고 2018년 무선 통신 가입자 비율이 3,000만 명 대비 1.5배이므로 4,500만 명이다. (×)

③ 2018년 丁국 미가입자 = y

2015년 丁국의 전체 인구 : 1,100 + 1,300 − 500 + 100 = 2,000만 명

2018년 丁국의 전체 인구 : 1,100 + 2,500 − 800 + y = 3,000만 명(2015년의 1.5배)

∴ y = 200만 명 (○)

④ 乙국 = 1,900 − 300 = 1,600만 명　丁국 = 1,100 − 500 = 600만 명

∴ 3배가 안 된다. (×)

15　①

② 1980~2000년대까지는 서울 인구는 수도권 인구의 과반을 차지하고 있지만 2010년대 들어서는 절반에 못 미친다.

③ 수도권 지역의 1인당 대출 금액이 비수도권 지역의 1인당 대출 금액보다 많다.

④ 1990년 비수도권 인구는 2,370만 명이고 2000년대의 비수도권 인구는 2,440만 명이므로 감소한 것이 아니다.

16　③

① 국민들이 권력이나 돈을 이용해 분쟁을 해결하려는 것을 볼 때 준법 의식이 약하다는 것을 알 수 있다.

② 권력이 법보다 분쟁 해결 수단으로 많이 사용되고, 권력이 있는 사람이 처벌받지 않는 경향이 있다는 것은 법보다 권력이 우선함을 의미한다.

④ 악법도 법이라는 사고는 법을 준수해야 한다는 시각이므로 자료의 결과와 모순된다.

17　④

㉠ 4세기 : 백제 근초고왕의 정복 활동이 활발하게 전개되었으며, 특히 황해도 지역을 놓고 고구려와 치열한 대결을 펼쳤다.

㉡ 5세기 : 고구려 장수왕의 남하 정책으로 나 · 제 동맹이 성립되었으며, 이에 따라 백제와 신라의 싸움은 거의 없었다.

㉢ 6세기 : 나 · 제 동맹을 기반으로 백제 성왕이 한강 유역을 탈환하는 과정에서 백제와 고구려의 전쟁이 치열하게 전개되었으며, 중반 이후에는 신라 진흥왕의 한강 하류 지역 점령으로 백제와 신라와의 전쟁이 전개되었다.

㉣ 7세기 : 삼국 통일기로 삼국 간의 전쟁이 가장 많이 전개되었으며, 특히 백제와 신라의 싸움이 치열하였다.

18 ④

정보 수집 능력의 격차가 완화된다는 것은 자료에 반대되는 것이다.

19 ④

수도권 주변에 자족기능이 결여된 소규모 신도시를 건설한다면 서울과 신도시 사이의 교통난은 더욱 더 심화될 것이다.

20 ②

① 10대는 간접적인 인간관계를 더 많이 가질 가능성이 크다.
③④ 10대에서 추론할 수 있는 내용이다.

지각속도

1	2	3	4	5	6	7	8	9	10	11	12	13	14	15
①	②	①	①	②	①	③	④	②	④	①	①	①	②	②

16	17	18	19	20	21	22	23	24	25	26	27	28	29	30
③	②	①	②	③	④	②	③	④	④	③	①	④	①	④

1 ①

ø = (다), ʧ = (라), dʑ = (나), λ = (아), ɤ = (자)

2 ②

ʤ = (가), ɘ = (마), dʑ = (나), **ŭ = (바)**, ɕ = (차)

3 ①

ʧ = (라), dʑ = (나), λ = (아), ɐ = (사), ɘ = (마)

4 ①

Ⓜ = 1, Ⓤ = 3, Ⓑ = 6, Ⓚ = 8, Ⓟ = 9

5 ②

Ⓡ = 4, Ⓓ = 7, **Ⓛ = 0**, Ⓑ = 6, Ⓘ = 5

6 ①

Ⓔ = 2, Ⓘ = 5, Ⓑ = 6, Ⓟ = 9, Ⓓ = 7

7 ③

계란 계륵 개미 거미 갯벌 **계곡** 계륵 갯벌 게임 계란
계곡 개미 거미 거미 계륵 갯벌 개미 개미 게임 거미
계곡 개미 계란 계륵 거미 게임 거미 **계곡** 개미 거미

8 ④

여성	여선생	여민락	여성	**여신**	여사관	여법
여고생	여성복	여복	여린박	여관	**여신**	여사
여관집	여수	여섯	여반장	여급	여걸	여성미
여름철	**여신**	여세	여북	**여신**	여과통	여위다
여묘	**여신**	여간내기	여성	여배우	여름	
여명	여리다	여과기	여수	여비서	여명	

9 ②

② 滿面春風(만**연**춘풍)

10 ④

④ 나는 바**랍**풍 해도 너는 바**담**풍 해라

11 ①

② ㅌㅍㅋㅊ**ㅁ**ㅇㄴㄹㅂㄱㄷㅈㄱㄷㅅ – ㅌㅍㅋㅊ**ㅂ**ㅇㄴㄹㅂㄱㄷㅈㄱㄷㅅ

③ ㄱㄴㄹㅇㄱㅁㄴㅇㅁㄱㄴㄱ**ㅇㅁ**ㄹ – ㄱㄴㄹㅇㄱㅁㄴㅇㅁㄱㄴㄱ**ㅁㅇ**ㄹ

④ ㄹㄴㅅㄷㄱㄴㄹ**ㅁ**ㅇㄷㅂㄱㅈㅅ – ㄹㄴㅅㄷㄱㄴㄹ**ㅅ**ㅇㄷㅂㄱㅈㅅ

12 ①

千山鳥**飛**絕 – 千山鳥**非**絕

13 ①

b = 동, g = 서, a = 남, h =북, d = 우, f = 산

14 ②

d = 우, c = 리, e = 강, f = 산, b = 동, h =북

15 ②

b = 동, f = 산, a = 남, f = 산, d = 우, f = 산, g = 서, f = 산

---

16 ③

㋜㋛**㋟**㋚㋙㋘**㋟**㋗㋖㋕㋓㋒㋑㋑㋒**㋟**㋙㋚㋛㋭

---

17 ②

◱◲□◳□◴◵□◶◷□**◰◰**◷◴◲◱◳◴◵◷◶△◲□

---

18 ①

ⓌⓍⓎⓏⓎⒽ**ⓋⓋⓋ**ⒻⒺⒻ**ⓋⓋ**ⒽⒿⒿⓀ**ⓋⓋ**ⓁⓂⓃⓄⓅ**Ⓥ**

---

19 ②

사**람들**이 없으면, 틈틈이 제 집 수탉**을 몰**고 와서 우**리** 수탉과 쌈**을** 붙여 놓는다.

---

20 ③

468365**4**8587568**4**326578326**4**32**4**53**4**328**4**326**4**626325**4**625**4**6725

---

21 ④

여름**장이**란 **애**시 **당**초**에** 글러서, 해는 **아**직 **중**천**에 있**건만 **장**판**은** 벌써 쓸쓸하고 더**운** 햇발**이** 벌려 놓**은** 전 휘**장** 밑**으**로 **둥**줄기를 훅훅 볶는다.

---

22 ②

○△⃝▽⃝◎⊗**□⃝**◇⃝△⃝◎**□⃝**▽⃝⊗◇⃝△⃝▽⃝◎⊗**□⃝**◇⃝⊗**□⃝**◎△⃝

23 ③

국가관 리더십 발**표**력 **표**현력 태도 발음 예절 **품**성

24 ④

I kep**t** **t**elling myself **t**ha**t** every**t**hing was OK

25 ④

5123**9**452337548672 5**9**1723176432**9**53218**9**7

26 ③

⇦⇧⇨⇧⇩**⇦**⇨⇧⇩**⇦**⇨**⇦**⇧⇨⇩⇧⇩**⇦**⇨**⇦**⇧⇨⇩

27 ①

동해물과 백**두**산이 마르고 **닳도**록 하느님이 보우하사 우리나라 만세

28 ④

L**oo**k here! This is m**o**re difficult as y**o**u think!

29 ①

31415 92**6**53**6**97932**6**84**6**2**6**43383**6**272**6**5358973238 4**6**

30 ④

◊**◈**◆❖◇◬◊◆◇**◈**❖◬◊**◈**◆❖◇◬◊◆◇**◈**❖◬

3회 정답 및 해설

공간능력

1	2	3	4	5	6	7	8	9	10	11	12	13	14	15	16	17	18
①	②	①	③	③	④	①	②	③	③	④	③	②	④	④	③	②	②

1 ①

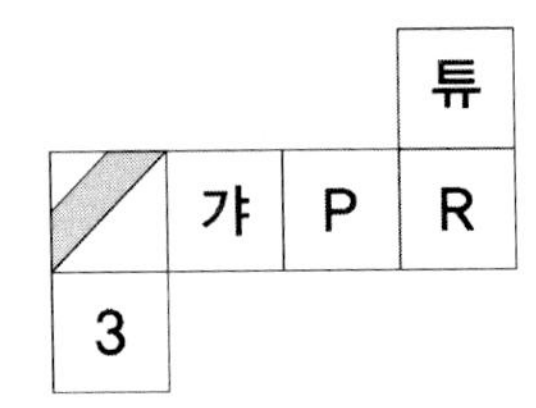

2 ②

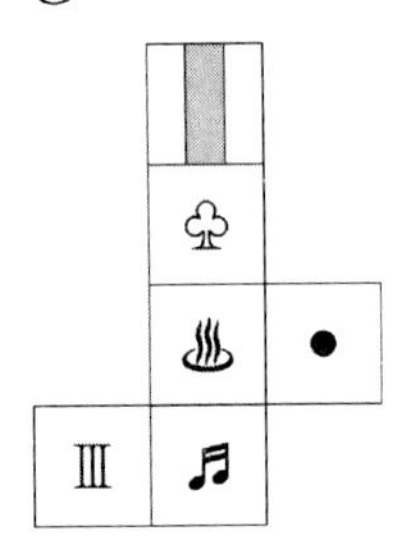

3 ①

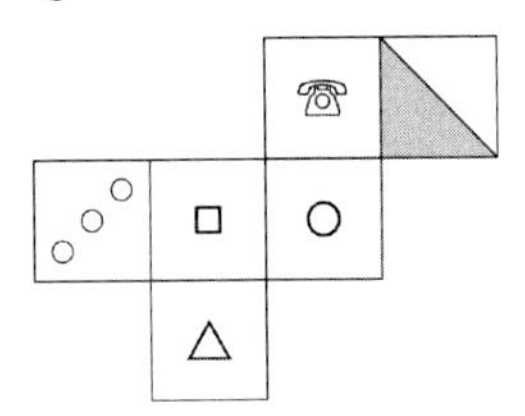

4 ③

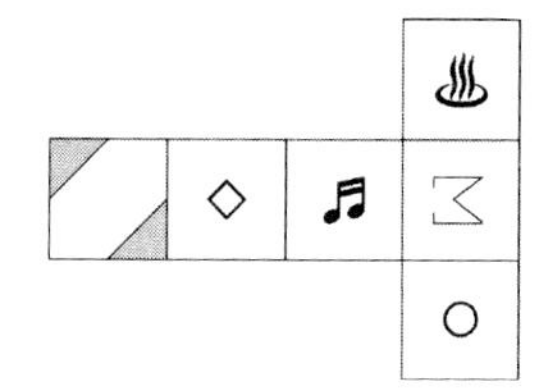

5 ③

1단 : 13개, 2단 : 9개, 3단 : 5개, 4단 : 3개
총 30개

6 ④

1단 : 14개, 2단 : 9개, 3단 : 2개, 4단 : 1개
총 26개

7 ①

1단 : 12개, 2단 : 7개, 3단 : 5개, 4단 : 3개
총 27개

8 ②

1단 : 18개, 2단 : 10개, 3단 : 3개, 4단 : 1개, 5단 : 1개
총 33개

9 ③

1단 : 16개, 2단 : 8개, 3단 : 3개, 4단 : 2개, 5단 1개
총 30개

10 ③

① 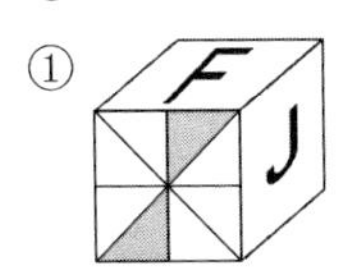

② 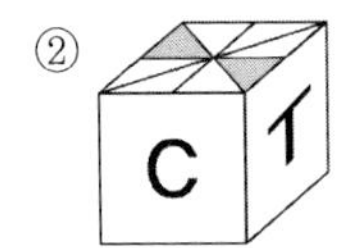

④ 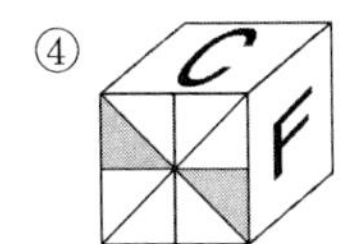

11 ④

① 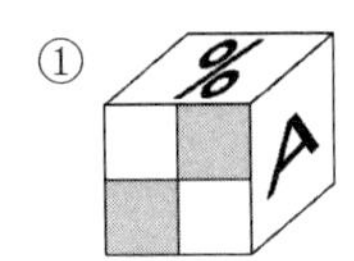

② 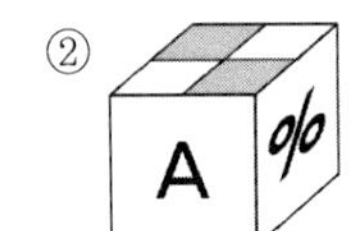

③ 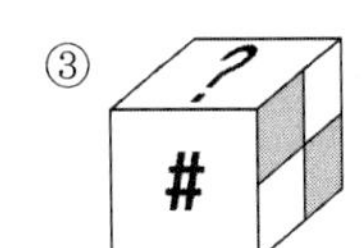

12 ③

① 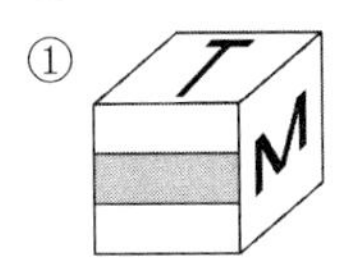

② 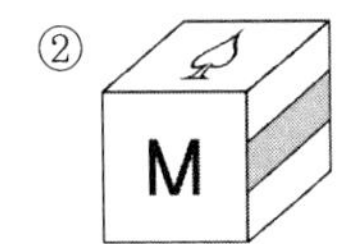

④ 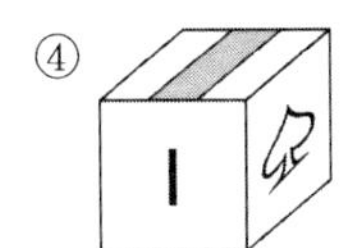

13 ②

① 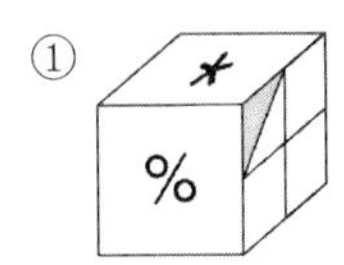

③ 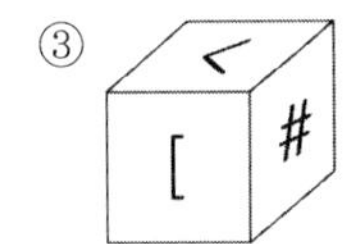

④ 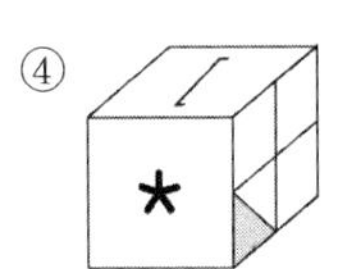

14 ④

① 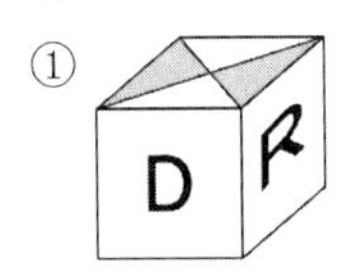

② 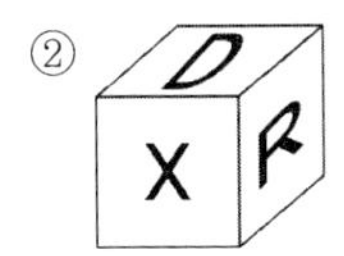

③ 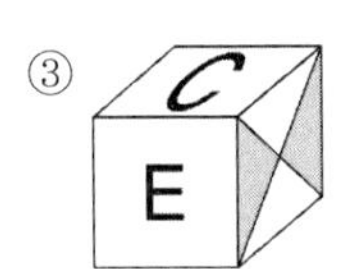

15 ④

화살표 방향을 정면으로 왼쪽에서부터 1열이라고 할 때, 3 - 2 - 3 - 2 - 4 - 1층으로 보인다.

16 ③

화살표 방향을 정면으로 왼쪽에서부터 1열이라고 할 때, 4 - 1 - 1 - 4 - 3 - 1층으로 보인다.

17 ②

화살표 방향을 정면으로 왼쪽에서부터 1열이라고 할 때, 3 - 4 - 1 - 4 - 2층으로 보인다.

18 ②

화살표 방향을 정면으로 왼쪽에서부터 1열이라고 할 때, 5 - 1 - 3 - 4층으로 보인다.

언어논리

1	2	3	4	5	6	7	8	9	10	11	12	13	14	15
③	⑤	②	①	④	②	③	③	①	②	③	①	⑤	①	②
16	17	18	19	20	21	22	23	24	25					
①	⑤	②	①	①	②	③	③	①	④					

1 ③

① 미루어 생각하여 판정함
② 목숨을 겨우 이어 살아감
③ 어려운 일이나 문제가 되는 상태를 해결하여 없애 버림
④ 교도소에서 형을 마치고 석방되어 나옴
⑤ 입을 다문다는 뜻으로, 말하지 아니함을 이르는 말

2 ⑤

① 이미 제출하였던 것이나 주장하였던 것을 다시 회수하거나 번복함
② 더 높은 단계로 오르기 위하여 어떠한 것을 하지 아니함
③ 무슨 일을 더디게 끌어 시간을 늦춤. 또는 시간이 늦추어짐
④ 행선지를 정하지 아니하고 이리저리 떠돌아다님
⑤ 누리어 가짐

3 ②

① 남에게 진 빚을 갚음
② 용납하여 인정함
③ 일정한 값에서 얼마를 뺌
④ 주의나 흥미를 일으켜 꾀어냄
⑤ 질병이나 재해 따위가 일어나기 전에 미리 대처하여 막는 일

4 ①

① 한데 섞어 쓰거나 어울러 씀. 잘못 혼동하여 씀
② 기관이나 조직체 따위를 만들어 일으킴
③ 일정한 한도를 정하거나 그 한도를 넘지 못하게 막음. 또는 그렇게 정한 한계

④ 어떤 일을 주의하여 봄. 또는 어떤 문제를 해결하기 위한 실마리를 잡음
⑤ 일정한 작용을 가함으로써 상대편이 지나치게 세력을 펴거나 자유롭게 행동하지 못하게 억누름

---

5 ④

① 어떤 것에 몸이나 마음을 의지하여 맡김
② 설치하였거나 장비한 것 따위를 풀어 없앰
③ 유대나 연관 관계를 끊음
④ 연구하여 새로운 안을 생각해 냄. 또는 그 안
⑤ 유대나 연관 관계를 끊음

---

6 ②

① 준비가 있으면 근심이 없다라는 뜻으로, 미리 준비가 되어 있으면 뒷걱정이 없다는 뜻
③ 구름을 바라보며 그리워한다는 뜻으로, 멀리 떠나온 자식이 어버이를 사모하여 그리는 정
④ 사회적으로 인정받고 출세하여 이름을 세상에 드날림
⑤ 가난을 이겨내며 반딧불과 눈빛으로 글을 읽어가며 고생 속에서 공부하여 이룬 공을 일컫는 말

---

7 ③

㉢이 '이와 같이 회복적 사법~'으로 시작하고 있는데 회복적 사법에 대한 내용이 앞에 없으므로 ㉡의 뒤에 제시된 문장이 들어가야 한다.

---

8 ③

빈칸 앞부분에는 헌법의 법적안정성이 중요하다고 나와 있지만 빈칸 뒤에는 헌법이 개정되기도 하는 상황을 제시하고 있으므로 빈칸에는 앞의 내용과 뒤의 내용이 상반될 때 쓰는 접속 부사인 '그러나'가 들어가는 것이 적절하다.

---

9 ①

①의 경우 무엇을 위하여 모든 것을 아낌없이 내놓거나 쓴다는 의미이며 ②③④⑤의 경우
신이나 웃어른에게 정중하게 드린다는 의미로 사용되었다.

10 ②

'사공이 많으면 배가 산으로 올라간다.'는 간섭하는 사람이 많으면 일이 잘 안 된다는 뜻이며 '우물에 가서 숭늉 찾는다.'는 일의 순서도 모르고 성급하게 덤비는 것을 이르는 말이다.

① 자기의 허물은 생각하지 않고 도리어 남의 허물만 나무라는 경우를 비유적으로 이르는 말

③ 들여야 하는 비용이나 노력이 같다면 더 좋은 것을 택한다는 뜻으로 이르는 말

④ 아무리 훌륭하고 좋은 것이라도 다듬고 정리하여 쓸모 있게 만들어 놓아야 값어치가 있음을 비유적으로 이르는 말

⑤ 쉬운 일이라도 협력하여 하면 훨씬 쉽다는 말

11 ③

다음 글에서는 토의에 대해 정의하고 토의의 종류에는 무엇이 있는지 예시를 들어 설명하고 있으므로 토론에 대해 정의하고 있는 ㉢은 삭제해도 된다.

12 ①

① **사필귀정**(事必歸正) : 무슨 일이든 결국 옳은 이치대로 돌아감

② **남가일몽**(南柯一夢) : 한갓 허망한 꿈, 또 꿈과 같이 헛된 한때의 부귀와 영화

③ **여리박빙**(如履薄氷) : 살얼음을 밟는 것과 같다는 뜻으로, 아슬아슬하고 위험한 일을 비유적으로 이르는 말

④ **삼순구식**(三旬九食) : 한 달 동안 아홉 끼니를 먹을 정도로 몹시 가난하고 빈궁한 생활을 말함

⑤ **상전벽해**(桑田碧海) : 세상일의 변천이 심함을 비유적으로 이르는 말

13 ⑤

소경은 오히려 갑자기 천지만물이 눈에 보이자 자신의 집을 찾지 못하게 되었다. 결국 눈에 보이는 형상에 지나치게 얽매이는 것은 오히려 참된 방안을 찾는 데 방해가 된다고 할 수 있다.

14 ①

'그러다가 모로 돌아누워 산봉우리에 눈을 주었다. 갑자기 산이 달리 보였다. 하, 이것 봐라 하고 나는 벌떡 일어나, 이번에는 가랑이 사이로 산을 내다보았다.' 등의 내용을 통해 다른 방식으로 사물을 바라보는 것을 알 수 있으며 따라서 틀에 박힌 고정관념을 극복 하는 내용이 이어지는 것이 가장 적절하다.

15 ②

일상생활에 존재하는 모든 것들이 각국에서 발명되거나 전파되어 온 것이라는 내용이 글 전반에 걸쳐 쓰여 있다.

16 ①

무엇이라고 가리켜 말하거나 이름을 붙이다.
② 말이나 행동 따위로 다른 사람의 주위를 끌거나 오라고 하다.
③ 이름이나 명단을 소리 내어 읽으며 대상을 확인하다.
④ 값이나 액수 따위를 얼마라고 말하다.
⑤ 어떤 행동이나 말이 관련된 다른 일이나 상황을 초래하다.

17 ⑤

일정한 곳을 오고 가다.
① 무엇을 주거니 받거니 하다.
② 거리나 길을 오거니 가거니 하다.
③ 어떤 때나 계절 따위가 왔다가 가는 일이 되풀이되다.
④ 친분이나 관계가 있는 사람들끼리 서로 오고 가고 하다.

18 ②

본문은 비행기의 날개를 베르누이의 원리를 바탕으로 설계하여 양력을 증가시키는, 비행의 기본 원리를 설명하고 있는 글이다.

19 ①

① 받음각이 최곳값이 되면 양력이 그 뒤로 급속히 떨어진다고 나와 있다. 따라서 속도는 감소하게 된다.

20 ①

이 글에서 주로 언급되는 것은 '언어', '사고'이다. 그러므로 이 글은 언어와 사고의 관계가 어떠하다는 것을 밝혀주는 글이다.

21 ②

글의 앞부분에서는 언어가 없으면 세계에 대한 인식도 불가능하고 사고도 불가능하다는 언어의 상대성 이론과 그 예를 설명하고 있다. 그러나 뒷부분에서는 언어의 상대성 이론을 어느 정도는 인정하지만 몇 가지 예를 들면서 언어가 철저하게 인간의 인식과 사고를 지배한다는 생각이 옳지 않을 수 있음을 밝히고 있다. 즉, '언어의 상대성 이론'의 한계를 지적하고 있는 것이다.

22 ③

주시경 선생이 우리말과 글을 가꾸기 위한 구체적인 방법을 제시했다는 것을 추리할 수 있는 말은 윗글에서 찾을 수 없다.

23 ③

이 글은 구체적인 사례를 들어가면서, 우리말을 풍부하게 가꾸는 방법으로, 언중의 호응을 받을 수 있는 고유어를 대중의 기호에 맞게 살려 쓰는 방안을 제안하고 있다.

24 ①

윗글에서는 인간의 욕망을 바라보는 관점과 그에 대한 대처 방안에 대해 맹자, 순자, 한비자의 입장을 소개하고 있으며 이들의 입장을 공통점과 차이점에 따라 비교하고 있다.

25 ④

순자는 맹자가 제시한 개인의 수양만으로는 욕망을 절제하는 것이 힘들기 때문에 외적 규범인 '예'가 필요하다고 하였다. 따라서 순자의 입장은 맹자보다 한 걸음 더 나아간 금욕주의라 할 수 있다.

자료해석

1	2	3	4	5	6	7	8	9	10	11	12	13	14	15	16	17	18	19	20
③	③	④	②	④	③	①	③	③	①	④	④	④	①	②	④	②	③	④	①

1 ③

규칙성을 찾으면 첫 번째 숫자+두 번째 숫자+두 번째 숫자=마지막 숫자가 된다.

따라서 13+24+24=61

∴( )안에 들어갈 숫자는 61이다.

2 ③

첫 항부터 2^1, 2^2, 2^3 …으로 더해지는 규칙이다.

따라서 빈칸에 들어갈 수는 $65 + 2^6 = 129$이다.

3 ④

영수가 걷는 속도를 x, 성수가 걷는 속도는 y라 하면

㉠ 같은 방향으로 돌 경우 : 영수가 걷는 거리−성수가 걷는 거리=공원 둘레 → $x-y=6$

㉡ 반대 방향으로 돌 경우 : 영수가 간 거리+성수가 간 거리=공원 둘레 → $\frac{1}{2}x+\frac{1}{2}y=6$

→ $x+y=12$

$x=9,\ y=3$

4 ②

참가자의 수를 x라 하면 전체 귤의 수는 $5x+3$, 6개씩 나누어 주면 1명만 4개보다 적게 되므로

$(5x+3)-\{6\times(x-1)\}<4$

$-x<-5$

$x>5$

∴ 참가자는 적어도 6인이 있다.

5 ④

구분	합격자	불합격자	지원자 수
남성	$2a$	$4b$	$2a+4b$
여성	$3a$	$7b$	$3a+7b$

합격자가 160명이므로 $5a=160 \Rightarrow a=32$

$3:5=(2a+4b):(3a+7b)$

$\Rightarrow 5(2a+4b)=3(3a+7b)$

$\Rightarrow a=b=32$

따라서 여성 지원자의 수는 $3a+7b=10a=320$(명)이다.

6 ③

㉠ : 공공사업자 지출액의 전년대비 증가폭은 49, 53, 47로 2017년이 가장 크다. (○)

㉡ : 전년대비 증가율은 $\frac{567-372}{372}\times 100=52.4\%$로 민간사업자가 가장 높다. (×)

㉢ : $\frac{567}{2644}\times 100=21.4\%$로 20%를 넘는다. (×)

㉣ : 그래프에서 매년 '공공사업자'와 '민간사업자'의 지출액 합은 '개인'의 지출액보다 크다. (○)

7 ①

$\frac{\text{이수인원}}{\text{계획인원}}\times 100=\frac{2,159.0}{5,897.0}\times 100 ≒ 36.7(\%)$

8 ③

① 국산맥주 소비량의 전년대비 감소폭은 201.6 − 196.2 = 5.4(만 kL)로 2012년이 가장 크다.

② 수입맥주 소비량은 2013년에 전년대비 감소하였다.

③ 2018년 A국의 맥주 소비량은 204.8 + 16.8 = 221.6(만 kL)이다.

④ $\frac{3.5}{198.3}\times 100=1.76\%$로 2%를 넘지 않는다.

9 ③

소금의 양을 기준으로 하면 소금의 양=농도×소금의 양이므로

$\frac{20}{100}\times(100-x)+x+\frac{11}{100}\times(300-100)=\frac{26}{100}\times300$

$x=45$

100g의 소금물에 xg의 소금물을 빼고 소금을 xg 첨가하고 100g에 yg을 섞어서 300g을 만들었으므로 $y=200$이다.

$x+y=45+200=245$

10 ①

① 여성의 사회적 지위가 높아진 것은 (가) 여자의 평균 초혼 연령이 높아지게 된 원인 중 하나이다.

11 ④

④ E국 국민은 1인당 국민 소득이 2만 달러로, 1만 달러인 B국 국민보다 평균적인 생활수준이 높다.

12 ④

㉠ 여학생과 남학생의 각 인원수를 알 수 없기 때문에 비율만으로 SNS 계정을 소유한 남녀 학생 수를 비교할 수 없다.

㉡ SNS 계정을 소유한 비율은 초등학생 44.3%, 중학생 64.9%, 고등학생 70.7%이므로 상급 학교 학생일수록 높다.

㉢ 성별과 학교급은 각 항목을 구분하는 서로 다른 기준이기 때문에 고등학교 여학생의 SNS 계정 소유 비율이 가장 크다고 볼 수 없다.

㉣ 초등학생은 SNS 계정을 소유하지 않은 학생이 55.7%이고, 중·고등학생은 각각 64.9%, 70.7%가 SNS 계정을 소유하고 있다.

13 ④

표에 의하면 노인 부양 문제를 개인적 문제가 아닌 정부 및 사회 차원의 문제로 인식하는 응답자가 점차 많아지고 있다.

14 ①

도시의 주택 보급률이 전국의 주택 보급률 96.2%보다 낮은 87.8%라는 사실로 볼 때 농어촌의 주택 보급률이 도시의 주택 보급률보다 높다고 할 수 있다. 따라서 도시 주택의 가격이 농어촌 주택의 가격보다 상승 가능성이 더 높다고 할 수 있다.

15 ②

㉡ 전통적인 상거래에서는 대금 지급을 현금이나 수표로 결제하였으나, 전자 상거래에서는 전자 결제 방식이 보편화된다.

㉣ 미국의 전자 상거래 시장의 절대적 규모는 한국보다 크나, 2010년에서 2014년 사이에 성장 속도는 한국이 미국보다 더 빠를 것으로 예측하고 있다.

16 ④

④ 지방 재정 교부금이 2012년 이후 증가하고 있는데 이는 지방 자치 단체의 재정 자립도가 약화되어 정부의 재정 지원이 증가하고 있음을 알 수 있다.

17 ②

② 아버지, 어머니와 만나는 비율의 합이 장인, 장모와 만나는 비율의 합보다 많기 때문에 처의 부모보다 친부모와의 만남이 더 많다.

18 ③

소득의 증가분에 비해 소비의 증가분이 작기에 소비 성향은 낮아지고 있으며, 식료품의 지출액은 월 평균 소비지출액×해당 %로 구할 수 있다. 소득 증가폭이 가장 큰 것은 1994년~2004년이다.

19 ④

①② 자료를 통해 알 수 없다.

③ 상담 대상 비율이지 문제를 해결하는 비율이 아니며 상담 대상의 비율은 친구, 부모, 교사 순이다.

20 ①

㈎는 시간의 흐름에 따른 노인 인구 구성의 변화율을 보여주는 것으로, 노인 인구수를 파악할 수는 없다.
㈏는 일부 노인들을 대상으로 조사했기 때문에 표본조사이다.

지각속도

1	2	3	4	5	6	7	8	9	10	11	12	13	14	15
①	②	①	①	②	①	①	①	②	②	①	①	①	②	①
16	**17**	**18**	**19**	**20**	**21**	**22**	**23**	**24**	**25**	**26**	**27**	**28**	**29**	**30**
④	②	①	④	④	③	①	①	②	②	③	③	①	③	③

1 ①

Ж = ㉢, Г = ㉦, Я = ㉧, Ш = ㉥, П = ㉧

2 ②

Б = ㉤, Ё = ㉠, Й = ㉣, **Д = ㉡**, Ч = ㉪

3 ①

П = ㉧, Я = ㉧, Ч = ㉪, Д = ㉡, Ё = ㉠

4 ①

ㅬ = 1, ㅥ = 6, ㆄ = 8, ㅨ = 9, ㅪ = 0

5 ②

ㆄ = 8, **ㅥ = 6**, ㅵ = 7, **패 = 4**, ㅹ = 3

6 ①

패 = 4, ㅨ = 9, ㅱ = 2, ㅵ = 7, ㅥ = 6

7 ①

e = 선, b = 발, a = 일, h = 정

8 ①

d = 입, f = 영, a = 일, h = 정

9 ②

c = 임, g = 관, a = 일, h = 정

10 ②

ⓐ = 지, ⓘ = 적, ⓔ = 능, ⓖ = 력, ⓑ = 평, ⓛ = 가

11 ①

ⓒ = 직, ⓙ = 무, ⓗ = 성, ⓓ = 격, ⓑ = 평, ⓛ = 가

12 ①

ⓘ = 적, ⓗ = 성, ⓕ = 판, ⓚ = 단, ⓔ = 능, ⓖ = 력

13 ①

② ⇛↑→↕↗⤧↖↕←↑⇚

③ ↠↑→↕↗✥↖↕←↑↞

④ ↠↑→↕⤴⤧⤴↕←↑↞

14 ②

① 𝅘𝅥𝅯 ♬ ♫♫ 𝅗𝅥 ♩. ♮ ♫ 𝅘𝅥𝅯 ♪ ♫ ♪

③ 𝅘𝅥𝅯 ♬ ♫♫ 𝅗𝅥 ♩. 𝄞 ♫ 𝅘𝅥𝅯 ♪ ♫ ♪

④ ♪ ♬ ♫♫ 𝅗𝅥 ♩. 𝄞 ♫ 𝅘𝅥𝅯 ♪ ♫ ♬

15 ①

C-3, O-15, W-23 → 31523

16 ④

A-1, M-13, O-15 →11315

17 ②

D-4, I-9, E-5, P-16 → 49516

18 ①

② ALON**G**WITH – ALON**C**WITH

③ INOR**D**ERTO – INOR**O**ERTO

④ MARR**I**EDIN – MARR**A**EDIN

19 ④

⌖⧗⦰☊Φ◫◎▽⚲▽⚲☊Φ⌖⦰◫▽⧗⚲☊Φ⧗◫⌖⦰▽⚲⧗

20 ④

⩔**ⒹⒹⒹ**⅃ᑭ⩔↶ɑ**ⒹⒹ**Ⅲᗜᗣ⩔ᗫᑭ↶ᗣ↶ɑ⩔ⅢᑭⲤᗣ↶ɑ**Ⓓ**ⅢᑭⲤᗣ**Ⓓ**

21 ③

⚠**⊕**△⟁⌟◎⋇ｘ**⊕**⟁⌟⋇ｘ◎⊗⟨×⟩⋇ｘ⟁⌟◎Ǚ⟁⌟**⊕⊕⊕**◎ᕱ⊓

22 ①

75395**1**8524697**1**32598**1**7532**1**5798**1**389**1**30

23

①

◇☆◎**▽**◇◎○**▽**◇◎☆◎**▽**◇◎☆**▽**□◎**▽**◇△◎**▽**☆**▽**◎**▽**◇☆

24

②

투철한 군인정신과 강인한 체력 및 **투**지력을 배양

25

②

Gi**v**e the letter to your mother when you'**v**e read it

26

③

05251**0**25**0**2181 1**0**71**0**1**0**12**0**6**0**5**0**5**0**4**0**11**0**3**0**

27

③

78**5**64321**5**487**5**49421344**5**6789101**5**64343214**5**7**5**33121

28

①

If the**r**e is one custom that might be assumed to be beyond c**r**iticism.

29

③

2578**9**54123658**9**7784515 6**9**83215**9**545 78**9**8751354

30

③

I cut it w**h**ile **h**andling t**h**e tools.

PART

03

직무성격검사 및 상황판단검사

CHAPTER 01

직무성격검사

180문항/30분

Q 다음 상황을 읽고 제시된 질문에 답하시오. 【001~180】

① 전혀 그렇지 않다　② 그렇지 않다　③ 보통이다　④ 그렇다　⑤ 매우 그렇다

001	나는 보통 사람들보다 쉽게 상처를 받는 편이다.	① ② ③ ④ ⑤
002	변화하는 주위 환경에 쉽게 순응하는 편이다.	① ② ③ ④ ⑤
003	여러 사람들과 있는 것보다 혼자 있는 것이 좋다.	① ② ③ ④ ⑤
004	다른 사람들이 모두 어리석다고 생각해 본 적이 있다.	① ② ③ ④ ⑤
005	나는 지루하거나 따분해지면 소리치고 싶어지는 편이다.	① ② ③ ④ ⑤
006	남을 원망하거나 증오하거나 했던 적이 한 번도 없다.	① ② ③ ④ ⑤
007	이 세상에서 내가 없어져야 한다고 생각해 본 적이 없다.	① ② ③ ④ ⑤
008	사물에 대해 자세히 살펴보는 편이다.	① ② ③ ④ ⑤
009	텔레비전을 보다가 쉽게 눈물을 흘린 적이 있다.	① ② ③ ④ ⑤
010	고지식하다는 소리를 자주 듣는다.	① ② ③ ④ ⑤
011	주변사람들에게 정떨어지게 행동하기도 한다.	① ② ③ ④ ⑤
012	카페에 앉아 수다 떠는 것이 좋다.	① ② ③ ④ ⑤
013	다른 사람에게 푸념을 늘어놓은 적이 한 번도 없다.	① ② ③ ④ ⑤
014	항상 뭔가 불안한 일이 일어날 것 같다.	① ② ③ ④ ⑤

015	나는 도움이 안 되는 인간이라고 생각한 적이 가끔 있다.	① ② ③ ④ ⑤
016	주변 사람들로부터 주목받는 것이 좋다.	① ② ③ ④ ⑤
017	'이성을 사귀는 것은 성가시다'라고 생각한다.	① ② ③ ④ ⑤
018	나는 처음 하는 일에도 항상 자신감이 넘친다.	① ② ③ ④ ⑤
019	밝고 명랑한 편이어서 화기애애한 모임에 나가는 것이 좋다.	① ② ③ ④ ⑤
020	태어나서 한 번도 남에게 상처 입힐 만한 행동을 한 적이 없다.	① ② ③ ④ ⑤
021	여러 사람들 앞에 서면 부끄러워 얼굴이 빨개진다.	① ② ③ ④ ⑤
022	낙심하면 하루종일 아무 것도 하지 못한다.	① ② ③ ④ ⑤
023	지금껏 한 번도 후회하는 일이 많다고 생각해 본 적이 없다.	① ② ③ ④ ⑤
024	남이 무엇을 하려고 하던 나와는 상관없다고 생각한다.	① ② ③ ④ ⑤
025	나는 다른 사람들보다 기가 세다고 생각한다.	① ② ③ ④ ⑤
026	특별한 이유 없이 기분이 자주 들뜬다.	① ② ③ ④ ⑤
027	나는 태어나서 한 번도 화낸 적이 없다.	① ② ③ ④ ⑤
028	작은 일에도 신경 쓰는 성격이다.	① ② ③ ④ ⑤
029	배려심이 많다는 말을 주위에서 자주 듣는다.	① ② ③ ④ ⑤
030	나는 의지가 약하다고 생각한다.	① ② ③ ④ ⑤
031	어렸을 적에 혼자 노는 일이 많았다.	① ② ③ ④ ⑤
032	여러 사람 앞에서도 편안하게 의견을 발표할 수 있다.	① ② ③ ④ ⑤
033	아무 것도 아닌 일에 흥분하기 쉽다.	① ② ③ ④ ⑤
034	지금까지 거짓말한 적이 한 번도 없다.	① ② ③ ④ ⑤

035	시각보다 청각에 굉장히 민감하다.	①	②	③	④	⑤
036	친절하고 착한 사람이라는 말을 자주 듣는 편이다.	①	②	③	④	⑤
037	남의 의견이나 행동에 결심이 자주 바뀐다.	①	②	③	④	⑤
038	개성 있는 사람이라는 소릴 많이 듣는다.	①	②	③	④	⑤
039	모르는 사람들 사이에서도 나의 의견을 확실히 말할 수 있다.	①	②	③	④	⑤
040	붙임성이 좋다는 말을 자주 듣는다.	①	②	③	④	⑤
041	지금까지 변명을 한 적이 한 번도 없다.	①	②	③	④	⑤
042	남들에 비해 걱정이 많은 편이다.	①	②	③	④	⑤
043	자신이 혼자 남겨졌다는 생각이 자주 드는 편이다.	①	②	③	④	⑤
044	기분이 아주 쉽게 변한다는 말을 자주 듣는다.	①	②	③	④	⑤
045	남의 일에 휘말리는 것이 싫다.	①	②	③	④	⑤
046	주위의 반대에도 불구하고 나의 의견을 밀어붙이는 편이다.	①	②	③	④	⑤
047	주의가 산만하다는 말을 자주 듣는다.	①	②	③	④	⑤
048	태어나서 한 번도 남을 의심해 본적이 없다.	①	②	③	④	⑤
049	꼼꼼하고 빈틈이 없다는 말을 자주 듣는다.	①	②	③	④	⑤
050	문제가 발생했을 경우 자신이 나쁘다고 생각한 적이 많다.	①	②	③	④	⑤
051	자신이 원하는 대로 지내고 싶다고 생각한 적이 많다.	①	②	③	④	⑤
052	아는 사람과 마주쳤을 때 반갑지 않은 느낌이 들 때가 많다.	①	②	③	④	⑤
053	어떤 일이라도 끝까지 잘 해낼 자신이 있다.	①	②	③	④	⑤
054	기분이 너무 고취되어 안정되지 않은 경우가 있다.	①	②	③	④	⑤

055	지금까지 감기에 걸린 적이 한 번도 없다.	① ② ③ ④ ⑤
056	보통 사람보다 공포심이 강한 편이다.	① ② ③ ④ ⑤
057	인생은 살 가치가 없다고 생각된 적이 있다.	① ② ③ ④ ⑤
058	이유 없이 물건을 부수거나 망가뜨리고 싶은 적이 있다.	① ② ③ ④ ⑤
059	나의 고민, 진심 등을 털어놓을 수 있는 사람이 없다.	① ② ③ ④ ⑤
060	쓸데없는 일에 자존심을 부린다는 소릴 자주 듣는다.	① ② ③ ④ ⑤
061	아무것도 안하고 멍하게 있는 것을 싫어한다.	① ② ③ ④ ⑤
062	모든 일에 감정적으로 행동하는 편이다.	① ② ③ ④ ⑤
063	항상 뭔가 불길한 일이 생길 것 같은 생각을 자주한다.	① ② ③ ④ ⑤
064	세세한 일에 신경을 쓰는 편이다.	① ② ③ ④ ⑤
065	불안해하면 꼭 불안한 일이 나타나는 편이다.	① ② ③ ④ ⑤
066	혼자가 되고 싶다고 생각한 적이 많다.	① ② ③ ④ ⑤
067	남에게 재촉당하면 화가 나는 편이다.	① ② ③ ④ ⑤
068	주위에서 낙천적이라는 소릴 자주 듣는다.	① ② ③ ④ ⑤
069	남을 싫어해 본 적이 단 한 번도 없다.	① ② ③ ④ ⑤
070	나쁜 일이 생기면 반드시 좋은 일이 생길 것이라 생각한다.	① ② ③ ④ ⑤
071	언제나 실패가 걱정되어 시작을 못한다.	① ② ③ ④ ⑤
072	다수결의 의견에 따르는 편이다.	① ② ③ ④ ⑤
073	혼자서 영화관에 들어가는 것은 전혀 두려운 일이 아니다.	① ② ③ ④ ⑤
074	나는 승부근성이 매우 강하다.	① ② ③ ④ ⑤

075	작은 일에도 흥분을 자주 한다.	① ② ③ ④ ⑤
076	지금까지 살면서 남에게 폐를 끼친 적이 없다.	① ② ③ ④ ⑤
077	내일 해도 되는 일을 오늘 안에 끝내는 것을 좋아한다.	① ② ③ ④ ⑤
078	무엇이든지 다른 사람들이 나쁘다고 생각하는 편이다.	① ② ③ ④ ⑤
079	자신을 변덕스러운 사람이라고 생각한다.	① ② ③ ④ ⑤
080	고독을 즐기는 편이다.	① ② ③ ④ ⑤
081	나는 보수적인 사람이라고 생각한다.	① ② ③ ④ ⑤
082	나는 자신만의 신념을 가지고 있다.	① ② ③ ④ ⑤
083	다른 사람을 바보 같다고 생각한 적이 있다.	① ② ③ ④ ⑤
084	남의 비밀을 금방 말해버리는 편이다.	① ② ③ ④ ⑤
085	대재앙이 오지 않을까 항상 걱정을 한다.	① ② ③ ④ ⑤
086	문제점을 해결하기 위해 항상 많은 사람들과 이야기하는 편이다.	① ② ③ ④ ⑤
087	내 방식대로 일을 처리하는 편이다.	① ② ③ ④ ⑤
088	영화를 보고 운 적이 있다.	① ② ③ ④ ⑤
089	사소한 충고에도 걱정을 한다.	① ② ③ ④ ⑤
090	학교를 쉬고 싶다고 생각한 적이 한 번도 없다.	① ② ③ ④ ⑤
091	불안감이 강한 편이다.	① ② ③ ④ ⑤
092	사람을 설득시키는 것이 어렵지 않다.	① ② ③ ④ ⑤
093	다른 사람에게 어떻게 보일지 신경을 쓴다.	① ② ③ ④ ⑤
094	다른 사람에게 의존하는 경향이 있다.	① ② ③ ④ ⑤

095	그다지 융통성이 있는 편이 아니다.	① ② ③ ④ ⑤
096	숙제를 잊어버린 적이 한 번도 없다.	① ② ③ ④ ⑤
097	밤길에는 발소리가 들리기만 해도 불안하다.	① ② ③ ④ ⑤
098	나는 훌륭한 사람이라고 생각한다.	① ② ③ ④ ⑤
099	잡담을 하는 것보다 책을 읽는 편이 낫다.	① ② ③ ④ ⑤
100	나는 정적인 것보다 동적인 일에 적합한 타입이라고 생각한다.	① ② ③ ④ ⑤
101	술자리에서 술을 마시지 않아도 흥을 돋울 수 있다.	① ② ③ ④ ⑤
102	태어나서 한 번도 병원에 간 적이 없다.	① ② ③ ④ ⑤
103	작은 일을 항상 크게 만드는 편이다.	① ② ③ ④ ⑤
104	쉽게 무기력해지는 편이다.	① ② ③ ④ ⑤
105	비교적 고분고분한 편이라고 생각한다.	① ② ③ ④ ⑤
106	독자적으로 행동하는 편이다.	① ② ③ ④ ⑤
107	매사 적극적으로 행동하는 편이다.	① ② ③ ④ ⑤
108	금방 감격하는 편이다.	① ② ③ ④ ⑤
109	밤에 잠을 못 잘 때가 많다.	① ② ③ ④ ⑤
110	후회를 자주 하는 편이다.	① ② ③ ④ ⑤
111	쉽게 뜨거워지고 쉽게 식는 편이다.	① ② ③ ④ ⑤
112	자신만의 세계를 가지고 있다.	① ② ③ ④ ⑤
113	듣는 것보다 말하는 것을 더 좋아한다.	① ② ③ ④ ⑤
114	아무 이유 없이 불안할 때가 있다.	① ② ③ ④ ⑤

115	주위 사람의 의견을 생각하여 발언을 자제할 때가 있다.	①	②	③	④	⑤
116	생각 없이 함부로 말하는 경우가 많다.	①	②	③	④	⑤
117	정리가 되지 않은 방에 있으면 불안하다.	①	②	③	④	⑤
118	공포영화를 즐겨보는 편이다.	①	②	③	④	⑤
119	자신을 충분히 신뢰할 수 있는 사람이라고 생각한다.	①	②	③	④	⑤
120	노래방을 아주 좋아한다.	①	②	③	④	⑤
121	자신만이 할 수 있는 일을 하고 싶다.	①	②	③	④	⑤
122	자신을 과소평가 하는 경향이 있다.	①	②	③	④	⑤
123	책상 위나 서랍 안은 항상 깔끔히 정리한다.	①	②	③	④	⑤
124	건성으로 일을 하는 때가 자주 있다.	①	②	③	④	⑤
125	부러우면 지는 것이라 생각한다.	①	②	③	④	⑤
126	초조하면 손을 떨고, 심장박동이 빨라진다.	①	②	③	④	⑤
127	말싸움을 하여 진 적이 한 번도 없다.	①	②	③	④	⑤
128	다른 사람들과 덩달아 떠든다고 생각할 때가 자주 있다.	①	②	③	④	⑤
129	아첨에 넘어가기 쉬운 편이다.	①	②	③	④	⑤
130	이론만 내세우는 사람과 대화하면 짜증이 난다.	①	②	③	④	⑤
131	상처를 주는 것도 받는 것도 싫다.	①	②	③	④	⑤
132	매일매일 그 날을 반성한다.	①	②	③	④	⑤
133	주변 사람이 피곤해하더라도 자신은 항상 원기왕성하다.	①	②	③	④	⑤
134	친구를 재미있게 해주는 것을 좋아한다.	①	②	③	④	⑤

135	지각을 하면 학교를 결석하고 싶어진다.	① ② ③ ④ ⑤
136	이 세상에 없는 세계가 존재한다고 생각한다.	① ② ③ ④ ⑤
137	착한 사람이라는 말을 자주 듣는다.	① ② ③ ④ ⑤
138	조심성이 있는 편이다.	① ② ③ ④ ⑤
139	이상주의자이다.	① ② ③ ④ ⑤
140	인간관계를 중요하게 생각한다.	① ② ③ ④ ⑤
141	협조성이 뛰어난 편이다.	① ② ③ ④ ⑤
142	정해진 대로 따르는 것을 좋아한다.	① ② ③ ④ ⑤
143	정이 많은 사람을 좋아한다.	① ② ③ ④ ⑤
144	조직이나 전통에 구애를 받지 않는다.	① ② ③ ④ ⑤
145	잘 아는 사람과만 만나는 것이 좋다.	① ② ③ ④ ⑤
146	파티에서 사람을 소개받는 편이다.	① ② ③ ④ ⑤
147	모임이나 집단에서 분위기를 이끄는 편이다.	① ② ③ ④ ⑤
148	취미 등이 오랫동안 지속되지 않는 편이다.	① ② ③ ④ ⑤
149	다른 사람을 부럽다고 생각해 본 적이 없다.	① ② ③ ④ ⑤
150	꾸지람을 들은 적이 한 번도 없다.	① ② ③ ④ ⑤
151	시간이 오래 걸려도 항상 침착하게 생각하는 경우가 많다.	① ② ③ ④ ⑤
152	실패의 원인을 찾고 반성하는 편이다.	① ② ③ ④ ⑤
153	여러 가지 일을 재빨리 능숙하게 처리하는 데 익숙하다.	① ② ③ ④ ⑤
154	행동을 한 후 생각을 하는 편이다.	① ② ③ ④ ⑤

155	민첩하게 활동을 하는 편이다.	①	②	③	④	⑤
156	일을 더디게 처리하는 경우가 많다.	①	②	③	④	⑤
157	몸을 움직이는 것을 좋아한다.	①	②	③	④	⑤
158	스포츠를 보는 것이 좋다.	①	②	③	④	⑤
159	일을 하다 어려움에 부딪히면 단념한다.	①	②	③	④	⑤
160	너무 신중하여 타이밍을 놓치는 때가 많다.	①	②	③	④	⑤
161	시험을 볼 때 한 번에 모든 것을 마치는 편이다.	①	②	③	④	⑤
162	일에 대한 계획표를 만들어 실행을 하는 편이다.	①	②	③	④	⑤
163	한 분야에서 1인자가 되고 싶다고 생각한다.	①	②	③	④	⑤
164	규모가 큰 일을 하고 싶다.	①	②	③	④	⑤
165	높은 목표를 설정하여 수행하는 것이 의욕적이라고 생각한다.	①	②	③	④	⑤
166	다른 사람들과 있으면 침작하지 못하다.	①	②	③	④	⑤
167	수수하고 조심스러운 편이다.	①	②	③	④	⑤
168	여행을 가기 전에 항상 계획을 세운다.	①	②	③	④	⑤
169	구입한 후 끝까지 읽지 않은 책이 많다.	①	②	③	④	⑤
170	쉬는 날은 집에 있는 경우가 많다.	①	②	③	④	⑤
171	돈을 허비한 적이 없다.	①	②	③	④	⑤
172	흐린 날은 항상 우산을 가지고 나간다.	①	②	③	④	⑤
173	조연상을 받은 배우보다 주연상을 받은 배우를 좋아한다.	①	②	③	④	⑤
174	유행에 민감하다고 생각한다.	①	②	③	④	⑤

175	친구의 휴대폰 번호를 모두 외운다.	① ② ③ ④ ⑤
176	환경이 변화되는 것에 구애받지 않는다.	① ② ③ ④ ⑤
177	나는 조직의 일원보다는 리더가 적합하다고 생각한다.	① ② ③ ④ ⑤
178	외출시 문을 잠갔는지 몇 번을 확인하다.	① ② ③ ④ ⑤
179	성공을 위해서는 어느 정도의 위험성을 감수해야 한다고 생각한다.	① ② ③ ④ ⑤
180	남들이 이야기하는 것을 보면 자기에 대해 험담을 하고 있는 것 같다.	① ② ③ ④ ⑤

CHAPTER

02 상황판단검사

※ 실제시험은 15문항/20분으로 실시

Ⓠ 다음 상황을 읽고 제시된 질문에 답하시오. 【1~30】

1

당신은 유선반장이다. 동계 훈련 간 통신선을 가설하는데 지면이 얼어 통신선 매설이 어렵다. A상병은 작년 동계 훈련시 지면위로 통신선을 가설했는데 문제없이 훈련이 진행되었다고 이야기 한다. 통신장교는 수단과 방법을 가리지 말고 통신선을 매설 하라고 지시하였다. 통신담당관인 B상사는 흙으로 통신선 위를 도포하자고 한다. 몇 시간 후 연대장의 훈련장 시찰이 예정되어 있다.

이 상황에서 당신이 ⓐ 가장 할 것 같은 행동은 무엇입니까?
ⓑ 가장 하지 않을 것 같은 행동은 무엇입니까?

ⓐ 가장 할 것 같은 행동 ( )
ⓑ 가장 하지 않을 것 같은 행동 ( )

선 택 지

① 연대장의 훈련장 사찰 시까지 열심히 통신선 매설에 몰두하는 모습을 보여준다.

② 경험이 많은 통신담당관 B상사의 의견을 따른다.

③ 소대장에게 매설의 어려움을 다시금 보고하고, 통신담당관 B상사의 의견을 건의한다.

④ 눈에 잘 띄는 지역을 제외하곤 A상병의 의견처럼 지면 위로 통신선을 가설한다.

⑤ 소대장의 지시임을 강조하고 병사들에게 통신선 매설을 독려한다.

2

당신은 차량정비관이다. 오전 차량 조회시 중형버스 엔진소리가 평소와 다른 느낌을 받았다. 추가로 점검을 하게 되면 반나절 이상의 시간이 소요된다. 해당 차량은 오늘 연대 통합으로 신병 수송이 계획되어 있다. 인사과장은 타 대대 차량 협조가 불가능하다고 통보해왔다. 군수과장도 신병 인솔 후 차량점검을 하자고 이야기 한다.

이 상황에서 당신이 ⓐ 가장 할 것 같은 행동은 무엇입니까?
ⓑ 가장 하지 않을 것 같은 행동은 무엇입니까?

ⓐ 가장 할 것 같은 행동 ( )
ⓑ 가장 하지 않을 것 같은 행동 ( )

선 택 지

① 문제점이 명확히 식별된 것이 아닌 만큼 군수과장 의견을 따른다.

② 차량은 장병 안전과 직결된 문제인 만큼 추가 정밀점검 후 운행을 고집한다.

③ 인사과장에게 신병 인솔 시간 조정을 요청한다.

④ 중형버스 운행을 강행할 경우 발생할 수 있는 사고에 대해서는 책임질 수 없음을 명확히 한다.

⑤ 다른 정비병들에게 엔진소리를 들려주고 의견을 묻는다.

⑥ 대대 차량 운행 계획과 무관하게 즉각적인 정밀점검을 실시한다.

3

당신은 대대 군수담당관이다. 보급품 수령시 꼼꼼하게 검수를 해야 하나 시간이 오래 걸리고, 다른 업무도 많아 검수에만 몰두할 수 없는 상황이다. 군수과 계원인 A상병에게 몇 번 임무를 부여해 보았으나 번번이 보급품 숫자가 어긋났다. 군수과장은 보급품 검수를 철저히 하라며 원론적인 이야기만 반복한다. 다행히 아직 큰 문제가 발생하지 않았다.

이 상황에서 당신이 ⓐ 가장 할 것 같은 행동은 무엇입니까?
ⓑ 가장 하지 않을 것 같은 행동은 무엇입니까?

ⓐ 가장 할 것 같은 행동 ( )
ⓑ 가장 하지 않을 것 같은 행동 ( )

선 택 지

① 보급품 수령시 검수의 강도를 문제가 발생하지 않을 정도로만 한다.

② 군수과 계원인 A상병에게 검수 방법을 교육하고, 현장에서 직접 지도한다.

③ 군수과장에게 군수과 계원 충원을 요청한다.

④ 당신이 검수를 직접하고, 다른 업무를 군수과장 및 계원들에게 분담하여 실시하도록 조치한다.

⑤ 지금까지 큰 문제가 발생하지 않았던 만큼 기존 시스템을 유지한다.

4

당신은 포반장이다. 즉각사격 준비태세 대기 중이다. 포탄사격 필수요원인 1번 사수 B상병은 속이 좋지 않다며 화장실을 급히 다녀오겠다고 한다. 전포사격통제관(사통관)은 즉각사격 준비태세 해지 후 화장실을 다녀오라고 한다. 부사수인 C일병은 대리 임무수행이 가능하다며 자신감을 표출하였다.

이 상황에서 당신이 ⓐ 가장 할 것 같은 행동은 무엇입니까?
ⓑ 가장 하지 않을 것 같은 행동은 무엇입니까?

ⓐ 가장 할 것 같은 행동 ( )
ⓑ 가장 하지 않을 것 같은 행동 ( )

선 택 지

① B상병에게 급히 화장실 다녀올 것을 지시한다.

② 화장실까지 다녀오기엔 시간이 많이 소요되는 만큼 포반 근처에서 해결할 것을 지시한다.

③ C일병이 임무수행 가능한지 확인한 후 B상병의 화장실을 허락한다.

④ B상병이 전포사격통제관과 직접 이야기 해 볼 것을 지시한다.

⑤ 사통관보다 상급자인 전포대장에게 보고하여 조치한다.

5

당신은 선임소대장이다. 중대장은 휴가 중이어서 당신이 대리 임무를 수행중이다. 대대장 주관 회의에 중대장도 참석하라는 통보가 내려졌다. 작전과장은 당신이 오지 말고 행정보급관을 참석시키라 지시하였다. 행정보급관은 내일부터 시작하는 진지공사를 위해선 지금 출타하여 물품을 구매해야 한다며 회의참석의 어려움을 밝혔다.

이 상황에서 당신이 ⓐ 가장 할 것 같은 행동은 무엇입니까?
ⓑ 가장 하지 않을 것 같은 행동은 무엇입니까?

ⓐ 가장 할 것 같은 행동 ( )
ⓑ 가장 하지 않을 것 같은 행동 ( )

선 택 지

① 작전과장에게 행정보급관의 회의 참석이 어려움을 밝히고, 당신이 참석한다.

② 행정보급관에게 회의 참석 후 출타할 것을 지시한다.

③ 중대 내 다른 간부가 행정보급관을 대신하여 물품을 구매토록 조치한다.

④ 중대장 대리 임무중인 당신이 회의에 참석한다.

⑤ 행정보급관과 당신이 함께 회의에 참석하여 양해를 구하고 행정보급관이 출타토록 한다.

6

당신은 부소대장이다. 평소 소대장의 강압적인 태도와 독선적인 소대운영에 불만이 있다. 소대원들도 소대장에 대한 불만을 토로하고 있다. 중대장에게 소대장의 지휘 방식 등을 보고하였으나 적절한 조치가 취해지지 않았다. 행정보급관은 몇 달 지나면 소대장이 전역을 한다며 참으라고 한다. A이병은 소대장 때문에 소대를 바꾸고 싶다며 당신에게 상담을 신청하였다.

이 상황에서 당신이 ⓐ 가장 할 것 같은 행동은 무엇입니까?
ⓑ 가장 하지 않을 것 같은 행동은 무엇입니까?

ⓐ 가장 할 것 같은 행동 ( )
ⓑ 가장 하지 않을 것 같은 행동 ( )

선 택 지

① 소대장 때문에 힘들다며 대대장에게 소원수리 한다.
② 대대 주임원사에게 소대장 교체를 요청한다.
③ A이병의 어려움을 중대장에게 알리고, 소대장 교체를 다시금 강하게 요청한다.
④ 소대장에게 당신과 소대원들의 입장을 명확히 이야기한다.
⑤ 전역하는 소대원에게 신문고 등을 활용하여 민원 제기해 줄 것을 부탁한다.

7

당신은 사관후보생이다. 교육간 성적은 차후 군 장기복무 선발, 진급 등에 영향을 준다. 필기 시험간 부정행위를 하는 동기 교육생을 발견하였다. 훈육장교는 부정행위 등이 있는 경우 잘못된 동기애(愛)를 발휘하지 말고 즉각 보고할 것을 언급한 바 있다. 지난번 A교육생이 동기의 부정한 행위를 훈육장교에게 보고하였으나 적법한 처리가 이뤄지지 않았던 것으로 판단되며, 오히려 보고했던 A교육생만 입장이 난처해 진 것을 확인한 바 있다.

이 상황에서 당신이 ⓐ 가장 할 것 같은 행동은 무엇입니까?
ⓑ 가장 하지 않을 것 같은 행동은 무엇입니까?

ⓐ 가장 할 것 같은 행동 ( )
ⓑ 가장 하지 않을 것 같은 행동 ( )

선 택 지

① 교육간 성적은 향후 군 생활에 큰 영향을 미치는 만큼 부정한 행위를 즉각 훈육관에게 보고토록 한다.

② 지난 A교육생의 사례를 참고하여 동기의 부정행위를 보고하지 않는다.

③ 성적도 중요하지만 동기애가 더 중요하다 판단하여 따로 조치를 취하지 않는다.

④ 훈육장교에게 보고시 조치가 없을 수 있는 만큼 훈육대장에게 직접 부정행위를 보고한다.

⑤ 부정행위를 했던 동기 교육생에게 따금하게 주의를 준다.

8

당신은 소대장이다. 전역을 한 달 앞두고 있다. 하지만 2주 후 중대평가(훈련)가 계획되어 있어 중대장은 당신이 평가를 마치고 이임하기를 바란다. 당신 동기들은 일찌감치 소대장을 이임하고 전역 전 휴가를 보내고 있다. 통상 전역 전에는 훈련에 참가하지 않는다. 당신도 휴가를 나가 토익시험 응시와 회사 면접을 보는 등 전역준비를 할 예정이었다.

이 상황에서 당신이 ⓐ 가장 할 것 같은 행동은 무엇입니까?
ⓑ 가장 하지 않을 것 같은 행동은 무엇입니까?

ⓐ 가장 할 것 같은 행동 ( )
ⓑ 가장 하지 않을 것 같은 행동 ( )

선 택 지

① 군생활의 마지막을 아름답게 마무리하기 위해 중대평가에 참여한다.

② 전역 후 삶이 중요한 만큼 계획대로 휴가를 나간다.

③ 후임 소대장에게 중대평가 전까지 인수인계를 철저히 한다.

④ 부소대장 및 소대원들의 의견을 묻고 중대평가 참여 여부를 결정한다.

⑤ 전역준비의 필요성을 언급하여 중대장 및 소대원들을 최대한 설득한다.

9

당신은 최근 자대에 배치 받은 초임 장교이다. 독신숙소를 선임인 B중위와 함께 사용하고 있다. B중위는 퇴근 후 독신숙소에서 업무와 무관한 사적인 심부름을 많이 시킨다. 당신 동기들은 B중위가 너무 심한 것 아니냐며 대대장 마음의 편지에 소원수리 하라고 조언하였다. 선임 장교들도 당신을 보면 B중위 때문에 고생이 많다고 위로하곤 한다.

이 상황에서 당신이 ⓐ 가장 할 것 같은 행동은 무엇입니까?
ⓑ 가장 하지 않을 것 같은 행동은 무엇입니까?

ⓐ 가장 할 것 같은 행동 ( )
ⓑ 가장 하지 않을 것 같은 행동 ( )

선 택 지

① 선임 장교들에게 B중위 때문에 발생하는 어려움을 토로하고 대책을 촉구한다.

② 대대장에게 B중위의 업무 외적인 지시 등을 보고하고 처벌을 요청한다.

③ B중위에게 당신의 어려움을 전하고 자제할 것을 부탁한다.

④ 독신숙소 변경을 대대장 혹은 인사과장에게 건의한다.

⑤ 사단 헌병대에 익명으로 B중위의 일탈사실을 투고한다.

10

당신은 부소대장이다. 휴가 중 소대장으로부터 전화가 지속하여 오고 있다. 몇 차례 수신하였으나 이후에도 한 시간 간격으로 전화가 걸려와 휴가를 보내기 어려운 상황이다. 친분 있는 다른 부소대장에게 확인하니 중대에 급하거나 특별한 일도 없다고 한다. 반면 소대장은 휴가만 나가면 전화통화가 되지 않아 업무상 당신이 곤란했던 경험이 있다.

이 상황에서 당신이 ⓐ 가장 할 것 같은 행동은 무엇입니까?
ⓑ 가장 하지 않을 것 같은 행동은 무엇입니까?

ⓐ 가장 할 것 같은 행동 ( )
ⓑ 가장 하지 않을 것 같은 행동 ( )

선 택 지

① 소대장에게 지금 휴가 중임을 강조하고 전화 자제를 부탁한다.

② 중요하지 않은 일인 만큼 전화를 받지 않고 휴가에 집중한다.

③ 소대장처럼 동일하게 전화를 일체 수신하지 않는다.

④ 중대장에게 전화하여 소대장의 다발성 전화발신을 보고하고 조치를 요구한다.

⑤ 전화가 오면 수신거부 문자를 발송한다.

11

당신은 연대에서 초임 부사관 집체교육을 받고 있다. 병 출신 부사관으로 자대 병영부조리를 비교적 잘 알고 있다. 연대주임원사가 초임 부사관 상담간 당신에게 병영부조리 행태를 묻는다. 책에 나온 사례가 아닌 현장의 생생한 이야기를 요구하고 있다. 함께 교육을 받고 있는 동기들은 병영부조리에 대해서 막연히 알고 있는 듯하다.

이 상황에서 당신이 ⓐ 가장 할 것 같은 행동은 무엇입니까?
ⓑ 가장 하지 않을 것 같은 행동은 무엇입니까?

ⓐ 가장 할 것 같은 행동 ( )
ⓑ 가장 하지 않을 것 같은 행동 ( )

선 택 지

① 동기들이 자대배치 후 병영부조리를 빠르게 파악하고 바로잡을 수 있도록 생생하게 말해준다.

② 현재 복무중인 병사들이 불이익을 받을 수 있는 만큼 수위를 조절하여 발언한다.

③ 연대주임원사에게만 따로 보고하고, 동기들에게는 병영부조리를 언급하지 않는다.

④ 잘못된 병영부조리가 바로 척결될 수 있도록 병영부조리에 대해 실명을 거론하여 언급한다.

⑤ 병영부조리가 없었다고 에둘러 이야기 한다.

12

당신은 대위로 전역 후 재입대한 부사관이다. 당신의 나이는 30살인데 반해 동기들은 20대 초반이다. 동기들은 사적인 모임에서 당신을 "형"으로 호칭한다. 자대에 근무 중인 선임 부사관들도 껄끄러워 하는 분위기이다. 당신이 부담스러운지 상급자로부터 하달되는 업무가 적어 편하다. 대대주임원사는 당신에게 부대 부사관들과 원만히 지낼 것을 충고하였다.

이 상황에서 당신이 ⓐ 가장 할 것 같은 행동은 무엇입니까?
ⓑ 가장 하지 않을 것 같은 행동은 무엇입니까?

ⓐ 가장 할 것 같은 행동 ( )
ⓑ 가장 하지 않을 것 같은 행동 ( )

선 택 지

① 당신을 어렵다고 느끼지 않도록 많이 웃고 가벼운 행동을 자주한다.

② 주임원사를 찾아가 억울함을 호소한다.

③ 공식적인 자리에서 업무를 많이 달라며 일에 대한 의욕을 보인다.

④ 동기들에게 호칭을 형이라 부르지 말도록 하고, 선임 부사관들의 사적인 일을 돕는다.

⑤ 매사 적극적으로 업무하고, 선임들을 깍듯이 대한다.

13

당신은 통신장교이다. 음어집체교육을 주관하라는 지시를 받았다. 조립과 해역을 해야 하는데 방법도 잘 모르겠고, 시간과 정확성이 많이 떨어진다. 통신병들도 음어는 경험해 보지 않았다고 한다. 인접부대 선배 통신장교들을 통해 방법은 습득할 수 있을 것 같다. 대대에서는 연대평가를 앞두고 교육을 조속한 시일 내 시작했으면 하는 분위기이다.

이 상황에서 당신이 ⓐ 가장 할 것 같은 행동은 무엇입니까?
ⓑ 가장 하지 않을 것 같은 행동은 무엇입니까?

ⓐ 가장 할 것 같은 행동 ( )
ⓑ 가장 하지 않을 것 같은 행동 ( )

선 택 지

① 나부터 일정 실력이 되어야 하므로 부지런히 음어 조립과 해역을 숙달한다.

② 가르치는 것과 배우는 것은 엄연히 다르므로 교안작성에 집중한다.

③ 선배 통신장교의 교수법을 그대로 따라한다.

④ 통신병들에게 조립, 해역 연습을 지시한다.

⑤ 당장 교육을 시작하되, 교육생들과 함께 음어를 공부한다.

14

당신은 정보과장이다. 훈련지형 지도가 몇 장 누락되었음을 확인하였다. 군사지도는 구글 지도보다 정확성이 떨어져서 준비만 할뿐 실제 활용은 안하는 분위기이다. 지도 수령은 상급부대에서나 가능한데 시간과 절차가 훈련 전까지 빠듯하다. 당장 연대장 훈련 전 사열이 계획되어 있다. 정보병은 통상 인터넷에서 지도를 출력해 사용했다며 걱정하지 말라고 한다.

이 상황에서 당신이 ⓐ 가장 할 것 같은 행동은 무엇입니까?
ⓑ 가장 하지 않을 것 같은 행동은 무엇입니까?

ⓐ 가장 할 것 같은 행동 ( )
ⓑ 가장 하지 않을 것 같은 행동 ( )

선 택 지

① 공식적인 절차를 밟아 지도를 수령한다.

② 지도수령을 준비하되 연대장 훈련 전 사열에는 인터넷에서 출력한 지도를 사용한다.

③ 인접 부대에서 지도를 빌려온다.

④ 구글 지도가 보다 정확함을 밝히고 연대장을 설득한다.

⑤ 규정과 방침을 확인하고, 미흡한 부분은 시간이 필요함을 보고한다.

15

당신은 수색대대 소대장이다. 민통선을 출입하는 검문소를 담당하고 있다. 출입명단에 등록되지 않은 A씨가 출입을 요구하고 있다. 평소 안면이 있는 지역 이장 B씨도 당신에게 전화를 하여 A씨 신원을 보장한다며 잠시만 출입시켜 달라 이야기하고 있다. A씨 차량 때문에 다른 사람들도 검문소 출입을 못하고 있는 실정이다.

이 상황에서 당신이 ⓐ 가장 할 것 같은 행동은 무엇입니까?
ⓑ 가장 하지 않을 것 같은 행동은 무엇입니까?

ⓐ 가장 할 것 같은 행동 ( )
ⓑ 가장 하지 않을 것 같은 행동 ( )

선택지
① 출입명단에 등록되지 않은 A씨 출입을 불허한다.
② A씨 차량을 갓길로 빼놓고 대대에 출입을 문의한다.
③ 이장에게 규정을 언급하고 A씨에게 출입이 어려움을 이야기해 달라고 한다.
④ 지역사회(민심)와의 관계를 고려하여 A씨 출입을 허용한다.
⑤ 중대장에게 보고하고 검문소 상황 해결을 부탁한다.

16

당신은 대대 위병조장(하사)으로 근무 중이다. 상급부대에서 위병소 근무실태 점검을 나온다는 이야기가 있었다. 당신은 화장실을 가고 싶으나 위병소 내 화장실이 동파되어 100여 m 이격된 본청 화장실을 이용해야 하기 때문에 시간이 상당히 소요될 것 같다. 함께 근무중인 B병장은 상급부대 점검을 부담스러워 한다. 대대 당직사령도 위병소 근무자 정위치를 강조한 바 있다.

이 상황에서 당신이 ⓐ 가장 할 것 같은 행동은 무엇입니까?
ⓑ 가장 하지 않을 것 같은 행동은 무엇입니까?

ⓐ 가장 할 것 같은 행동 ( )

ⓑ 가장 하지 않을 것 같은 행동 ( )

선 택 지

① 인접부대 동기들에게 전화하여 상급부대 점검 여부를 확인하고, 화장실을 다녀온다.

② 당직사관에게 보고 후 화장실을 급히 다녀온다.

③ 상급부대 근무실태 점검 후 화장실을 다녀온다.

④ B병장에게 점검시 행동요령을 숙지시킨 후 화장실을 다녀온다.

⑤ B병장을 안심시킨 후 빠르게 화장실을 다녀온다.

17

당신은 사단 신병교육대 담당 소대장이다. 일부 조교들이 신병들에게 군기를 운운하며 과도한 얼차려를 부여한다는 이야기가 들리고 있다. 평소 당신과 친하게 지내는 A일병에게 물으니 얼차려를 부여하는 것을 목격한 적은 있으나 과도한지 여부는 모르겠다고 한다. 선임 소대장은 현안 업무도 많은데 신병들이 직접 이야기 한 것이 아니면 업무에 집중하라고 한다.

이 상황에서 당신이 ⓐ 가장 할 것 같은 행동은 무엇입니까?
ⓑ 가장 하지 않을 것 같은 행동은 무엇입니까?

ⓐ 가장 할 것 같은 행동 ( )
ⓑ 가장 하지 않을 것 같은 행동 ( )

선 택 지
① 신병을 대상으로 무기명 마음의 편지를 접수하여, 과도한 얼차려를 부여한 조교를 식별한다.
② 조교들을 집합시켜 과도한 얼차려를 부여하지 말도록 교육한다.
③ 중대장에게 보고하고, 지침을 기다린다.
④ 경험이 많은 행정보급관에게 조언을 구한다.
⑤ 친분 있는 A일병에게 유심히 관찰하고 추후 다시 이야기 달라 부탁한다.

18

> 당신은 지휘실습 중인 초임장교이다. 실습간 A 중사와 심한 언쟁이 있었다. 앞으로 자대 배치 후 사이가 원만하지 않을 것 같다. 부대 및 업무 적응도 걱정인데 부대 내 대인관계 또한 걱정이 된다. 동기들은 계급으로 눌러버리라고 하지만 모든 것이 생소한 당신은 현실적으로 쉽지 않다고 판단하고 있다. 지휘실습은 앞으로 2일 후면 종료되고 당신은 초군반 보병학교로 복귀하게 된다.
>
> 이 상황에서 당신이 ⓐ 가장 할 것 같은 행동은 무엇입니까?
> ⓑ 가장 하지 않을 것 같은 행동은 무엇입니까?

ⓐ 가장 할 것 같은 행동 ( )
ⓑ 가장 하지 않을 것 같은 행동 ( )

선 택 지

① 지휘실습이 종료되기 전 문제해결을 위해 A중사와 이야기를 나눈다.

② 초군반 훈육장교에게 지휘실습 간 문제를 보고하고 도움을 청한다.

③ 부대 주임원사에게 A중사와의 언쟁을 이야기하고 조치를 요구한다.

④ 선배장교들에게 조언을 구하고, 장교단 정신이 훼손되지 않도록 행동한다.

⑤ 원활한 부대생활이 어려울 것으로 판단하고 부대 변경을 건의한다.

⑥ 동기들의 의견대로 A중사를 계급으로 눌러버린다.

⑦ 원만하지 않을 생활이 걱정되므로 차라리 A중사의 부대 변경을 건의한다.

19

당신은 인사장교이다. 외국 영주권을 보유하고 있는 자발적 입영 신병이 부대로 전입되었다. 초등학교 때 이민을 가서 그런지 한국어에 서투르다. 자발적 입영 신병이라 상급부대 및 언론에서도 관심이 높다. 상대적으로 편안한 보직을 주기도 어렵고, 그렇다고 전투병 보직을 주자니 임무수행이 가능할 지 의문이다.

이 상황에서 당신이 ⓐ 가장 할 것 같은 행동은 무엇입니까?
ⓑ 가장 하지 않을 것 같은 행동은 무엇입니까?

ⓐ 가장 할 것 같은 행동 ( )
ⓑ 가장 하지 않을 것 같은 행동 ( )

선 택 지

① 타 부대의 유사 사례를 확인하여 비슷하게 결정한다.

② 공정하게 다른 병사들과 동일하게 적용하여 보직을 부여한다.

③ 당신이 결정하기 어려운 만큼 대대장에게 결정을 위임한다.

④ 언론이나 다른 병사들의 원성을 사지 않게 운전병이나 취사병으로 결정해 준다.

⑤ 자발적 입영 신병의 의사를 묻고, 본인이 선호하는 방향으로 결정해 준다.

⑥ 상급부대와 언론의 의중에 따라 결정을 한다.

⑦ 제비뽑기의 방식을 이용하여 뽑힌 보직을 부여한다.

20

당신은 중대장 대리임무 수행중인 소대장이다. 육군재난대책본부로부터 산불 진화를 위한 장병 투입 지시가 하달되었다. 상급부대에서는 장병들 가족의 동의를 구하고 산불진화작전에 투입을 하라고 한다. 연락이 되지 않거나, 동의하지 않는 등 중대원의 1/3에 불과한 인원만이 산불진화작전에 투입이 가능하다. 대대에서는 인원이 너무 적다며 다시 한번 확인하라고 한다.

이 상황에서 당신이 ⓐ 가장 할 것 같은 행동은 무엇입니까?
ⓑ 가장 하지 않을 것 같은 행동은 무엇입니까?

ⓐ 가장 할 것 같은 행동 ( )
ⓑ 가장 하지 않을 것 같은 행동 ( )

선 택 지

① 문제가 발생하지 않도록 산불진화작전 투입을 강요하지 않는다.

② 산불진화작전의 지원의사를 묻고 원하는 장병은 모두 투입시킨다.

③ 대대에 1/3만이 가능함을 보고하고 인원 획득을 위해 추가적인 행동은 하지 않는다.

④ 장병들에게 그리 위험한 임무가 아님을 강조하고 부모님을 설득하라고 한다.

⑤ 중대장과 통화하여 자세한 지침을 받는다.

⑥ 부대의 어려움을 밝히고, 다시 한 번 장병 부모님께 동의를 구해본다.

⑦ 장병 부모님께 일괄 문자 메시지를 보낸 후 모두 투입시킨다.

21

당신은 인사장교이다. 대선을 앞두고 사전투표를 진행해야 한다. 투표장소가 부내에서 10여 분 차로 이동해야 하는 거리이다. 차량 섭외가 안 되어 부득이 5톤 트럭을 타고 이동해야 한다. 상급부대에서는 대군 이미지를 고려하여 가급적 대중교통이나 대형버스를 이용하라고 한다. 사전투표는 부대별 주어진 시간이 있어 반드시 시간을 준수해야 한다.

이 상황에서 당신이 ⓐ 가장 할 것 같은 행동은 무엇입니까?
ⓑ 가장 하지 않을 것 같은 행동은 무엇입니까?

ⓐ 가장 할 것 같은 행동 ( )
ⓑ 가장 하지 않을 것 같은 행동 ( )

선 택 지

① 투표 시간준수가 최우선인 만큼 그냥 5톤 트럭을 타고 이동한다.

② 상급부대 지시사항이 현장에서 관철되기 어려움을 밝히고 대대장에게 지침을 구한다.

③ 간부들끼리 돈을 모아 대형버스를 빌린다.

④ 대중교통을 이용하여 이동하되 투표시간 준수를 위해 일찍 출발한다.

⑤ 투표를 희망하는 인원만 선별하여 투표장소로의 이동방법을 고민한다.

⑥ 대형버스를 빌려달라고 대대장에게 요구한다.

⑦ 투표를 희망하는 인원을 4명씩 분리하여 택시를 타고 이동한다.

22

당신은 공병부대 소대장이다. 군단에서 주관하는 간부 장간조립교 구축 경연대회에 참가할 예정이다. 팀별 30명의 간부로 구성되는데 대대장부터 주임원사까지 그 구성이 다양하다. 주어진 시간과 절차에 맞게 구축하는 평가라 팀워크가 중요하다. 당신은 장간조립교 구축 경험이 전무하다. 당신의 미숙한 실력 때문에 부대 평가가 저조할까봐 우려된다.

이 상황에서 당신이 ⓐ 가장 할 것 같은 행동은 무엇입니까?
ⓑ 가장 하지 않을 것 같은 행동은 무엇입니까?

ⓐ 가장 할 것 같은 행동 ( )
ⓑ 가장 하지 않을 것 같은 행동 ( )

선 택 지

① 대대장에게 부담감을 이야기하고 경연대회 팀에서 나온다.

② 대대에 누가 되지 않도록 밤을 세워 연습한다.

③ 장간조립교 구축 간 가장 눈에 띄지 않고 부담 없는 임무를 희망한다.

④ 경연대회에 참가하는 부대에서 당신의 동기 또는 비슷한 경우가 있는지 확인한다.

⑤ 주어진 역할에 충실하고, 대대에서 연습하는 시간을 충분히 활용한다.

⑥ 장간조립교 구축 시 가장 쉬운 임무를 설정해 달라고 대대장에게 요구한다.

⑦ 장간조립교 구축 경험이 있는 동기 및 간부를 찾아가 가장 쉬운 임무가 무엇인지 물어본다.

23

> 당신은 인사장교이다. 상급부대로부터 '지역 특화 멘토 자문위원' 5명을 위촉하라는 지시가 하달되었다. 통상 사회 저명인사나 전문가들을 위촉한다. 기존에 경험하지 못한 업무라 어떻게 추진해야 할지 막막하다. 대대장에게 보고하니 실무라인에서 잘 준비해 보라고 한다. 작전과장도 최근 전입을 와 지역 저명인사는 잘 모르겠다는 반응이다.
>
> 이 상황에서 당신이 ⓐ 가장 할 것 같은 행동은 무엇입니까?
> ⓑ 가장 하지 않을 것 같은 행동은 무엇입니까?

ⓐ 가장 할 것 같은 행동 ( )

ⓑ 가장 하지 않을 것 같은 행동 ( )

선 택 지
① 상급부대에 멘토 자문위원 위촉의 어려움을 보고한다.
② 인접부대 추진상황을 확인하고, 비슷하게 진행한다.
③ 지역사회에 해박한 주임원사에게 도움을 청한다.
④ 인터넷을 통해 지역사회 저명인사를 찾아본다.
⑤ 대대급에 멘토 자문위원이 왜 필요한지 육군본부에 민원을 제출한다.
⑥ 당신의 대학교수들로 자문위원 위촉을 준비한다.
⑦ 당신의 주변 지인들을 통해 확보한 인사들로 자문위원 위촉을 준비한다.

24

당신은 정훈장교이다. 대대장으로부터 부대 미담 사례를 발굴하여 국방일보에 홍보하라는 지시를 받았다. 평소 부대 신문이나 통신문은 작성해 보았으나 보도자료 작성은 생소하다. 중대장들에게 미담 사례를 보고해 달라 청하였으나 제출된 미담 사례는 전무하다. 대대장은 타 부대 미담 사례가 보도된 국방일보를 보여주며 재차 홍보를 강조하였다.

이 상황에서 당신이 ⓐ 가장 할 것 같은 행동은 무엇입니까?
ⓑ 가장 하지 않을 것 같은 행동은 무엇입니까?

ⓐ 가장 할 것 같은 행동 ( )
ⓑ 가장 하지 않을 것 같은 행동 ( )

선 택 지

① 대대장에게 우리 부대는 미담 사례가 없음을 보고한다.

② 다른 중대장과 협의하여 미담 사례를 만들어 낸다.

③ 정훈교육시간을 활용하여 중대별 미담 사례 제출을 강조한다.

④ 병사들을 1대 1로 대면하여 미담 사례가 있는지 묻는다.

⑤ 병사들에게 각자 1가지씩 미담 사례를 하나씩 만들어 오라고 지시한다.

⑥ 미담 사례 발굴이 정훈업무인지 고민되는 만큼 상급부대 감찰에 부당한 지시임을 제보한다.

⑦ 인터넷을 통해 미담 사례를 찾아 우리 부대 이야기인 것처럼 바꾼다.

25

당신은 부소대장이다. 부사관 학교와 자대에서 응급처치 교육을 이수하였다. 응급처치 교육에는 심폐소생술이 포함되어 있다. 교육훈련 중 A일병이 쓰려졌다. 심폐소생술이 필요하다. 당신은 응급처치 교육을 이수하긴 하였으나 방법이 가물가물하고 행여 잘못된 응급처치로 환자 상태가 더 악화되지는 않을까 걱정이다.

이 상황에서 당신이 ⓐ 가장 할 것 같은 행동은 무엇입니까?
ⓑ 가장 하지 않을 것 같은 행동은 무엇입니까?

ⓐ 가장 할 것 같은 행동 ( )
ⓑ 가장 하지 않을 것 같은 행동 ( )

선 택 지
① 119에 신고하고 환자를 그늘진 곳으로 옮긴다.
② 심폐소생술을 할 수 있는 사병을 찾아본다.
③ 부대 군의관에게 전화하여 상황을 설명하고 전화로 응급처치 방법을 묻는다.
④ 구급차가 올 때까지 스마트폰으로 심폐소생술을 검색하여 시행해 본다.
⑤ 최초 대응이 중요한 만큼 알고 있는 만큼만 심폐소생술을 시행한다.
⑥ 환자를 건드리지 않고 119 신고 후 부대 군의관에게 호출한다.
⑦ 다른 사병들에게 빨리 부대 군의관을 데려오라고 지시한다.

26

당신은 소대장이다. 봄을 맞이하여 춘계진지공사를 하고 있다. 배식차량이 늦어진다는 말에 시골에서 살다온 분대장이 칡뿌리를 캐서 부대원들에게 주었다. 그런데 갓 들어온 한 이등병이 배고픔을 달래기 위해 무언가를 캐먹고 복통을 호소하며 연대로 후송되었다. 연대군의관의 말이 아카시아뿌리를 캐먹고 탈이 난 것이라 말을 했다. 앞으로는 이런 일이 일어나지 않았으면 좋겠다고 연대장이 말을 하였다.

이 상황에서 당신이 ⓐ 가장 할 것 같은 행동은 무엇입니까?
ⓑ 가장 하지 않을 것 같은 행동은 무엇입니까?

ⓐ 가장 할 것 같은 행동 ( )
ⓑ 가장 하지 않을 것 같은 행동 ( )

선 택 지

① 늦게 온 배식차량에게 모든 책임을 넘긴다.
② 산채취식금지령을 내린다.
③ 사병들의 배고픔을 달래기 위해 간식을 제공한다.
④ 공사시에는 항상 군의관을 동행한다.
⑤ 사병들을 위해 직접 칡뿌리를 캐준다.
⑥ 넉넉한 배식이 이루어지도록 한다.
⑦ 모든 책임을 분대장에게 넘긴다.

27

당신은 보급수불담당관이다. 예하부대 행정보급관들은 상사로 당신이 대하기 어렵다. 행정보급관들은 보급품이 적시에 지급되지 않는다면 불만이 많다. 당신은 나름대로 정해진 규정과 방침에 맞춰 업무를 하고 있으나 행정보급관들은 현실과 괴리된 탁상행정이라며 비판하곤 한다. 연말에는 지휘관 교체 전 감찰예방 활동도 계획되어 있어 예하부대 행정보급관들의 협조가 절실한 사정이다.

이 상황에서 당신이 ⓐ 가장 할 것 같은 행동은 무엇입니까?
ⓑ 가장 하지 않을 것 같은 행동은 무엇입니까?

ⓐ 가장 할 것 같은 행동 ( )
ⓑ 가장 하지 않을 것 같은 행동 ( )

선 택 지
① 예하부대 사정을 봐가며 탄력적으로 보급품을 지급한다.
② 규정과 장침대로 계속 업무한다.
③ 주임원사에게 업무상 어려움을 토로하고, 행정보급관 통제를 요청한다.
④ 당신의 업무에만 충실하고, 추후 감찰예방 활동 간 예하부대 행태가 식별되도록 방치한다.
⑤ 당신과 친한 행정보급관에게만 우선적으로 보급품을 지급한다.
⑥ 행정보급관들에게 업무 협조를 거듭 요청하고, 가급적 규정 내에서 업무토록 노력한다.
⑦ 행정보급관들에게 업무 협조를 요청하고 이를 받아들이지 않으면 보급품을 지급하지 않는다.

28

당신은 부대 인근 지역 공부방 재능기부를 하는 정훈장교이다. 일과 후 초등학교 학생들에게 영어를 가르치고 있다. 스승의 날이라고 공부방 학생들이 선물과 케이크를 준비하였다. 재능기부라 일체의 대가성 선물, 금전 등을 받아서는 안 되는 것으로 알고 있다. 거부 의사를 밝혔으나 학생들의 정성을 외면하기도 어렵다.

이 상황에서 당신이 ⓐ 가장 할 것 같은 행동은 무엇입니까?
ⓑ 가장 하지 않을 것 같은 행동은 무엇입니까?

ⓐ 가장 할 것 같은 행동 ( )
ⓑ 가장 하지 않을 것 같은 행동 ( )

선 택 지

① 김영란법에 의거 문제 여부를 확인하고 수령한다.

② 학생들의 정성을 감안하여 선물 등을 수령한다.

③ 학생들 부모님에게 연락하여 정중히 거절 의사를 밝힌다.

④ 학교 측에 중재해 줄 것을 부탁한다.

⑤ 학생들에게 직접적으로 앞으로는 이러지 말 것을 당부하고 이번에만 수령한다.

⑥ 대대장에게 보고한 후 그 지시에 따른다.

⑦ 더 이상 재능기부를 하지 않겠다고 학교 측에 의사를 전달한다.

29

당신은 하사 분대장이다. 분대원 중 이전부터 서로 친하지 않았던 두 명이 말싸움을 하다가 치고 박고 싸우는 모습을 목격하였고 한 명이 얼굴에 상처가 많이 나서 숨길 수 없는 상황이 되었다.

이 상황에서 당신이 ⓐ 가장 할 것 같은 행동은 무엇입니까?
ⓑ 가장 하지 않을 것 같은 행동은 무엇입니까?

ⓐ 가장 할 것 같은 행동 ( )
ⓑ 가장 하지 않을 것 같은 행동 ( )

선 택 지

① 싸움을 한 두 분대원에게 얼차려를 실시한다.

② 싸움을 한 두 명의 분대원을 모두 영창을 보내 버린다.

③ 상처가 많이 난 분대원을 의무실에 데리고 간다.

④ 분대원 전부를 모두 모아 얼차려를 실시한다.

⑤ 모든 분대원을 모아 놓고 그 앞에서 다시 싸워보라고 한다.

⑥ 내가 심판을 볼 테니 정정당당하게 싸우라고 명령한다.

⑦ 모르는 척 한다.

30

당신은 중대장이다. 어느 날 화장실에 있는 마음의 편지함을 열어보았더니 "이젠 마음 편히 죽고 싶다."는 글이 적힌 종이를 보았다.

이 상황에서 당신이 ⓐ 가장 할 것 같은 행동은 무엇입니까?
ⓑ 가장 하지 않을 것 같은 행동은 무엇입니까?

ⓐ 가장 할 것 같은 행동 ( )
ⓑ 가장 하지 않을 것 같은 행동 ( )

선 택 지

① 소대장들을 집합시켜 누군지 찾아오라고 한다.

② 중대 모든 인원의 인적사항을 조사해 본다.

③ 소대장에게 최근 사고를 친 사병이 있는지 조사해 오라고 한다.

④ 소대장에게 최근 구타가 있었는지 조사해 오라고 한다.

⑤ 사병들과 일일이 면담의 시간을 갖는다.

⑥ 사격훈련시 탄피 수거에 좀 더 박차를 가한다.

⑦ 당직사관들에게 일일이 좀 더 엄중히 사병들을 관리하라고 지시한다.

PART

04

복무적합도검사

CHAPTER

01 복무적합도검사의 개요

1 개념과 목적

인성(성격)이란 개인을 특징짓는 평범하고 일상적인 사회적 이미지, 즉 지속적이고 일관된 공적 성격(Public-personality)이며, 환경에 대응함으로써 선천적 · 후천적 요소의 상호작용으로 결정화된 심리적 · 사회적 특성 및 경향을 의미한다. 인성검사는 직무적성검사를 실시하는 대부분의 기관에서 병행하여 실시하고 있으며, 인성검사만 독자적으로 실시하는 기관도 있다.

군에서는 인성검사를 통하여 각 개인이 어떠한 성격 특성이 발달되어 있고, 어떤 특성이 얼마나 부족한지, 그것이 해당 직무의 특성 및 조직문화와 얼마나 맞는지를 알아보고 이에 적합한 인재를 선발하고자 한다. 또한 개인에게 적합한 직무 배분과 부족한 부분을 교육을 통해 보완하도록 할 수 있다.

2 성격의 특성

(1) 정서적 측면

정서적 측면은 평소 마음의 당연시하는 자세나 정신상태가 얼마나 안정하고 있는지 또는 불안정한지를 측정한다. 정서의 상태는 직무수행이나 대인관계와 관련하여 태도나 행동으로 드러난다. 그러므로, 정서적 측면을 측정하는 것에 의해, 장래 조직 내의 인간관계에 어느 정도 잘 적응할 수 있을까(또는 적응하지 못할까)를 예측하는 것이 가능하다. 그렇기 때문에, 정서적 측면의 결과는 채용시에 상당히 중시된다. 아무리 능력이 좋아도 장기적으로 조직 내의 인간관계에 잘 적응할 수 없다고 판단되는 인재는 기본적으로는 채용되지 않는다. 일반적으로 인성(성격)검사는 채용과는 관계없다고 생각하나 정서적으로 조직에 적응하지 못하는 인재는 채용단계에서 가려내지는 것을 유의하여야 한다.

① **민감성**(신경도) … 꼼꼼함, 섬세함, 성실함 등의 요소를 통해 일반적으로 신경질적인지 또는 자신의 존재를 위협받는다라는 불안을 갖기 쉬운지를 측정한다.

질문	그렇다	약간 그렇다	그저 그렇다	별로 그렇지 않다	그렇지 않다
• 배려적이라고 생각한다. • 어지러진 방에 있으면 불안하다. • 실패 후에는 불안하다. • 세세한 것까지 신경쓴다. • 이유 없이 불안할 때가 있다.					

▶ **측정결과**

㉠ **'그렇다'가 많은 경우**(상처받기 쉬운 유형) : 사소한 일에 신경쓰고 다른 사람의 사소한 한마디 말에 상처를 받기 쉽다.

- 면접관의 심리 : '동료들과 잘 지낼 수 있을까?', '실패할 때마다 위축되지 않을까?'
- 면접대책 : 다소 신경질적이라도 능력을 발휘할 수 있다는 평가를 얻도록 한다. 주변과 충분한 의사소통이 가능하고, 결정한 것을 실행할 수 있다는 것을 보여주어야 한다.

㉡ **'그렇지 않다'가 많은 경우**(정신적으로 안정적인 유형) : 사소한 일에 신경쓰지 않고 금방 해결하며, 주위 사람의 말에 과민하게 반응하지 않는다.

- 면접관의 심리 : '계약할 때 필요한 유형이고, 사고 발생에도 유연하게 대처할 수 있다.'
- 면접대책 : 일반적으로 '민감성'의 측정치가 낮으면 플러스 평가를 받으므로 더욱 자신감 있는 모습을 보여준다.

② **자책성**(과민도) … 자신을 비난하거나 책망하는 정도를 측정한다.

질문	그렇다	약간 그렇다	그저 그렇다	별로 그렇지 않다	그렇지 않다
• 후회하는 일이 많다. • 자신을 하찮은 존재로 생각하는 경우가 있다. • 문제가 발생하면 자기의 탓이라고 생각한다. • 무슨 일이든지 끙끙대며 진행하는 경향이 있다. • 온순한 편이다.					

▶ **측정결과**

㉠ **'그렇다'가 많은 경우**(자책하는 유형) : 비관적이고 후회하는 유형이다.

- 면접관의 심리 : '끙끙대며 괴로워하고, 일을 진행하지 못할 것 같다.'
- 면접대책 : 기분이 저조해도 항상 의욕을 가지고 생활하는 것과 책임감이 강하다는 것을 보여준다.

㉡ **'그렇지 않다'가 많은 경우**(낙천적인 유형) : 기분이 항상 밝은 편이다.

- 면접관의 심리 : '안정된 대인관계를 맺을 수 있고, 외부의 압력에도 흔들리지 않는다.'
- 면접대책 : 일반적으로 '자책성'의 측정치가 낮으면 플러스 평가를 받으므로 자신감을 가지고 임한다.

③ **기분성**(불안도) … 기분의 굴곡이나 감정적인 면의 미숙함이 어느 정도인지를 측정하는 것이다.

질문	그렇다	약간 그렇다	그저 그렇다	별로 그렇지 않다	그렇지 않다
• 다른 사람의 의견에 자신의 결정이 흔들리는 경우가 많다. • 기분이 쉽게 변한다. • 종종 후회한다. • 다른 사람보다 의지가 약한 편이라고 생각한다. • 금방 싫증을 내는 성격이라는 말을 자주 듣는다.					

▶ **측정결과**

㉠ **'그렇다'가 많은 경우**(감정의 기복이 많은 유형) : 의지력보다 기분에 따라 행동하기 쉽다.

- 면접관의 심리 : '감정적인 것에 약하며, 상황에 따라 생산성이 떨어지지 않을까?'
- 면접대책 : 주변 사람들과 항상 협조한다는 것을 강조하고 한결같은 상태로 일할 수 있다는 평가를 받도록 한다.

㉡ **'그렇지 않다'가 많은 경우**(감정의 기복이 적은 유형) : 감정의 기복이 없고, 안정적이다.

- 면접관의 심리 : '안정적으로 업무에 임할 수 있다.'
- 면접대책 : 기분성의 측정치가 낮으면 플러스 평가를 받으므로 자신감을 가지고 면접에 임한다.

④ **독자성**(개인도) … 주변에 대한 견해나 관심, 자신의 견해나 생각에 어느 정도의 속박감을 가지고 있는지를 측정한다.

질문	그렇다	약간 그렇다	그저 그렇다	별로 그렇지 않다	그렇지 않다
• 창의적 사고방식을 가지고 있다. • 융통성이 있는 편이다. • 혼자 있는 편이 많은 사람과 있는 것보다 편하다. • 개성적이라는 말을 듣는다. • 교제는 번거로운 것이라고 생각하는 경우가 많다.					

▶ **측정결과**

㉠ **'그렇다'가 많은 경우** : 자기의 관점을 중요하게 생각하는 유형으로, 주위의 상황보다 자신의 느낌과 생각을 중시한다.

- 면접관의 심리 : '제멋대로 행동하지 않을까?'
- 면접대책 : 주위 사람과 협조하여 일을 진행할 수 있다는 것과 상식에 얽매이지 않는다는 인상을 심어준다.

㉡ **'그렇지 않다'가 많은 경우** : 상식적으로 행동하고 주변 사람의 시선에 신경을 쓴다.

- 면접관의 심리 : '다른 직원들과 협조하여 업무를 진행할 수 있겠다.'
- 면접대책 : 협조성이 요구되는 기업체에서는 플러스 평가를 받을 수 있다.

⑤ **자신감**(자존심도) … 자기 자신에 대해 얼마나 긍정적으로 평가하는지를 측정한다.

질문	그렇다	약간 그렇다	그저 그렇다	별로 그렇지 않다	그렇지 않다
• 다른 사람보다 능력이 뛰어나다고 생각한다. • 다소 반대의견이 있어도 나만의 생각으로 행동할 수 있다. • 나는 다른 사람보다 기가 센 편이다. • 동료가 나를 모욕해도 무시할 수 있다. • 대개의 일을 목적한 대로 헤쳐나갈 수 있다고 생각한다.					

▶ **측정결과**

㉠ **'그렇다'가 많은 경우** : 자기 능력이나 외모 등에 자신감이 있고, 비판당하는 것을 좋아하지 않는다.

- 면접관의 심리 : '자만하여 지시에 잘 따를 수 있을까?'
- 면접대책 : 다른 사람의 조언을 잘 받아들이고, 겸허하게 반성하는 면이 있다는 것을 보여주고, 동료들과 잘 지내며 리더의 자질이 있다는 것을 강조한다.

㉡ **'그렇지 않다'가 많은 경우** : 자신감이 없고 다른 사람의 비판에 약하다.

- 면접관의 심리 : '패기가 부족하지 않을까?', '쉽게 좌절하지 않을까?'
- 면접대책 : 극도의 자신감 부족으로 평가되지는 않는다. 그러나 마음이 약한 면은 있지만 의욕적으로 일을 하겠다는 마음가짐을 보여준다.

⑥ 고양성(분위기에 들뜨는 정도) … 자유분방함, 명랑함과 같이 감정(기분)의 높고 낮음의 정도를 측정한다.

질문	그렇다	약간 그렇다	그저 그렇다	별로 그렇지 않다	그렇지 않다
• 침착하지 못한 편이다. • 다른 사람보다 쉽게 우쭐해진다. • 모든 사람이 아는 유명인사가 되고 싶다. • 모임이나 집단에서 분위기를 이끄는 편이다. • 취미 등이 오랫동안 지속되지 않는 편이다.					

▶ **측정결과**

㉠ **'그렇다'가 많은 경우** : 자극이나 변화가 있는 일상을 원하고 기분을 들뜨게 하는 사람과 친밀하게 지내는 경향이 강하다.

• 면접관의 심리 : '일을 진행하는 데 변덕스럽지 않을까?'

• 면접대책 : 밝은 태도는 플러스 평가를 받을 수 있지만, 착실한 업무능력이 요구되는 직종에서는 마이너스 평가가 될 수 있다. 따라서 자기조절이 가능하다는 것을 보여준다.

㉡ **'그렇지 않다'가 많은 경우** : 감정이 항상 일정하고, 속을 드러내 보이지 않는다.

• 면접관의 심리 : '안정적인 업무 태도를 기대할 수 있겠다.'

• 면접대책 : '고양성'의 낮음은 대체로 플러스 평가를 받을 수 있다. 그러나 '무엇을 생각하고 있는지 모르겠다' 등의 평을 듣지 않도록 주의한다.

⑦ 허위성(진위성) … 필요 이상으로 자기를 좋게 보이려 하거나 기업체가 원하는 '이상형'에 맞춘 대답을 하고 있는지, 없는지를 측정한다.

질문	그렇다	약간 그렇다	그저 그렇다	별로 그렇지 않다	그렇지 않다
• 약속을 깨뜨린 적이 한 번도 없다. • 다른 사람을 부럽다고 생각해 본 적이 없다. • 꾸지람을 들은 적이 없다. • 사람을 미워한 적이 없다. • 화를 낸 적이 한 번도 없다.					

▶ **측정결과**

㉠ **'그렇다'가 많은 경우** : 실제의 자기와는 다른, 말하자면 원칙으로 해답할 가능성이 있다.

• 면접관의 심리 : '거짓을 말하고 있다.'

- 면접대책 : 조금이라도 좋게 보이려고 하는 '거짓말쟁이'로 평가될 수 있다. '거짓을 말하고 있다.'는 마음 따위가 전혀 없다해도 결과적으로는 정직하게 답하지 않는다는 것이 되어 버린다. '허위성'의 측정 질문은 구분되지 않고 다른 질문 중에 섞여 있다. 그러므로 모든 질문에 솔직하게 답하여야 한다. 또한 자기 자신과 너무 동떨어진 이미지로 답하면 좋은 결과를 얻지 못한다. 그리고 면접에서 '허위성'을 기본으로 한 질문을 받게 되므로 당황하거나 또 다른 모순된 답변을 하게 된다. 겉치레를 하거나 무리한 욕심을 부리지 말고 '이런 사회인이 되고 싶다.'는 현재의 자신보다, 조금 성장한 자신을 표현하는 정도가 적당하다.

㉡ **'그렇지 않다'가 많은 경우** : 냉정하고 정직하며, 외부의 압력과 스트레스에 강한 유형이다. '대쪽같음'의 이미지가 굳어지지 않도록 주의한다.

(2) 행동적인 측면

행동적 측면은 인격 중에 특히 행동으로 드러나기 쉬운 측면을 측정한다. 사람의 행동 특징 자체에는 선도 악도 없으나, 일반적으로는 일의 내용에 의해 원하는 행동이 있다. 때문에 행동적 측면은 주로 직종과 깊은 관계가 있는데 자신의 행동 특성을 살려 적합한 직종을 선택한다면 플러스가 될 수 있다.

행동 특성에서 보여지는 특징은 면접장면에서도 드러나기 쉬운데 본서의 모의 TEST의 결과를 참고하여 자신의 태도, 행동이 면접관의 시선에 어떻게 비치는지를 점검하도록 한다.

① **사회적 내향성** … 대인관계에서 나타나는 행동경향으로 '낯가림'을 측정한다.

질문	선택
A : 파티에서는 사람을 소개받은 편이다. B : 파티에서는 사람을 소개하는 편이다.	
A : 처음 보는 사람과는 즐거운 시간을 보내는 편이다. B : 처음 보는 사람과는 어색하게 시간을 보내는 편이다.	
A : 친구가 적은 편이다. B : 친구가 많은 편이다.	
A : 자신의 의견을 말하는 경우가 적다. B : 자신의 의견을 말하는 경우가 많다.	
A : 사교적인 모임에 참석하는 것을 좋아하지 않는다. B : 사교적인 모임에 항상 참석한다.	

▶ **측정결과**

㉠ **'A'가 많은 경우** : 내성적이고 사람들과 접하는 것에 소극적이다. 자신의 의견을 말하지 않고 조심스러운 편이다.
- 면접관의 심리 : '소극적인데 동료와 잘 지낼 수 있을까?'
- 면접대책 : 대인관계를 맺는 것을 싫어하지 않고 의욕적으로 일을 할 수 있다는 것을 보여준다.

㉡ **'B'가 많은 경우** : 사교적이고 자기의 생각을 명확하게 전달할 수 있다.
- 면접관의 심리 : '사교적이고 활동적인 것은 좋지만, 자기 주장이 너무 강하지 않을까?'
- 면접대책 : 협조성을 보여주고, 자기 주장이 너무 강하다는 인상을 주지 않도록 주의한다.

② **내성성**(침착도) … 자신의 행동과 일에 대해 침착하게 생각하는 정도를 측정한다.

질문	선택
A : 시간이 걸려도 침착하게 생각하는 경우가 많다. B : 짧은 시간에 결정을 하는 경우가 많다.	
A : 실패의 원인을 찾고 반성하는 편이다. B : 실패를 해도 그다지(별로) 개의치 않는다.	
A : 결론이 도출되어도 몇 번 정도 생각을 바꾼다. B : 결론이 도출되면 신속하게 행동으로 옮긴다.	
A : 여러 가지 생각하는 것이 능숙하다. B : 여러 가지 일을 재빨리 능숙하게 처리하는 데 익숙하다.	
A : 여러 가지 측면에서 사물을 검토한다. B : 행동한 후 생각을 한다.	

▶ 측정결과

㉠ **'A'가 많은 경우** : 행동하기 보다는 생각하는 것을 좋아하고 신중하게 계획을 세워 실행한다.
- 면접관의 심리 : '행동으로 실천하지 못하고, 대응이 늦은 경향이 있지 않을까?'
- 면접대책 : 발로 뛰는 것을 좋아하고, 일을 더디게 한다는 인상을 주지 않도록 한다.

㉡ **'B'가 많은 경우** : 차분하게 생각하는 것보다 우선 행동하는 유형이다.
- 면접관의 심리 : '생각하는 것을 싫어하고 경솔한 행동을 하지 않을까?'
- 면접대책 : 계획을 세우고 행동할 수 있는 것을 보여주고 '사려깊다'라는 인상을 남기도록 한다.

③ **신체활동성** … 몸을 움직이는 것을 좋아하는가를 측정한다.

질문	선택
A : 민첩하게 활동하는 편이다. B : 준비행동이 없는 편이다.	
A : 일을 척척 해치우는 편이다. B : 일을 더디게 처리하는 편이다.	
A : 활발하다는 말을 듣는다. B : 얌전하다는 말을 듣는다.	
A : 몸을 움직이는 것을 좋아한다. B : 가만히 있는 것을 좋아한다.	
A : 스포츠를 하는 것을 즐긴다. B : 스포츠를 보는 것을 좋아한다.	

▶ 측정결과

㉠ 'A'가 많은 경우 : 활동적이고, 몸을 움직이게 하는 것이 컨디션이 좋다.

- 면접관의 심리 : '활동적으로 활동력이 좋아 보인다.'
- 면접대책 : 활동하고 얻은 성과 등과 주어진 상황의 대응능력을 보여준다.

㉡ 'B'가 많은 경우 : 침착한 인상으로, 차분하게 있는 타입이다.

- 면접관의 심리 : '좀처럼 행동하려 하지 않아 보이고, 일을 빠르게 처리할 수 있을까?'

④ 지속성(노력성) … 무슨 일이든 포기하지 않고 끈기 있게 하려는 정도를 측정한다.

질문	선택
A : 일단 시작한 일은 시간이 걸려도 끝까지 마무리한다. B : 일을 하다 어려움에 부딪히면 단념한다.	
A : 끈질긴 편이다. B : 바로 단념하는 편이다.	
A : 인내가 강하다는 말을 듣는다. B : 금방 싫증을 낸다는 말을 듣는다.	
A : 집념이 깊은 편이다. B : 담백한 편이다.	
A : 한 가지 일에 구애되는 것이 좋다고 생각한다. B : 간단하게 체념하는 것이 좋다고 생각한다.	

▶ 측정결과

㉠ 'A'가 많은 경우 : 시작한 것은 어려움이 있어도 포기하지 않고 인내심이 높다.

- 면접관의 심리 : '한 가지의 일에 너무 구애되고, 업무의 진행이 원활할까?'
- 면접대책 : 인내력이 있는 것은 플러스 평가를 받을 수 있지만 집착이 강해 보이기도 한다.

㉡ 'B'가 많은 경우 : 뒤끝이 없고 조그만 실패로 일을 포기하기 쉽다.

- 면접관의 심리 : '질리는 경향이 있고, 일을 정확히 끝낼 수 있을까?'
- 면접대책 : 지속적인 노력으로 성공했던 사례를 준비하도록 한다.

⑤ **신중성**(주의성) … 자신이 처한 주변상황을 즉시 파악하고 자신의 행동이 어떤 영향을 미치는지를 측정한다.

질문	선택
A : 여러 가지로 생각하면서 완벽하게 준비하는 편이다. B : 행동할 때부터 임기응변적인 대응을 하는 편이다.	
A : 신중해서 타이밍을 놓치는 편이다. B : 준비 부족으로 실패하는 편이다.	
A : 자신은 어떤 일에도 신중히 대응하는 편이다. B : 순간적인 충동으로 활동하는 편이다.	
A : 시험을 볼 때 끝날 때까지 재검토하는 편이다. B : 시험을 볼 때 한 번에 모든 것을 마치는 편이다.	
A : 일에 대해 계획표를 만들어 실행한다. B : 일에 대한 계획표 없이 진행한다.	

▶ **측정결과**

㉠ **'A'가 많은 경우** : 주변 상황에 민감하고, 예측하여 계획있게 일을 진행한다.

- 면접관의 심리 : '너무 신중해서 적절한 판단을 할 수 있을까?', '앞으로의 상황에 불안을 느끼지 않을까?'
- 면접대책 : 예측을 하고 실행을 하는 것은 플러스 평가가 되지만, 너무 신중하면 일의 진행이 정체될 가능성을 보이므로 추진력이 있다는 강한 의욕을 보여준다.

㉡ **'B'가 많은 경우** : 주변 상황을 살펴 보지 않고 착실한 계획없이 일을 진행시킨다.

- 면접관의 심리 : '사려깊지 않고 않고, 실패하는 일이 많지 않을까?', '판단이 빠르고 유연한 사고를 할 수 있을까?'
- 면접대책 : 사전준비를 중요하게 생각하고 있다는 것 등을 보여주고, 경솔한 인상을 주지 않도록 한다. 또한 판단력이 빠르거나 유연한 사고 덕분에 일 처리를 잘 할 수 있다는 것을 강조한다.

(3) 의욕적인 측면

의욕적인 측면은 의욕의 정도, 활동력의 유무 등을 측정한다. 여기서의 의욕이란 우리들이 보통 말하고 사용하는 '하려는 의지'와는 조금 뉘앙스가 다르다. '하려는 의지'란 그 때의 환경이나 기분에 따라 변화하는 것이지만, 여기에서는 조금 더 변화하기 어려운 특징, 말하자면 정신적 에너지의 양으로 측정하는 것이다.

의욕적 측면은 행동적 측면과는 다르고, 전반적으로 어느 정도 점수가 높은 쪽을 선호한다. 모의검사의 의욕적 측면의 결과가 낮다면, 평소 일에 몰두할 때 조금 의욕 있는 자세를 가지고 서서히 개선하도록 노력해야 한다.

① **달성의욕** … 목적의식을 가지고 높은 이상을 가지고 있는지를 측정한다.

질문	선택
A : 경쟁심이 강한 편이다. B : 경쟁심이 약한 편이다.	
A : 어떤 한 분야에서 제1인자가 되고 싶다고 생각한다. B : 어느 분야에서든 성실하게 임무를 진행하고 싶다고 생각한다.	
A : 규모가 큰 일을 해보고 싶다. B : 맡은 일에 충실히 임하고 싶다.	
A : 아무리 노력해도 실패한 것은 아무런 도움이 되지 않는다. B : 가령 실패했을 지라도 나름대로의 노력이 있었으므로 괜찮다.	
A : 높은 목표를 설정하여 수행하는 것이 의욕적이다. B : 실현 가능한 정도의 목표를 설정하는 것이 의욕적이다.	

▶ **측정결과**

㉠ **'A'가 많은 경우** : 큰 목표와 높은 이상을 가지고 승부욕이 강한 편이다.
- 면접관의 심리 : '열심히 일을 해줄 것 같은 유형이다.'
- 면접대책 : 달성의욕이 높다는 것은 어떤 직종이라도 플러스 평가가 된다.

㉡ **'B'가 많은 경우** : 현재의 생활을 소중하게 여기고 비약적인 발전을 위해 기를 쓰지 않는다.
- 면접관의 심리 : '외부의 압력에 약하고, 기획입안 등을 하기 어려울 것이다.'
- 면접대책 : 일을 통하여 하고 싶은 것들을 구체적으로 어필한다.

② **활동의욕** … 자신에게 잠재된 에너지의 크기로, 정신적인 측면의 활동력이라 할 수 있다.

질문	선택
A : 하고 싶은 일을 실행으로 옮기는 편이다. B : 하고 싶은 일을 좀처럼 실행할 수 없는 편이다.	
A : 어려운 문제를 해결해 가는 것이 좋다. B : 어려운 문제를 해결하는 것을 잘하지 못한다.	
A : 일반적으로 결단이 빠른 편이다. B : 일반적으로 결단이 느린 편이다.	
A : 곤란한 상황에도 도전하는 편이다. B : 사물의 본질을 깊게 관찰하는 편이다.	
A : 시원시원하다는 말을 잘 듣는다. B : 꼼꼼하다는 말을 잘 듣는다.	

▶ **측정결과**

㉠ **'A'가 많은 경우** : 꾸물거리는 것을 싫어하고 재빠르게 결단해서 행동하는 타입이다.

- 면접관의 심리 : '일을 처리하는 솜씨가 좋고, 일을 척척 진행할 수 있을 것 같다.'
- 면접대책 : 활동의욕이 높은 것은 플러스 평가가 된다. 사교성이나 활동성이 강하다는 인상을 준다.

㉡ **'B'가 많은 경우** : 안전하고 확실한 방법을 모색하고 차분하게 시간을 아껴서 일에 임하는 타입이다.

- 면접관의 심리 : '재빨리 행동을 못하고, 일의 처리속도가 느린 것이 아닐까?'
- 면접대책 : 활동성이 있는 것을 좋아하고 움직임이 더디다는 인상을 주지 않도록 한다.

3 성격의 유형

(1) 인성검사유형의 4가지 척도

정서적인 측면, 행동적인 측면, 의욕적인 측면의 요소들은 성격 특성이라는 관점에서 제시된 것들로 각 개인의 장 · 단점을 파악하는 데 유용하다. 그러나 전체적인 개인의 인성을 이해하는 데는 한계가 있다.

성격의 유형은 개인의 '성격적인 특색'을 가리키는 것으로, 사회인으로서 적합한지, 아닌지를 말하는 관점과는 관계가 없다. 따라서 채용의 합격 여부에는 사용되지 않는 경우가 많으며, 입사 후의 적정 부서 배치의 자료가 되는 편이라 생각하면 된다. 그러나 채용과 관계가 없다고 해서 아무런 준비도 필요없는 것은 아니다. 자신을 아는 것은 면접 대책의 밑거름이 되므로 모의검사 결과를 충분히 활용하도록 하여야 한다.

본서에서는 4개의 척도를 사용하여 기본적으로 16개의 패턴으로 성격의 유형을 분류하고 있다. 각 개인의 성격이 어떤 유형인지 재빨리 파악하기 위해 사용되며, '적성'에 맞는지, 맞지 않는지의 관점에 활용된다.

- 흥미 · 관심의 방향 : 내향형 ←――――→ 외향형
- 사물에 대한 견해 : 직관형 ←――――→ 감각형
- 판단하는 방법 : 감정형 ←――――→ 사고형
- 환경에 대한 접근방법 : 지각형 ←――――→ 판단형

(2) 성격유형

① 흥미 · 관심의 방향(내향 ⇆ 외향) … 흥미 · 관심의 방향이 자신의 내면에 있는지, 주위환경 등 외면에 향하는지를 가리키는 척도이다.

② 일(사물)을 보는 방법(직감 ⇆ 감각) … 일(사물)을 보는 법이 직감적으로 형식에 얽매이는지, 감각적으로 상식적인지를 가리키는 척도이다.

③ 판단하는 방법(감정 ⇆ 사고) … 일을 감정적으로 판단하는지, 논리적으로 판단하는지를 가리키는 척도이다.

④ 환경에 대한 접근방법 … 주변상황에 어떻게 접근하는지, 그 판단기준을 어디에 두는지를 측정한다.

CHAPTER

02 복무적합도검사 TEST

Q 다음 (   ) 안에 진술이 자신에게 적합하면 YES, 그렇지 않으면 NO를 선택하시오. 【001~271】

→ 복무적합도검사는 면접시 활용되며, 응시자의 인성을 파악하기 위한 자료이므로 별도의 정답이 존재하지 않습니다.

		YES	NO
001	아침에 일어나면 대개 상쾌하고 밤새 잘 쉬었다는 기분이 든다.	( )	( )
002	나의 아버지는 좋은 사람이다.	( )	( )
003	범죄에 관한 신문기사 읽기를 좋아한다.	( )	( )
004	나의 일상생활은 흥미로운 일로 가득 차 있다.	( )	( )
005	변비로 고생하지는 않는다.	( )	( )
006	상당한 긴장 속에서 일하고 있다.	( )	( )
007	차마 입 밖에 꺼낼 수 없을 정도로 나쁜 생각을 할 때가 가끔 있다.	( )	( )
008	확실히 내 팔자는 사납다.	( )	( )
009	때때로 도저히 참을 수 없는 웃음이나 울음이 터져 나오곤 한다.	( )	( )
010	나에게 나쁜 짓을 하는 사람에게는 할 수만 있다면 보복을 해야 한다.	( )	( )
011	이따금 집을 몹시 떠나고 싶다.	( )	( )
012	아무도 나를 이해해 주지 않는 것 같다.	( )	( )
013	곤경에 처했을 때는 입을 다물고 있는 것이 상책이다.	( )	( )
014	일주일에 몇 번이나 위산과다나 소화불량으로 고생한다.	( )	( )
015	며칠에 한 번씩 악몽으로 시달린다.	( )	( )
016	남들이 하지 못한 아주 기이하고 이상한 경험을 한 적이 있다.	( )	( )

		YES	NO
017	건강에 대해 거의 염려하지 않는다.	( )	( )
018	어렸을 때 가끔 물건을 훔친 적이 있다.	( )	( )
019	언제나 진실만을 말하지는 않는다.	( )	( )
020	심장이나 가슴이 아파 고생한 적이 거의 없다.	( )	( )
021	한 가지 일에 너무 몰두하여 남들이 내게 참을성을 잃는 때가 가끔 있다.	( )	( )
022	거의 어느 때나 무언가를 하기보다는 가만히 앉아 공상에 잠기는 편이다.	( )	( )
023	나는 매우 사교적인 사람이다.	( )	( )
024	나만큼 알지 못하는 사람들로부터 명령을 받아야 할 때가 종종 있다.	( )	( )
025	매일 신문의 모든 사설을 읽지는 않는다.	( )	( )
026	올바른 삶을 살아오지 못했다.	( )	( )
027	가족들이 내가 앞으로 하고자 하는 일을 좋아하지 않는다.	( )	( )
028	나도 남들만큼 행복했으면 좋겠다.	( )	( )
029	부모님은 내 친구들을 좋아하지 않는다.	( )	( )
030	타인으로부터 동정이나 도움을 얻기 위해 자기들의 불행을 과장하는 사람이 많다.	( )	( )
031	나는 중요한 사람이다.	( )	( )
032	가끔 동물을 못살게 군다.	( )	( )
033	대부분의 법률은 없애버리는 편이 더 낫다.	( )	( )
034	연애 소설을 즐겨 읽는다.	( )	( )
035	가끔 기분이 좋지 않을 때 나는 짜증을 낸다.	( )	( )
036	남들이 놀려도 개의치 않는다.	( )	( )

		YES	NO
037	나는 논쟁에서 쉽사리 궁지에 몰린다.	( )	( )
038	요즈음은 가치 있는 사람이 될 것이라는 희망을 지탱해 나가기가 어렵다.	( )	( )
039	나는 확실히 자신감이 부족하다.	( )	( )
040	사람들에게 진실을 납득시키기 위해서 토론이나 논쟁을 많이 해야 한다.	( )	( )
041	이따금 오늘 해야 할 일을 내일로 미룬다.	( )	( )
042	후회할 일을 많이 한다.	( )	( )
043	대부분의 사람들은 남보다 앞서기 위해서라면 거짓말도 할 것이다.	( )	( )
044	어떤 사람들은 너무나 이래라 저래라 해대서 그들이 옳다는 것을 알면서도 일부러 해 달라는 것과는 정반대의 일을 하고 싶어진다.	( )	( )
045	집안 식구들과 거의 말다툼을 하지 않는다.	( )	( )
046	여자도 남자와 같이 성의 자유를 누려야 한다.	( )	( )
047	때로 해롭거나 충격적인 일을 하고 싶은 충동을 강하게 느낀다.	( )	( )
048	떠들썩하게 놀 수 있는 파티나 모임에 가는 것을 좋아한다.	( )	( )
049	선택의 여지가 너무 많아 마음의 결정을 내리지 못한 상황에 처한 적이 있었다.	( )	( )
050	살찌지 않기 위해 가끔 난 먹은 것을 토해낸다.	( )	( )
051	나에게 가장 힘든 싸움은 나 자신과의 싸움이다.	( )	( )
052	나는 아버지를 사랑한다.	( )	( )
053	경기나 게임은 내기를 해야 더 재미있다.	( )	( )
054	나에게 무슨 일이 일어나건 상관하지 않는 편이다.	( )	( )
055	내 주위에 있는 사람들만큼 나도 유능하고 똑똑한 것 같다.	( )	( )
056	마치 내가 나쁜 일을 저지른 것처럼 느껴지는 때가 많다.	( )	( )

		YES	NO
057	거의 언제나 나는 행복하다.	( )	( )
058	누군가 나에게 악의를 품고 있거나 나를 해치려고 한다고 생각한다.	( )	( )
059	스릴을 맛보기 위해 위험한 행동을 해본 적이 한 번도 없다.	( )	( )
060	학교 다닐 때 나쁜 짓을 하여 가끔 교무실에 불려 갔었다.	( )	( )
061	대부분의 사람들은 이득이 된다면 다소간 부당한 수단도 쓸 것이다.	( )	( )
062	능력도 있고 열심히 일하기만 한다면 누구나 성공할 가능성이 크다.	( )	( )
063	누구 때문에 내가 이런 곤경에 빠져 있는지를 알 수 있다.	( )	( )
064	피를 봐도 놀라거나 역겹지 않다.	( )	( )
065	종종 내가 왜 그렇게 짜증을 내거나 뚱해 있었는지 도무지 이해할 수 없다.	( )	( )
066	나는 영화보다 연극을 더 좋아한다.	( )	( )
067	입장료를 내지 않고 극장에 들어가도 들킬 염려만 없다면 나는 아마 그렇게 할 것이다.	( )	( )
068	옳다고 생각하는 일은 밀고 나가야 할 필요가 있다고 자주 생각한다.	( )	( )
069	거의 매일 밤 쉽게 잠든다.	( )	( )
070	피를 토하거나 피가 섞인 기침을 한 적이 없다.	( )	( )
071	누군가 내게 잘해 줄 때는 뭔가 숨은 의도가 있을 것이라고 종종 생각한다.	( )	( )
072	나는 사후의 세계가 있다고 믿는다.	( )	( )
073	때때로 생각이 너무 빨리 떠올라서 그것을 말로 다 표현할 수 없다.	( )	( )
074	결정을 빨리 내리지 못해서 종종 기회를 놓쳐 버리곤 했다.	( )	( )
075	중요한 일을 하고 있을 때 남들이 조언을 하거나 다른 일로 나를 방해하면 참을성을 잃고 만다.	( )	( )
076	비판이나 꾸지람을 들으면 속이 몹시 상한다.	( )	( )

		YES	NO
077	음식 만들기를 좋아한다.	( )	( )
078	내 행동은 주로 주위 사람들의 행동에 의해 좌우된다.	( )	( )
079	때때로 나는 정말 쓸모없는 인간이라고 느낀다.	( )	( )
080	어렸을 때 어려움이 닥쳐도 의리를 지키려고 하는 친구들 무리와 어울려 지냈다.	( )	( )
081	누군가가 나를 해칠 음모를 꾸미고 있다고 느낀다.	( )	( )
082	게임에서 지기보다는 이기고 싶다.	( )	( )
083	누군가에게 주먹다짐을 하고 싶을 때가 이따금 있다.	( )	( )
084	정신은 멀쩡하지만 갑자기 몸을 움직일 수도 말을 할 수도 없었던 적이 있다.	( )	( )
085	누가 내 뒤를 몰래 따라다닌다고 생각한다.	( )	( )
086	이유도 없이 자주 벌 받았다고 느낀다.	( )	( )
087	나는 작은 일에도 쉽게 운다.	( )	( )
088	나는 지난 10동안 체중이 늘지도 줄지도 않았다.	( )	( )
089	나는 건강하다고 생각한다.	( )	( )
090	거의 두통을 느끼지 않는다.	( )	( )
091	지루할 때면 뭔가 신나는 일을 벌이고 싶다.	( )	( )
092	술을 마시거나 마약을 사용하는 사람들은 문제가 있다고 믿는다.	( )	( )
093	나도 모르게 속았다는 것을 인정해야 할 때 나는 분노하게 된다.	( )	( )
094	쉽게 피곤해지지 않는다.	( )	( )
095	현기증이 나는 일이 거의 없다.	( )	( )
096	나의 기억력은 괜찮은 것 같다.	( )	( )

		YES	NO
097	이유없이 졸도한 적이 없다.	( )	( )
098	높은 곳에서 아래를 보면 겁이 난다.	( )	( )
099	가족들 중 누가 법적인 문제에 말려든다 해도 별로 긴장하지 않을 것이다.	( )	( )
100	뱀을 그다지 무서워하지 않는다.	( )	( )
101	남이 나를 어떻게 생각하든 신경 쓰지 않는다.	( )	( )
102	파티나 모임에서 장기 자랑을 하는 게 불편하다.	( )	( )
103	학창시절 학교를 가는 것을 좋아했다.	( )	( )
104	수줍음을 탄다는 것을 나타내지 않으려고 자주 애써야 한다.	( )	( )
105	나는 글을 읽거나 조사하는 것을 좋아한다.	( )	( )
106	거지에게 돈을 주는 것을 반대한다.	( )	( )
107	여러 종류의 놀이와 오락을 즐긴다.	( )	( )
108	오랫동안 글을 읽어도 눈이 피로해지지 않는다.	( )	( )
109	처음 만나는 사람과 대화하기가 어렵다.	( )	( )
110	행동한 후에 내가 무엇을 했었는지 몰랐던 때가 있었다.	( )	( )
111	손 놀리기가 거북하거나 어색한 때가 없다.	( )	( )
112	정신이 나가거나 자제력을 잃을까봐 두렵다.	( )	( )
113	당황하면 땀이 나서 몹시 불쾌할 때가 가끔 있다.	( )	( )
114	무엇을 하려고 하면 손이 떨릴 때가 많다.	( )	( )
115	내 정신 상태에 뭔가 문제가 있는 것 같다.	( )	( )
116	꽃가루 알레르기나 천식이 없다.	( )	( )

		YES	NO
117	거의 언제나 온몸에 기운이 없다.	( )	( )
118	내가 아는 모든 사람을 다 좋아하지는 않는다.	( )	( )
119	나는 때때로 자살에 대해 생각한다.	( )	( )
120	심장이 두근거리거나 숨이 찰 때가 거의 없다.	( )	( )
121	걸어가면서 몸의 균형을 유지하는 데 어려움이 없다.	( )	( )
122	농담이나 애교로 이성의 관심을 사고 싶다.	( )	( )
123	가족이나 친척들은 나를 어린애 취급한다.	( )	( )
124	나의 어머니는 좋은 사람이다.	( )	( )
125	분명히 내 귀도 남들만큼 밝다.	( )	( )
126	신체적인 이상 때문에 여가 생활을 즐길 수 없다.	( )	( )
127	비록 보답할 수 없더라도 친구의 도움을 청하는 것이 그리 어렵지 않다.	( )	( )
128	나는 독립성이 강하고 가족의 규율에 얽매임 없이 자유롭게 행동한다.	( )	( )
129	가끔 남에 대한 험담이나 잡담을 조금 한다.	( )	( )
130	길을 걸을 때 길바닥의 금을 밟지 않으려고 매우 신경 쓴다.	( )	( )
131	가족 중에 몹시 나를 괴롭히고 성가시게 하는 버릇을 가진 이가 있다.	( )	( )
132	다른 집에 비해 우리 가정은 사랑과 우애가 거의 없다.	( )	( )
133	무엇인가에 대해 나는 자주 걱정을 한다.	( )	( )
134	나는 남들보다 더 불안하거나 초조해 하지는 않는다.	( )	( )
135	전에 한 번도 가본 적이 없는 곳에 가는 것을 좋아한다.	( )	( )
136	나는 내 인생을 설계할 때 해야 할 도리나 의무를 우선으로 삼았고, 지금까지 그것을 잘 지켜 왔다.	( )	( )

		YES	NO
137	간혹 지저분한 농담에 웃곤 한다.	(　)	(　)
138	고민을 털어버리지 못하고 계속 집착한다.	(　)	(　)
139	친척들은 거의 다 나와 의견을 같이 한다.	(　)	(　)
140	한 곳에 오래 앉아 있기 힘들 정도로 안절부절 못할 때가 있다.	(　)	(　)
141	때때로 범인의 영리한 행동을 보고 흥이 나서 그가 잡히지 않고 잘 빠져나가기를 바란 적이 있다.	(　)	(　)
142	나의 외모에 대해 결코 걱정하지 않는다.	(　)	(　)
143	누구한테도 말할 수 없고 혼자만 간직해야 할 꿈을 자주 꾼다.	(　)	(　)
144	성에 대해 이야기하는 것을 좋아한다.	(　)	(　)
145	아픈 데가 거의 없다.	(　)	(　)
146	나의 일하는 방식은 다른 사람들로부터 오해를 사기 쉽다.	(　)	(　)
147	가끔 아무 이유도 없이 혹은 일이 잘못되어 갈 때조차도 "세상을 내 손 안에 다 넣은 것"처럼 굉장히 행복하다.	(　)	(　)
148	나는 쉽게 화내고 쉽게 풀어진다.	(　)	(　)
149	집을 나설 때 문단속이 잘 되었는지 걱정하지 않는다.	(　)	(　)
150	부모님은 정말로 나를 사랑하지 않는다.	(　)	(　)
151	누군가 내 것을 빼앗아 가려고 한다.	(　)	(　)
152	서로 농담을 주고받는 사람들과 함께 있는 것이 좋다.	(　)	(　)
153	나는 학교에서 남보다 늦게 깨우치는 편이다.	(　)	(　)
154	지금의 내 생긴 모습 그대로에 만족한다.	(　)	(　)
155	신선한 날에도 곧잘 땀을 흘린다.	(　)	(　)
156	귀가 윙윙거리거나 울리는 일이 거의 없다.	(　)	(　)

		YES	NO
157	가게 물건이나 남의 것을 훔치지 않고는 못 견딜 때가 가끔 있다.	( )	( )
158	내가 기자라면 스포츠에 대한 기사를 쓰고 싶다.	( )	( )
159	일주일에 한 번 혹은 그 이상 나는 몹시 흥분이 된다.	( )	( )
160	이 세상에서 무엇이든지 다 손에 넣으려고 하는 사람을 나는 탓하지 않는다.	( )	( )
161	내 생각이나 아이디어를 훔치려는 자가 종종 있다.	( )	( )
162	갑자기 멍해져서 아무 것도 할 수 없고 내 주위의 일이 어떻게 돌아가는 지 알 수 없는 때가 있었다.	( )	( )
163	잘못된 행동을 하는 사람과도 나는 친해질 수 있다.	( )	( )
164	허술하고 어수룩한 사람을 이용하는 자를 나는 탓하지 않는다.	( )	( )
165	나는 무슨 일이든 시작하기가 어렵다.	( )	( )
166	여러 사람이 함께 곤경에 처했을 때 최상의 해결책은 한 가지 이야기에 입을 맞춰 끝까지 밀고 가는 것이다.	( )	( )
167	매일 물을 상당히 많이 마신다.	( )	( )
168	사람들은 대개 자신에게 도움이 될 것 같으니까 친구를 사귄다.	( )	( )
169	평소에는 내가 사랑하는 가족들이 이따금 미워지기도 한다.	( )	( )
170	아무도 믿지 않는 것이 가장 안전하다.	( )	( )
171	남에게 무슨 일이 일어나든 아무도 상관하지 않는다.	( )	( )
172	여러 사람들과 있을 때 적절한 화제 거리를 생각해 내기가 어렵다.	( )	( )
173	울적할 때 뭔가 신나는 일이 생기면 기분이 훨씬 나아진다.	( )	( )
174	많은 사람 앞에서 내가 잘 아는 분야에 관해 토론을 시작하거나 의견을 발표하라고 하면 당황하지 않고 잘 할 수 있다.	( )	( )

		YES	NO
175	귀중품을 아무 데나 내버려두어서 유혹을 느끼게 하는 사람도 그것을 훔치는 사람만큼 도난에 책임이 있다고 생각한다.	(　)	(　)
176	나는 술을 너무 많이 마시곤 한다.	(　)	(　)
177	곤경에서 빠져 나오기 위해 누구라도 거짓말을 한다.	(　)	(　)
178	나는 남들보다 민감하다.	(　)	(　)
179	나쁜 짓을 해서 학교에서 정학 당한 적이 있다.	(　)	(　)
180	낯선 사람들이 비판의 눈초리로 나를 쳐다보고 있는 것을 종종 느낀다.	(　)	(　)
181	아무 음식이나 맛이 다 똑같다.	(　)	(　)
182	나는 대부분의 사람들보다 더 감정적이다.	(　)	(　)
183	누구를 사랑해 본 적이 없다.	(　)	(　)
184	칼 혹은 아주 날카롭거나 뾰족한 것을 사용하기가 두렵다.	(　)	(　)
185	나는 거의 꿈을 꾸지 않는다.	(　)	(　)
186	다른 사람 앞에 나가 이야기하는 것이 무척 어렵다.	(　)	(　)
187	나는 남들로부터 이해와 관심을 받을 만큼 받는다.	(　)	(　)
188	잘하지 못하는 게임은 아예 하지도 않는다.	(　)	(　)
189	나도 다른 사람들처럼 쉽게 친구를 사귀는 것 같다.	(　)	(　)
190	주위에 사람이 있는 것이 싫다.	(　)	(　)
191	남이 내게 말을 걸어오기 전에는 내가 먼저 말을 하지 않는 편이다.	(　)	(　)
192	법적인 일로 말썽이 난 적이 없다.	(　)	(　)
193	사람들은 남을 돕는 것을 속으로는 싫어한다.	(　)	(　)
194	가끔 중요하지도 않은 생각이 마음을 스치고 지나가 며칠이고 나를 괴롭힌다.	(　)	(　)

		YES	NO
195	사람들은 남의 권리를 존중해 주기보다는 남들이 자신의 권리를 존중해주기를 더 바란다고 생각한다.	( )	( )
196	돈 걱정을 자주 한다.	( )	( )
197	인형을 가지고 놀고 싶었던 때가 한 번도 없었다.	( )	( )
198	거의 언제나 인생살이가 나에게는 힘이 든다.	( )	( )
199	어떤 문제에 대해서는 이야기조차 할 수 없을 정도로 과민하다.	( )	( )
200	몸에 마비가 오거나 근육이 이상하게 약해진 적이 없다.	( )	( )
201	감기에 걸리지 않아도 가끔 목이 잠겨 소리를 낼 수 없거나 목소리가 변한다.	( )	( )
202	이따금 이상한 냄새를 맡을 때가 있다.	( )	( )
203	한 가지 일에 마음을 집중할 수 없다.	( )	( )
204	내가 하고 싶은 일도 남이 대단치 않게 여기면 포기해 버린다.	( )	( )
205	어떤 것이나 어떤 사람에 대해서 거의 언제나 불안을 느낀다.	( )	( )
206	가족들 중 누가 한 일로 인해 무서웠던 적이 있다.	( )	( )
207	죽어 버렸으면 하고 바랄 때가 많다.	( )	( )
208	너무 흥분이 되어 잠을 이루기 힘든 때가 가끔 있다.	( )	( )
209	다른 사람에 비해 나는 걱정거리가 많다.	( )	( )
210	소리가 너무 잘 들려 괴로울 때가 가끔 있다.	( )	( )
211	나는 쉽게 당황한다.	( )	( )
212	길을 걷다가 어떤 사람과 마주치는 게 싫어 길을 건너가 버릴 때가 종종 있다.	( )	( )
213	모든 것이 현실이 아닌 것처럼 느껴질 때가 자주 있다.	( )	( )
214	파티와 사교 모임을 좋아한다.	( )	( )

		YES	NO
215	별로 중요하지도 않은 것들을 세어보는 버릇이 있다.	( )	( )
216	사람들이 나에 관해 모욕적이고 상스러운 말을 한다.	( )	( )
217	기대 이상으로 친절하게 구는 사람을 경계하는 편이다.	( )	( )
218	나는 이상하고 기이한 생각을 가지고 있다.	( )	( )
219	잠깐이라도 집을 나서야 할 때는 불안하고 당황하게 된다.	( )	( )
220	특별한 이유도 없이 몹시 명랑한 기분이 들 때가 있다.	( )	( )
221	혼자 있을 때면 이상한 소리가 들린다.	( )	( )
222	어떤 사물이나 사람이 나를 해치지 않는다는 것을 알면서도 그것들을 두려워한다.	( )	( )
223	사람들이 이미 모여서 이야기하고 있는 방에 불쑥 나 혼자 들어가는 것이 두렵지 않다.	( )	( )
224	나는 사람들에 대해 쉽게 참을성을 잃는다.	( )	( )
225	사랑하는 사람을 괴롭히는 것이 즐거울 때가 가끔 있다.	( )	( )
226	성급하다는 소리를 자주 듣는다.	( )	( )
227	나는 다른 사람들보다 정신을 집중하기가 더 어렵다.	( )	( )
228	내 능력이 보잘 것 없다고 생각했기 때문에 일을 포기한 적이 여러 번 있다.	( )	( )
229	나쁜 말이나 종종 끔찍한 말들이 떠올라 머릿속에서 떠나지 않는다.	( )	( )
230	사람들이 내게 한 말을 금방 잊어버린다.	( )	( )
231	거의 매일 나를 소스라치게 하는 일들이 생긴다.	( )	( )
232	나는 사소한 일이라도 대개는 행동하기 전에 일단 멈추어 생각해 보아야 한다.	( )	( )
233	안 좋은 일이 생기면 민감하게 반응하는 성향이 있다.	( )	( )
234	기차나 버스에서 종종 낯선 사람과 이야기를 한다.	( )	( )

		YES	NO
235	나는 꿈을 이해하려고 노력하며, 꿈이 알려 주는 지시나 경고를 받아들인다.	( )	( )
236	파티나 모임에서 여러 사람들과 어울리기보다는 혼자 있거나 단둘이 있는 때가 많다.	( )	( )
237	어떤 일을 모면하기 위해 꾀병을 부린 적이 있다.	( )	( )
238	어려움이 너무 커서 도저히 이겨낼 수 없다고 느껴질 때가 가끔 있다.	( )	( )
239	일이 잘못되어 갈 때는 금방 포기하고 싶어진다.	( )	( )
240	보통 때보다 머리가 잘 안 돌아가는 것 같을 때가 있다.	( )	( )
241	사랑하는 사람으로부터 상처받는 것을 가끔 즐긴다.	( )	( )
242	나는 아이들을 좋아한다.	( )	( )
243	적은 돈을 걸고 하는 노름을 즐긴다.	( )	( )
244	기회만 주어진다면 세상에 큰 도움이 될 만한 일을 해 낼 수 있을 것 같다.	( )	( )
245	나보다 별로 낫지도 않으면서 전문가로 불리는 사람들을 종종 만난다.	( )	( )
246	내가 잘 알고 있는 사람이 성공했다는 소식을 들으면 나 자신이 마치 실패자처럼 느껴진다.	( )	( )
247	다시 어린아이로 되돌라갔으면 하고 바랄 때가 종종 있다.	( )	( )
248	혼자 있을 때가 가장 행복하다.	( )	( )
249	기회만 주어진다면 나는 훌륭한 지도자가 될 것이다.	( )	( )
250	힘이 넘칠 때가 가끔 있다.	( )	( )
251	내가 사교 모임을 좋아하는 이유는 단지 사람들과 어울리고 싶어서이다.	( )	( )
252	누군가 나에게 최면을 걸어서 어떤 일을 하게끔 한다고 느낀 적이 한두 번 있었다.	( )	( )
253	일단 시작한 일에서 잠깐 동안이라도 손을 떼기가 어렵다.	( )	( )
254	친구나 가족들이 내게 어떻게 살아야 하는지에 대해 충고하면 화가 난다.	( )	( )

		YES	NO
255	나는 낯선 사람과 만나는 것을 개의치 않는다.	( )	( )
256	사람들은 종종 나를 실망시킨다.	( )	( )
257	명랑한 친구들과 있으면 근심이 사라져버리는 것 같다.	( )	( )
258	춤추러 가는 것을 좋아한다.	( )	( )
259	내가 어떻게 생각하고 있는지 남에게 알려주고 싶다.	( )	( )
260	술에 취했을 때만 솔직해질 수 있다.	( )	( )
261	기운이 넘쳐흘러 며칠이고 자지 않아도 괜찮을 때가 있다.	( )	( )
262	집을 영원히 떠날 수 있는 때가 오기를 간절히 바란다.	( )	( )
263	물을 무서워하지 않는다.	( )	( )
264	지금의 나 자신에게 만족하지 않는다.	( )	( )
265	비싼 옷을 입어보고 싶다.	( )	( )
266	확 트인 곳에 혼자 있는 것이 두렵다.	( )	( )
267	실내에 있으면 불안하다.	( )	( )
268	개인적인 질문을 받으면 나는 초조하고 불안해진다.	( )	( )
269	장래 계획을 세울 수 없을 것 같다.	( )	( )
270	군중 속에서 느끼게 되는 흥분감을 즐긴다.	( )	( )
271	짜증내거나 투덜대고 난 후 후회하는 일이 종종 있다.	( )	( )

"서원각 교재와 함께하는 STEP"

공무원 학습방법

01 파워특강

공무원 시험을 처음 시작할 때
파워특강으로 핵심이론 파악

02 기출문제 정복하기

기본개념 학습을 했다면
과목별 기출문제 회독하기

03 전과목 총정리

전 과목을 한 권으로 압축한
전과목 총정리로 개념 완성

04 전면돌파 면접

필기합격!
면접 준비는 실제 나온 문제를
기반으로 준비하기

서원각과 함께하는
공무원 합격을 위한
공부법

05 인적성검사 준비하기

중요도가 점점 올라가는
인적성검사, 출제 유형 파악하기
제공도서 : 소방, 교육공무직

• 교재와 함께 병행하는 학습 step3 •

1step 회독하기

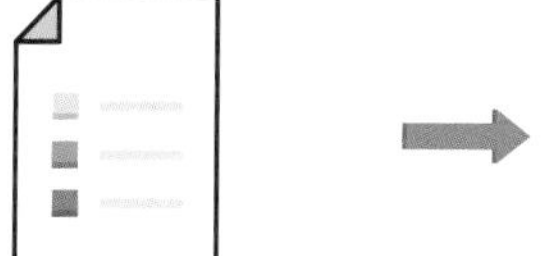

최소 3번 이상의
회독으로 문항을 분석

2step 오답노트

틀린 문제 알고 가자!

3step 백지노트

오늘 공부한 내용,
빈 백지에 써보면서 암기

다양한 정보와 이벤트를 확인하세요!

서원각 블로그에서 제공하는 용어를 보면서 알아두면 유용한 시사, 경제, 금융 등 다양한 주제의 용어를 공부해보세요. 또한 블로그를 통해서 진행하는 이벤트를 통해서 다양한 혜택을 받아보세요.

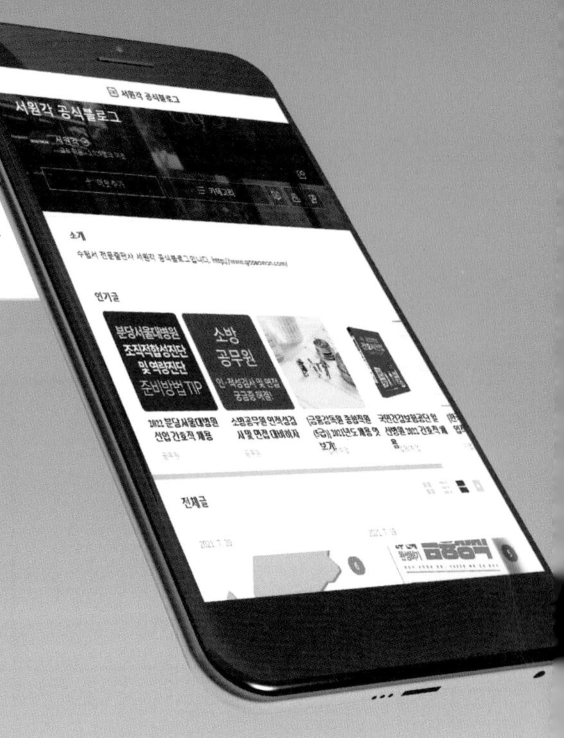

최신상식용어

최신 상식을 사진과 함께 읽어보세요.

시험정보

최근 시험정보를 확인해보세요.

도서이벤트

다양한 교재이벤트에 참여해서 혜택을 받아보세요.

1 상식 톡톡 최신 상식용어 제공 !

알아두면 좋은 최신 용어를 학습해보세요. 매주 올라오는 용어를 보면서 다양한 용어 학습 !

학습자료실 학습 PDF 무료제공

일부 교재에 보다 풍부한 학습자료를 제공합니다. 홈페이지에서 다양한 학습자료를 확인해보세요.

도서상담 교재 관련 상담게시판

서원각 교재로 학습하면서 궁금하셨던 점을 물어보세요.

QR코드 찍으시면
서원각 홈페이지(www.goseowon.com)에
빠르게 접속할 수 있습니다.